普通高等教育土木工程系列教材

土 力 学

路 维 杨建功 王邵臻 编
顾小舒 王金安

机械工业出版社

绪　　论

内容提要

土的来源及特点，土力学的发展史，我国土力学奠基人，土力学学科领域的主要工程问题，课程特点及设置。

基本要求

熟悉土的特点，提升对土的认识；了解土力学发展史；掌握与土相关的主要工程问题。

1. 土力学的研究对象与目的

土力学的主要任务是利用力学的一般原理，研究土的物理、力学、化学性质，以及土在外界因素（荷载、水、温度等）作用下的应力、变形、强度、渗流及稳定性，它是力学的一个分支。同时，它又是一门基础应用学科，将固体力学及流体力学的规律应用于土体中，结合土工试验，来解决土木工程（工民建、交通、水利、冶金、国防等）中的实际问题。广义的土力学还包括土的生成、组成、物理化学性质及分类在内的土质学。

土力学以土为研究对象。土是岩石风化后，产生崩解、破碎、变质，又经过各种自然力搬运，在新的环境下堆积或沉积下来的颗粒状松散物质。传统的土力学包括四大基本理论：有效应力原理、应力分布理论、渗透固结理论和强度破坏理论。土力学理论可以为各类土木工程的稳定和安全提供科学的对策，包括土体加固和地基处理等。因为土的结构、构造特征与刚体、弹性固体、流体等都有所不同，所以研究土力学必须通过专门的土工试验技术进行探讨。

本书介绍的内容属于传统土力学的范畴，是土力学中最基本的知识。主要包括土的组成、物理性质和工程分类、土的渗透、土体中的应力分布、地基的压缩变形、土体的抗剪强度、地基的承载力和土坡的稳定性等。

可以毫不夸张地说，土木工程领域没有不与土打交道的，土作为地基、周围介质和建筑材料使用，与土木工程有着千丝万缕的关系。无论土在工程中作为何种角色，确保建筑物的安全（施工期间的安全与竣工后的安全）和正常使用是土木工程建设的基本要求。因此，土力学就必须应对和解决以下两大类问题：一是土体稳定问题，这就要研究土体中的应力和强度，如当土体的强度不足时，将导致建筑物地基的失稳或破坏；二是土体变形问题，即使本书重点介绍土力学的基本知识和基本理论，主要内容包括土的物理性质与工程分类、土中水的运动规律、地基中的应力计算、土的压缩性及地基沉降计算、土的抗剪强度、挡土墙上的土压力、地基承载力和土坡稳定性。每一章内容都以实际的工程案例引入，阐述了土的渗透、变形、强度及其在工程中的应用，着重培养学生理论与实践相结合的能力。

本书可作为高等院校土木及水利类专业本科生的教材，也可作为相关专业技术人员的参考书。

图书在版编目（CIP）数据

土力学/路维等编. —北京：机械工业出版社，2024.2
普通高等教育土木工程系列教材
ISBN 978-7-111-74489-4

Ⅰ.①土… Ⅱ.①路… Ⅲ.①土力学-高等学校-教材 Ⅳ.①TU43

中国国家版本馆 CIP 数据核字（2023）第 242679 号

机械工业出版社（北京市百万庄大街 22 号 邮政编码 100037）
策划编辑：马军平 责任编辑：马军平
责任校对：甘慧彤 张 征 封面设计：张 静
责任印制：常天培
北京铭成印刷有限公司印刷
2024 年 2 月第 1 版第 1 次印刷
184mm×260mm·13 印张·318 千字
标准书号：ISBN 978-7-111-74489-4
定价：43.00 元

电话服务 网络服务
客服电话：010-88361066 机 工 官 网：www.cmpbook.com
　　　　　010-88379833 机 工 官 博：weibo.com/cmp1952
　　　　　010-68326294 金 书 网：www.golden-book.com
封底无防伪标均为盗版 机工教育服务网：www.cmpedu.com

前　言

　　土力学是高等院校土木、水利类专业的核心课程之一，是解决许多工程问题的必要工具，是工程技术人员必须掌握的一门现代科学。近年来，随着国内外高层建筑、大型桥梁等工程的大量兴建，土力学学科得到了迅速发展。

　　本书是土力学课程的配套教材，在编写过程中，一方面紧扣立德树人的根本任务，将知识传授、能力培养、价值引领有机地结合起来，注重培养学生的家国情怀和担当意识；另一方面紧密结合相关现行规范、规程、标准，典型工程案例，以及学科的现代发展趋势，理论联系实际，注重培养学生应用现代技术解决工程实际问题的能力和创新意识。本书着重介绍土力学的三大理论（渗透理论、强度理论和变形理论）及其在挡土墙设计、承载力计算、土坡稳定性分析等方面的应用。本书概念准确、语言精练，力求易读、易懂。另外，本书集成了土力学核心知识点的授课视频，制作了知识点思维导图，设置了较多的例题和习题，以便读者学习、掌握土力学知识。

　　本书由路维、杨建功、王邵臻、顾小舒、王金安编写，分工如下：杨建功负责第 1 章、第 6 章、第 7 章的编写；路维负责第 3 章、第 4 章、第 5 章的编写；王邵臻负责第 2 章的编写；王金安、顾小舒负责绪论的编写。

　　本书出版得到了北京科技大学天津学院的资助，在此表示衷心感谢。在编写过程中，编者参考了国内同行的相关文献，在此向文献的作者表示衷心感谢。

　　限于编者水平，书中疏漏不足之处在所难免，敬请读者批评指正，以便我们进一步完善。

编　者

核心知识点授课视频二维码清单

名称	图形	名称	图形	名称	图形
粒径级配累计曲线		自重应力		莫尔应力圆	
土中水		基底压力		莫尔-库仑强度理论	
细粒土击实曲线		条基附加应力系数		强度理论工程应用	
达西定律		压缩系数		土压力	
层状地基等效渗透系数		分层总和法		地基破坏形式	
渗透力		太沙基一维固结模型			
流土		库仑定律			

目　录

土体具有足够的强度能保证自身稳定，然而土体的变形尤其是沉降（竖向变形）或不均匀沉降不应超过建筑物的允许值，否则轻者导致建筑物的倾斜、开裂，降低或失去使用价值，重者将会酿成工程事故。

此外，对于土工建筑物（如土坝、土堤、岸坡）、水工建筑物地基或其他挡土挡水结构，除了要满足土体在荷载作用下的前述稳定和变形要求，还要研究渗流对土体变形和稳定的影响。为了解决上述工程问题，必须研究土的物理性质及应力变形性质、强度性质和渗透性质等，找到它们的内在规律，作为解决土体稳定和变形问题的基本依据。

土力学对土木工程专业的学习具有承上启下的重要作用，它所包含的知识既是本专业必须掌握的专业知识，又是后续课程学习所必备的基础知识。一个缺乏土力学知识的工程师是无法圆满完成各种工程建设任务的。

2. 土力学的发展历史

18世纪欧美国家在产业革命推动下，社会生产力有了显著发展，大型建筑、桥梁、铁路、公路的兴建，开启了土力学理论研究的大门。1773年法国科学家 C. A. 库仑（Coulomb）发表了《极大极小准则在若干静力学问题中的应用》，介绍了刚滑楔理论计算挡土墙墙背粒料侧压力的计算方法；法国学者 H. 达西（Darcy，1855）创立了土的层流渗透定律；英国学者 W. T. M. 朗肯（Rankine，1857）发表了土压力塑性平衡理论；法国学者 J. 布辛奈斯克（Boussinesq，1885）求导了弹性半空间（半无限体）表面竖向集中力作用时土中应力、变形的理论解析。这些古典理论对土力学的发展起到了很大的推动作用，一直沿用至今。

20世纪初，一些重大工程事故的出现，引发了新的地基工程问题，并以此对"土力学"提出了新的要求，如德国的桩基码头大滑坡、瑞典的铁路坍方、美国的地基承载力问题等，从而推动了土力学的理论发展。经典的土力学理论有：瑞典 K. E. 彼得森（Petterson，1915）首先提出的，后由瑞典 W. 费兰纽斯（Fellenius）及美国 D. W. 泰勒（Taylor）进一步发展的土坡稳定分析的整体圆弧滑动面法；法国 L. 普朗德尔（Prandtl，1920）发表的地基剪切破坏时的滑动面形状和极限承载力公式；1925年美籍奥地利人 K. 太沙基（Terzaghi）写出的第一本《土力学》专著，从此土力学成为一门独立的学科；L. 伦杜利克（Rendulic，1936）发现的土的剪胀性、应力-应变非线性、加工硬化与软化性。在这一时期，有关土力学的论著和教材也喷涌而出。例如：苏联学者 H. M. 格尔谢万诺夫（TepceBaHoB，1931）出版的《土体动力学原理》专著；苏联学者 H. A. 崔托维奇（IIbITOBИH，1935）出版的《土力学》教材；K. 太沙基（Terzaghi，1948）出版的《工程实用土力学》教材；苏联学者 B. B. 索科洛夫斯基（CoKonOBcKHh，1954）出版的《松散介质静力学》专著；美籍华人吴天行1966年出版的《土力学》专著，并于1976年出第二版；英国的 G. N. 史密斯和 Ian G. N. 史密斯（Smith，1968）出版的《土力学基本原理》大学本科教材；美国 H. F. 温特科恩（Winterkorn，1975）和方晓阳主编的《基础工程手册》，该书由7个国家27位岩土工程著名专家编写而成，成为当时比较系统论述土力学与基础工程的一本有影响的著作；D. G. 弗雷德隆德（Fredrund）和 H. 拉哈尔佐（Rahardjo）于1993年出版的《非饱和土土力学》。

土力学作为一门独立学科，大致可以分为两个发展阶段。第一阶段从20世纪20年代到60年代，称为古典土力学阶段。这一阶段的特点是，在不同的课题中分别把土看作线弹性体或刚塑性体，根据课题需要，把土视为连续介质或分散体。这一阶段的研究主要放在太沙基理论基础，形成以有效应力原理、渗透固结理论、极限平衡理论为基础的土力学理论体系，主要研究土的强度与变形特性，解决地基承载力和变形、挡土墙土压力、土坡稳定等与工程密切相关的土力学问题。这一阶段的重要成果是黏性土抗剪强度、饱和土性状、有效应力法和总应力法、软黏土性状、孔隙压力系数等方面的研究，以及钻探取不扰动土样、室内试验（尤其三轴试验）技术和一些原位测试技术的发展，同时，对弹塑性力学的应用也有一定认识。第二阶段从 20 世纪 60 年代开始，称为现代土力学阶段。其最重要的特点是，把土的应力、应变、强度、稳定等受力变化过程统一用一个本构关系加以研究，改变了古典土力学中把各受力阶段人为割裂开来的情况，从而更符合土的真实性。这一阶段的出现，依赖于数学、力学的发展和计算机技术的突飞猛进。较为著名的本构关系有邓肯的非线性弹性模型和剑桥大学的弹塑性模型。

3. 我国土力学学科奠基人

黄文熙（1909—2000），1929 年毕业于中央大学土木工程系，获工科学士学位；1933 年，考取清华大学第一届留美公费生，主修河工专业；1935 年春转至密歇根大学，师从 S. 铁摩辛柯（Timoshenko）及 H. W. 金（King）两位教授，学习力学和水工建筑，在取得硕士学位时因成绩优秀被授予斐加斐荣誉奖章，并破格免试攻读博士学位；1937 年初取得博士学位，同年在抗日战争前夕，黄文熙先生接受中央大学的邀聘，毅然回国。黄文熙先生毕生从事岩土力学和地基工程的教学和科学研究工作，并在这一领域做出了卓越的贡献。作为国内首屈一指的带头人，他在振动三轴仪及其试验方法、清华弹塑性模型、建立不同规模的土工离心模型试验装置、水力劈裂试验和机理等方面做出了开拓性工作，研究成果曾获得国家自然科学三等奖。主编有《土的工程性质》《水工建设中的结构力学与岩土力学问题》《黄文熙论文选集》《框架用骈坚量解析法》《土坝弹塑性应力分析简捷法》等著作。

卢肇钧（1917—2007），1941 年毕业于清华大学土木工程系，1947 年考取公费留学生赴美留学，1948 年获美国哈佛大学科学硕士学位，1950 年秋因朝鲜战争爆发，提出辞职并返回祖国。卢肇钧先生是长期从事土的基本性质和特殊土地区筑路技术研究，是我国铁路路基土技术的主要开拓者之一。20 世纪 50 年代主持研究盐渍土和软土工程性质及筑路技术，提出了硫酸盐渍土的松膨性对路基稳定性的影响，在中国最先成功采用排水砂井处理软土路基。制定了软土的试验和设计标准。在主持新型支挡结构项目时，提出了一种锚定板挡土结构形式及其相应的计算理论，并编写《旱桥锚定板桥台设计原则》《锚定板挡土墙设计原则》，该形式在国内许多部门和日本被采用。在膨胀土和裂土的基本性质研究方面，首先获得了膨胀土强度变化的规律，并发现非饱和土的吸附强度与其膨胀压力的相互关系。裂土基本特性及在路基中的应用，获国家科技进步二等奖。

葛修润（1934—至今），长期从事岩石力学与重大岩土工程科研工作，是我国岩质边坡研究领域的学科带头人之一。1953 年毕业于清华大学，1959 年毕业于苏联敖德萨建筑工程学院，1981—1982 年获德国洪堡基金资助赴卡尔斯鲁厄大学岩土力学研究所合作研究。20 世纪 60 年代初期开始的大冶铁矿南邦边坡研究是我国最早的结合大型原位试验的著名工程，开创了我国边坡研究新局面，70 年代初进行的 511 工程地下洞群的非线性分析是国内大型地下工程应用有限元首例。为葛洲坝二江泄水闸作抗滑稳定的非线性分析，清江隔河岩重力拱坝以及复杂岩基的三维有限元分析等，为解决工程难题做出了重大贡献。主编有《基于 CGP 模型的岩土材料应力-应变曲线拟合》《BP 模型在区域滑坡灾害风险预测中的应用》《考虑固结效应的溶质传输研究》《三维有限元位移场插值问题的研究和应用》等著作。

徐志英（1924—2017），1950 年毕业于南京大学水利工程系。1973 年在国内水利水电类专业最早开设《岩石力学》课程。1976 年首先研制了振动单剪仪，提出了土石坝和尾矿坝的考虑孔压增长、消散、扩散的排水有效应力动力分析方法等成果。徐志英教授较早重视洋为中用，积极传播国外经验，翻译了英俄土力学书 10 余部（300 余万字），其中包括多部世界权威著作。如太沙基（"土力学之父"）的《理论土力学》，苏联院士索柯洛夫斯基的《松散介质静力学》、苏联院士弗洛林的《土力学原理》等。主编的《岩石力学》教材获国家级教学成果二等奖，主持的成果"土坝和尾矿坝的二维和三维有效应力动力分析"获国家教委 1986 年科技进步二等奖，"饱和砂基地震孔隙水压力扩散与消散计算"获水电部 1988 年科技进步一等奖。

4. 本课程的特点和学习要求

（1）本课程的特点

1）土力学是一门理论与实践并重的科学。我国幅员辽阔，在不同的自然环境分布着多种不同的土类。天然土层的性质和分布，不但因地而异，即使在较小的范围内，也可能有很大的变化。因此，土力学的研究对象具有复杂多变性，试验方法成为一种重要的研究方法，土力学是一门理论与实践并重的科学。

2）知识的更新周期越来越短。随着科学技术的发展，一些大而复杂工程的兴建，如青藏铁路、三峡工程等，使地基与基础不断面临新的问题，从而导致新技术、新设计方法不断涌现，而且往往是实践领先于理论，并促使理论不断臻于完善。

3）研究方法特殊。土力学是一门新型学科，自 1925 年形成独立学科至今还不到一百年的历史，理论上尚不成熟。因此，在解决问题时不得不借助固体力学和流体力学的理论。为了弥补这些不足，土力学中引入了很多假设、半经验公式和参数。实践表明，在应用有关理论解决工程问题时，一些参数带来的误差远大于理论本身。这一问题只有随着生产和科学技术不断发展，才能逐步完善。

另外，随着我国加入世界贸易组织（WTO），各项注册制度已经陆续实行。注册岩土工程师、注册结构工程师、注册建筑师和注册监理师都要考土力学知识。特别是注册岩土工程师考试所涉及的 8 门课程的大多数内容都与土力学密切相关。因此，熟练掌握土力学知识对于各种注册考试及同学们将来就业均有重大意义。

（2）本课程的学习要求

1）根据本课程特点，土力学的学习内容包括理论、试验和经验，学习中既要重点掌握理论公式的意义和应用条件，明确理论的假定条件，掌握理论的使用范围，又要掌握基本的土工试验技术，尽可能多动手操作，从实践中获取知识、积累经验，并把重点落实到如何把理论结合工程实际加以应用，提高分析问题和解决问题的能力。

2）认真学习国家颁布的相关工程技术规范，如 GB 50007—2011《建筑地基基础设计规范》、GB/T 50123—2019《土工试验方法标准》、GB 50021—2001《岩土工程勘察规范（2009 年版）》等。这些规范是国家的技术标准，是我国土工技术和经验的结晶，也是全国土工技术人员应共同遵守的准则。

（3）本课程与其他课程的关系　本课程与水力学、建筑力学、弹性力学、工程地质、建筑材料、建筑结构和施工技术等学科有较为密切的联系，又涉及高等数学、物理、化学等方面的知识。因此，要学好土力学课程，应熟练掌握上述相关课程的知识。

第1章 土的物理性质与工程分类

内容提要

土的三相组成、粒径分布曲线、不均匀系数、曲率系数；土的三相比例指数及相互换算；黏性土的稠度、砂性土的密实度、土的工程分类、土的压实度。

基本要求

了解土的成因和组成；掌握并熟练计算土的物理性质指标；掌握土的物理状态指标；熟悉土的工程分类和土的压实机理。

导入案例

案例：甘肃舟曲泥石流事故（图1-1）

图1-1 甘肃舟曲泥石流

2010 年 8 月 7 日 22 时许，甘南藏族自治州区县突降强降雨，县城北面的罗家峪、三眼峪土体含水率迅速增大，形成泥石流下泄，由北向南冲向县城，造成沿河房屋被冲毁，泥石流阻断白龙江，形成堰塞湖。舟曲"8.8"特大泥石流灾害中遇难 1463 人，失踪 307 人。

土是岩石经过物理风化和化学风化作用后的产物，是由各种大小不同的土粒按各种比例组成的集合体，土粒之间的孔隙中包含着水和气体，因此，土是一种三相体系。本章主要讨论土的物质组成以及定性、定量描述其物质组成的方法，包括土的三相组成、土的颗粒特征、土的三相比例指标、黏性土的界限含水率、砂土的密实度和土的工程分类。这些内容是学习土质学与土力学所必需的基本知识，也是评价土的工程性质以及分析与解决土的工程技术问题的基础。

1.1　土的形成

地球表面的整体岩石，在大气中经风化、剥蚀、搬运、沉积，形成的由固体矿物颗粒、水、气体三种成分的集合体就是土。

岩石和土在其存在、搬运、沉积的各个过程都在不断地风化，不同的风化作用形成不同性质的土。风化作用主要有物理风化和化学风化。

物理风化指岩石经受风、霜、雨、雪的侵蚀，温度、湿度的变化，不均匀的膨胀与收缩破碎，或者运动过程中因碰撞和摩擦破碎。物理风化只改变颗粒的大小和形状，不改变矿物颗粒的成分，只经过物理风化形成的土为无黏性土，组成无黏性土的矿物称为原生矿物。

化学风化指母岩表面破碎的颗粒受环境因素的作用而产生一系列的化学变化，改变了原来矿物的化学成分，形成新的矿物，也称为次生矿物。化学风化的结果是形成微小的土颗粒，其主要成分为黏土矿物和可溶性盐类。

1.2　土的成因类型

不同自然环境形成的土具有的成分与性质不同，因此土的成因决定了土的物质组成、结构和工程性质。按照成因土可以分为残积土和运积土两大类。其中，运积土由于搬运动力不同，又分为坡积土、洪积土、冲积土、湖泊沼泽沉积土和风积土等。

1. 残积土

残积土是岩石经风化作用而残留在原地的堆积物，如图 1-2a 所示。残积土从地表向深处由细变粗，与原岩之间没有明显的界限，其成分与原岩相关，一般无层理。

2. 运积土

运积土是原生处的土壤经运送至他处沉积而成的。运送的动力有重力、风、水、冰河及人力等。

（1）坡积土　坡积土指残积土受重力和暂时性水流（如雨水和雪水）的作用，被携带到山坡或坡脚处聚积起来的堆积物，如图 1-2b 所示。堆积体内土粒粗细不同，性质很不均匀。

（2）洪积土　洪积土指残积土和坡积土受洪水冲刷，被携带到山麓处沉积的堆积物，

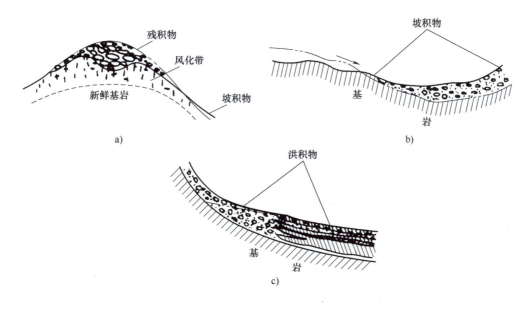

图 1-2　岩石风化作用示意
a) 残积土　b) 坡积土　c) 洪积土

如图 1-2c 所示。洪积土具有一定的分选性，搬运距离近的颗粒较粗，力学性质较好；距离远的则颗粒较细，力学性质较差。

（3）冲积土　冲积土指由江、河水流搬运形成的沉积物。分布在山谷、河谷和冲积平原上的土均为冲积土。由于经过较长距离的搬运，冲积土的浑圆度和分选性都较好，具有明显的层理构造。

（4）风积土　风积土指岩石风化碎屑物质经风力搬运作用至异地降落，堆积形成的土。其特点为土质均匀，质纯，孔隙大，结构松散。最常见的风积土是风成砂及风成黄土，风成黄土具有湿陷性。

（5）湖泊沼泽沉积土　含有机物的淤泥，土性差。湖泊近岸带，土的承载力高，远岸带则差些。若湖泊逐渐淤塞，则可演变为沼泽，形成沼泽土，主要由半腐烂的植物残体和泥炭组成，含水率极高，承载力极低，一般不宜用作天然地基。

1.3　土的结构

土的结构是指土粒（或团粒）的大小、形状、相互排列方式和颗粒间的联结特征，是土在形成的过程中逐渐形成的。土的结构反映的是土的成分、成因、年代对土的工程性质的影响。它与土的矿物成分、颗粒形状和沉积条件有关。

1.3.1　基本类型

土的结构通常可归纳为三种基本类型：单粒结构、蜂窝结构和絮状结构。

1. 单粒结构
单粒结构是粗粒土（如碎石土、砂土）的结构特征，由较粗的土颗粒在其自重作用下沉积而成。单粒结构的特点是土粒间没有联结存在，或联结非常微弱，可忽略不计。根据形成条件的不同，土粒的紧密程度可分为密实或疏松状态。每个土粒都为已经下沉稳定的颗粒所支承，各土粒互相依靠重叠，如图1-3a所示。

2. 蜂窝结构

较细的土粒（粒径为0.02~0.002mm）在自重作用下沉落时，因为基本上是单粒下沉，在碰到其他正在下沉或已经沉稳的土粒，由于粒细较轻，粒间接触处的引力大于下沉土粒的重力，土粒就被吸引着不再改变它们的相对位置，许多单元联结起来，逐渐形成孔隙较大的蜂窝状结构，如图1-3b所示。蜂窝状结构在细砂与粉土中常见。

3. 絮状结构

絮状结构是黏土颗粒特有的结构特征，悬浮在水中的黏土颗粒当介质发生变化时，土粒相互聚合，沉积为大孔隙絮状结构。黏粒大都呈针状或片状，土粒极小而且重量极轻，多在水中悬浮，下沉极为缓慢，而且有些粒径小于0.002mm的土粒具有胶粒特性，因土粒表面带有同性电荷，故悬浮于水中做分子热运动，难以相互碰撞结成团粒下沉。通常当悬浮液发生变化时，如加入电解质，运动着的黏粒互相聚合，凝聚成絮状物下沉，于是形成具有很大孔隙的絮状结构，如图1-3c所示。絮状结构是黏性土的结构特征。

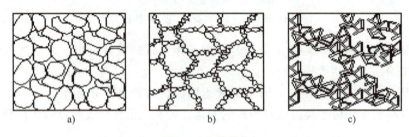

a)   b)   c)

图1-3 土的结构

a）土的单粒结构 b）土的蜂窝结构 c）土的絮状结构

事实上，天然条件下任何一种土的结构，并不像上述基本类型那样简单，而是经常呈现出以某种结构为主，由上述各种结构混合起来的复合形式，当外界条件发生变化时，土的结构也会发生变化。

1.3.2 工程性质

疏松状态的单粒结构在荷载的作用下（特别是振动荷载），土粒会移动至更稳定的位置而变得更加密实，同时产生较大变形；而密实状态的单粒结构则比较稳定，力学性能较好，一般是良好的天然地基。具有蜂窝结构、絮状结构的土因孔隙较大，当承受较大水平荷载或动力荷载时，其结构将被破坏，并导致严重的地基变形，因此不可用作天然地基。

1.4 土的三相组成

土是由地表的整体岩石经过物理、化学和生物风化作用后形成的产物，再经搬运、沉淀而成的成分、大小和组成不同的松散颗粒结合体。它具有碎散性、三相性、天然性等主要特点。土的三相组成是本节的研究对象。

自然界的土由固相（固体颗粒）、液相（土中水）和气相（土中气）组成，通常称为三相分散体系。

土的固相物质包括无机矿物颗粒和有机质，是构成土的骨架的最基本物质，称为土粒。对土粒应从其矿物成分、颗粒的大小和形状来描述。

1. 土粒的矿物成分

土中的矿物成分可以分为原生矿物和次生矿物两大类。原生矿物是岩浆在冷凝过程中形成的矿物，如石英、长石、云母等，是构成各类沙石的主要矿物成分。次生矿物是由原生矿物经过风化作用后形成的新矿物，如黏土矿物、氧化物、氢氧化物和各种难溶的盐类等。以物理风化为主的黏土矿物分为高岭石、伊利石和蒙脱石三类，是黏性土的重要组成部分，如图1-4所示。

a)　　　　　　　　　　b)　　　　　　　　　　c)

图1-4　土的结构

a) 高岭石　b) 伊利石　c) 蒙脱石

高岭石也称为"高岭土""瓷土"，因首先在江西景德镇附近的高岭村发现而得名。高岭石由长石、普通辉石等铝硅酸盐类矿物在风化过程中形成，呈土状或块状，硬度低，湿润时具有可塑性、黏着性和体积膨胀性，特别是微晶高岭石（也称为"蒙脱石""胶岭石"）膨胀性更大（可达几倍到十几倍）。由微晶高岭石和拜来石为主要成分的称为"斑脱土"。

伊利石也称为水白云母，常由白云母、钾长石风化而成，并产于泥质岩中，或由其他矿物蚀变形成。它常是形成其他黏土矿物的中间过渡性矿物。纯的伊利石黏土呈白色，但常因含少量高岭石、蒙脱石、绿泥石、叶蜡石等杂质而呈黄、绿、褐等色，底面解理完全。伊利石常呈极细小的鳞片状晶体，在透射电子显微镜下呈不规则的或带棱角的薄片状，有时也呈不完整的六边形和板条状形态，伊利石的片状或条状的晶体非常细小，通常呈土状集合体产出。

蒙脱石是由颗粒极细的含水铝硅酸盐构成的层状矿物，也称为胶岭石、微晶高岭石。它是由火山凝结岩等火成岩在碱性环境中蚀变而成的膨润土的主要组成部分。蒙脱石的名称来源于首先发现的产地——法国的 Montmorillon，通常为土状块体，白色，有时微带红色或绿色，光泽暗淡，硬度为1，密度约为 $2g/cm^3$。蒙脱石的吸水性很强，吸水后其体积膨胀而增大几倍至十几倍，具很强的吸附力和阳离子交换性能。含有蒙脱石的黏土是一种高造浆率的优质配浆黏土，常用作石油工业钻井液的降失水剂和增黏剂，也用于炼油、纺织、橡胶、陶瓷等工业。

矿物成分对土的物理力学性质影响很大。例如：石英、长石呈粒状，化学性质不活泼，堆积时形成的土密实度较高，云母则呈片状，形成的堆积物较松散；土中的盐类可增强土粒间的胶结，但可溶性盐类遇水又溶解，使强度降低，压缩性增大；黏土矿物中蒙脱石为亲水矿物，与水的作用能力强，表现出很大的胀缩性，而高岭石为憎水矿物，具有较好的水稳定性；土中有机质含量增加时，会使土的压缩性增大等。

2. 土粒的粒度成分

天然土是由大小不同的颗粒组成的，土粒的大小称为粒度。土的成分包括粒度成分、矿物成分和化学成分三个方面。工程上常用不同粒径的相对含量来描述土的颗粒组成情况，这种指标称为粒度成分。土的粒度成分对土的一系列工程性质有着决定性的影响，因而是工程性质研究的重要内容之一。

（1）土的粒组划分　工程上常把大小相近的土粒合并为组，称为粒组。粒组间的分界线是人为划分的，划分时应该使粒组界限和粒组性质的变化相适应，按照粒径不同将土颗粒划分出若干粒组，而随着分界尺寸的不同，每个粒组的矿物成分和物理力学性质呈现出一定变化。每个粒组的区间内常以其粒径的上、下限给粒组命名，土粒的粒组划分见表 1-1。

表 1-1　土粒粒组的划分

粒组统称	粒组名称		粒径范围/mm	一般特性
巨粒	漂石（块石）粒		$d>200$	透水性很大，无黏性，无毛细水
	卵石（碎石）粒		$60<d\leqslant200$	
粗粒	砾粒	粗粒	$20<d\leqslant60$	透水性很大，无黏性，毛细水上升高度不超过粒径大小
		细粒	$2<d\leqslant20$	
	砂粒		$0.075<d\leqslant2$	易透水，无黏性，遇水不膨胀，干燥时松散，毛细水上升高度不大
细粒	粉粒		$0.005<d\leqslant0.075$	透水性小，湿时稍有黏性，遇水膨胀小，干燥时稍有收缩，毛细水上升高度较大，易冻胀
	黏粒		$d\leqslant0.005$	透水性很小，湿时稍有黏性，可塑性，遇水膨胀大，干燥时收缩显著，毛细水上升高度大，但速度慢

（2）粒度成分分析方法　目前采用的方法可归纳为两大类，一是利用各种方法把各个粒组按粒径分离开来，直接测出各粒组的百分含量，称为直接测定法，如筛分法、移液管法等；二是根据各粒组的某些不同特性，间接地判定土中各粒组的含量，称为间接测定方法，如肉眼鉴定法、比重计法等。下面介绍筛分法和沉降分析法。

1）筛分法是用一套不同孔径的标准筛（图 1-5）把各种粒组分离出来，可测得留在每一个筛子上的土粒质量，并可计算出小于某一筛孔直径土粒的累计质量及累计百分含量，这和建筑材料的粒径级配筛分试验相似。

2）沉降分析法是根据土粒在液体

粒径级配
累计曲线

图 1-5　用振筛仪进行筛分

中沉降的速度与粒径的平方成正比的斯托克斯公式来确定各粒组相对含量的方法。

（3）粒度成分分析方法 常用的粒度成分表示方法有表格法和累计曲线法。

1）表格法。表格法是以列表形式直接表达各粒组的相对含量。它用于粒度成分的分类是十分方便的，表1-2给出了三种土样的粒度成分分析结果。

表 1-2 粒度成分分析结果

粒组/mm	土样 A(%)	土样 B(%)	土样 C(%)	粒组/mm	土样 A(%)	土样 B(%)	土样 C(%)
10~5	—	25.0	—	0.10~0.075	9.0	4.6	14.4
5~2	3.1	20.0	—	0.075~0.01	—	8.1	37.6
1~0.5	16.4	12.3	—	0.01~0.005	—	4.2	11.1
2~1	6.0	8.0	—	0.005~0.001	—	5.2	18.0
0.5~0.25	16.4	6.2	—	<0.001	—	1.5	10.0
0.25~0.10	26.0	4.9	8.0				

2）累计曲线法。累计曲线法是一种图示的方法，通常用半对数纸绘制，横坐标（按对数比例尺）表示土粒粒径，纵坐标表示小于某一粒径的土粒的百分含量。将土的颗粒大小分析实验成果绘在半对数坐标图上，称为土的级配曲线，如图1-6所示。

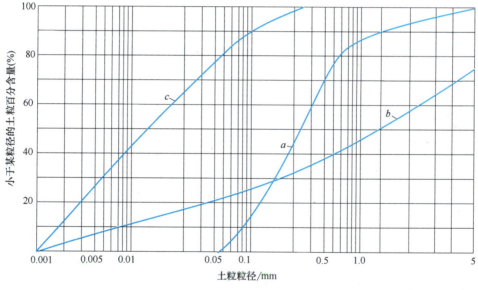

图 1-6 土的累计曲线

（4）土粒的形状 土粒的形状与土的矿物成分有关，也与土的成因及地质条件有关。例如：云母是薄片状而石英砂却是颗粒状的；未经长途搬运的残积土的颗粒大多呈棱角状，而河流下游沉积的颗粒大多数已经被磨圆了。

土粒形状对于土的密实度和土的强度有显著的影响，描述土粒的形状一般用肉眼观察鉴别的方法，在勘察报告中都有定性的描述。

3. 土的液相

土的液相指存在于土孔隙中的水。按照水与土相互作用程度的强弱，可将土中水分为结合水和自由水两大类。

土中水

结合水指靠近土颗粒表面水膜中的水，它因受到表面引力的控制而不服从静水力学规律，其冰点低于零度。根据受颗粒表面静电引力作用的强弱，可以划分为强结合水、弱结合水和自由水。

（1）强结合水　强结合水在最靠近土颗粒表面处，水分子和水化离子排列得非常紧密，受表面电荷静电引力最强。静电引力把极性水分子和水化阳离子牢固地吸附在颗粒表面上形成固定层，以致其密度大于 $1g/cm^3$，并有过冷现象，即温度降到零度以下不发生冻结的现象。土颗粒越细，土的比表面积越大，则最大吸湿率就越大。强结合水层称为吸附层或固定层。

（2）弱结合水　在距离土粒表面较远地方的结合水称为弱结合水。由于引力降低，弱结合水的水分子的排列不如强结合水紧密，弱结合水可能从较厚水膜或浓度较低处缓慢地迁移到较薄的水膜或浓度较高处，即可从一个土粒迁移到另一个土粒，这种运动与重力无关。弱结合水不能传递静水压力。

（3）自由水　自由水包括毛细水和重力水。毛细水不仅受到重力的作用，还受到表面张力的支配，能沿着土的细孔隙从潜水面上升到一定的高度。这种毛细上升现象，对于公路路基土的干湿状态及建筑物的防潮有重要影响。重力水在重力或压力差作用下能在土中渗流，对于土颗粒和结构物都有浮力作用，在土力学计算中应当考虑这种渗流及浮力的作用力。

4. 土的气相

土的气相指充填在土孔隙中的气体，包括与大气连通的和不连通的两类。与大气连通的气体对土的工程性质没有多大的影响，它的成分与空气相似，当土受到外力作用时，这种气体很快从孔隙中挤出；但是密闭的气体对土的工程性质有很大的影响，密闭气体的成分可能是气、水汽或天然气。在压力作用下这种气体可被压缩或溶解于水中，而当压力减小时，气泡会恢复原状或重新游离出来。含气体的土称为非饱和土，非饱和土的工程性质研究已成为土力学的一个新分支。

1.5　土的三相指标的定义及其换算

土中固、液、气三相各部分的质量和体积之间的比例关系，随着条件的变化而改变。例如：地下水位的升高或降低，都将改变土中水的含量；经过压实的土，其孔隙体积将减小。这些变化可以通过三相组成比例关系的指标反映出来。具体包括土粒相对密度，土的含水率（含水量）、密度、孔隙比、孔隙率和饱和度等。

土的一些物理性质主要取决于组成土的固体颗粒、孔隙中的水和气体这三相所占的体积和质量的比例关系，反映这种关系的指标称为土的物理性质指标。土的物理性质指标不仅可以描述土的物理性质和它所处的状态，而且在一定程度上反映土的力学性质。

土的物理性质指标可分为两类：一类是必须通过试验测定的，如土的含水率、密度和土粒相对密度，称为直接指标；另一类是根据直接指标换算的，如孔隙比、孔隙率、饱和度等，称为间接指标。

为便于说明这些物理性质指标的定义和它们之间的换算关系，常用三相图表示土体内三相的相对含量，如图1-7所示。图中，m 表示质量；V 表示体积；下标 s、w、a 和 v 分别表

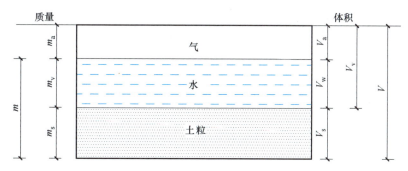

图 1-7 土的三相图

示土粒、水、气体和孔隙，如 m_s 表示土粒的质量，V_v 表示孔隙的体积。

1. 直接测定的物理性质指标

（1）土的密度与重度　土的密度定义为单位体积土的质量，用 ρ 表示，其表达式为

$$\rho = \frac{m}{V} = \frac{m_s + m_w + m_a}{V_s + V_w + V_a} \tag{1-1}$$

对于黏性土，土的密度常用环刀法测定。

土的重度定义为单位体积土的重量，用 γ 表示，其表达式为

$$\gamma = \frac{W}{V} = \frac{mg}{V} = \rho g \tag{1-2}$$

式中　W——土的重量；

g——重力加速度。

（2）土粒的相对密度　土粒的相对密度是指土粒质量（或重量）与4℃时同体积纯水的质量（或重量）之比，用 d_s 表示，其表达式为

$$d_s = \frac{m_s}{V_s \rho_w} = \frac{\rho_s}{\rho_w} \tag{1-3}$$

式中　ρ_s——土粒密度；

ρ_w——4℃时水的密度（工程计算中可取 $1g/cm^3$）。

土粒的相对密度仅与组成土粒的矿物成分有关。同一种类的土，其相对密度变化幅度很小。当土中含有大量有机质时，相对密度显著减小。土粒的相对密度可在试验室内用比重瓶法测定，也可参考表 1-3 取用。

表 1-3　土粒相对密度参考值

土的类型	砂土	粉质砂土	粉质黏土	黏土
相对密度	2.65~2.69	2.68	2.68~2.72	2.70~2.75

（3）含水率　土的含水率定义为土中水的质量与土颗粒质量之比，用 w 表示，其表达式为

$$w = \frac{m_w}{m_s} \times 100\% \tag{1-4}$$

土的含水率是表示土含水程度的一个重要物理指标。天然土层含水率与土的种类、埋藏条件及其所处的自然地理环境等有关，变化范围较大。含水率小，土的强度就高，反之，土的强度就低。

土的含水率一般用"烘干法"测定，先称小块原状土样的湿土质量，置于烘箱内维持 $105\sim110℃$ 烘至恒重，根据烘干前后的质量差与烘干后的干土质量之比求得含水率。

2. 反映土的松密程度的指标

（1）孔隙比 e　土的孔隙比为土中孔隙体积与土粒体积之比，即

$$e = \frac{V_v}{V_s} \tag{1-5}$$

孔隙比是一个重要的物理性指标，用小数表示，它可以用来评价天然土层的密实程度，孔隙比 $e<0.6$ 的土是密实的，具有低压缩性，$e>1.0$ 的土是疏松的高压缩性土。

（2）孔隙率 n　土的孔隙率是表示孔隙体积含量的概念，指土中孔隙体积与总体积之比，以百分数表示，即

$$n = \frac{V_v}{V} \times 100\% \tag{1-6}$$

通常情况下，n 的取值为 $30\%\sim50\%$。

孔隙比和孔隙率都是用以表示孔隙体积含量的概念，两者有如下关系

$$n = \frac{e}{1+e} \text{或} e = \frac{n}{1-n} \tag{1-7}$$

3. 反应土中含水程度的指标

（1）含水率 w　含水率是表示土中含水程度的一个重要指标，其定义、表达式及测定方法见前叙述。

（2）土的饱和度 S_r　土的饱和度表示水在孔隙中充满的程度，即土中被水充满的孔隙体积与孔隙总体积之比，表达式为

$$S_r = \frac{V_w}{V_v} \times 100\% \tag{1-8}$$

$S_r = 1.0$ 为完全饱和的土，$S_r = 0$ 为完全干燥的土。按饱和度可以把砂土划分为三种状态：$0<S_r\leqslant0.5$ 为稍湿；$0.5<S_r\leqslant0.8$ 为潮湿（很湿的）；$0.8<S_r<1.0$ 为饱和。

4. 特定条件下的密度（重度）

（1）土的干密度 ρ_d 和土的干重度 γ_d　土的干密度为单位土体体积中干土的质量，以 ρ_d 表示，表达式为

$$\rho_d = \frac{m_s}{V} \tag{1-9}$$

土的干密度一般为 $1.3\sim1.8\mathrm{g/cm^3}$，工程上常用土的干密度来评价土的密实程度，以控制填土的施工质量。

土的干重度为单位土体体积干土所受的重力，即 $\gamma_d = \rho_d g$。

土的干密度 ρ_d（或干重度 γ_d）越大，表明土体压得越密实，即工程质量越好。测定方法为环刀法。

（2）土的饱和密度 ρ_{sat} 和土的饱和重度 γ_{sat}　土体孔隙中全部被水充满时单位体积土体

的质量为土的饱和密度 ρ_{sat}，即

$$\rho_{sat} = \frac{m_s + m_w + V_a\rho_w}{V} = \frac{m_s + V_v\rho_w}{V} \tag{1-10}$$

式中　ρ_w——水的密度，$\rho_w = 1\mathrm{g/cm^3}$。

土的饱和重度为孔隙中全部充满水时，单位土体体积所受的重力，即 $\gamma_{sat} = \rho_{sat}g$。

（3）土的有效密度（或浮密度）ρ' 和土的有效重度（浮重度）γ'　处于地下水位以下的单位体积土体的有效质量为土的浮密度 ρ'，即

$$\rho' = \frac{m_s - V_v\rho_w}{V} \tag{1-11}$$

土的有效重度为地下水位以下，单位体积土体所受的重力扣除浮力，即

$$\gamma' = \gamma_{sat} - \gamma_w \tag{1-12}$$

式中　γ_w——水的重度，可取 $10\mathrm{kN/m^3}$。

显然有 $\rho_{sat} > \rho > \rho_d > \rho'$，与二相比例指标中的 4 个质量密度指标对应的土的重力密度（简称重度）指标也有 4 个，即土的天然重度 $\gamma = \rho g$、干重度 $\gamma_d = \rho_d g$、饱和重度 $\gamma_{sat} = \rho_{sat}g$ 和有效重度 $\gamma' = \rho'g$，单位是 $\mathrm{N/m^3}$ 和 $\mathrm{kN/m^3}$。同理有 $\gamma_{sat} > \gamma > \gamma_d > \gamma'$。

5. 指标的换算

在土力学中，土的密度 ρ、土粒相对密度 d_s、孔隙比 e、孔隙率 n、含水率 w、饱和度 S_r、干密度 ρ_d、饱和密度 ρ_{sat}、浮密度 ρ' 等指标之间是相互联系的，不是各自独立的。其中土的密度 ρ、土粒比 d_s、含水率 w 是实验室直接测定指标，其余物理指标可以通过三相草图换算求得，见表 1-4。

表 1-4　三相指标的换算公式

指标表达式	常用换算公式	常见数值范围
$\rho = \dfrac{m}{V}$ $\gamma = \dfrac{W}{V} = \dfrac{mg}{V} = \rho g$	$\rho = \rho_d(1+w) = \dfrac{d_s(1+w)}{1+e}\rho_w$ $\gamma = (1+w)\gamma_d$	$1.6 \sim 2.0\mathrm{g/cm^3}$ $16 \sim 22\mathrm{kN/m^3}$
$d_s = \dfrac{m_s}{V_s \times (\rho_w)_{4℃}} = \dfrac{\rho_s}{(\rho_w)_{4℃}}$	$d_s = \dfrac{S_r e}{w}$	黏性土：$2.72 \sim 2.75$ 砂土：$2.65 \sim 2.69$
$e = \dfrac{V_v}{V_s}$	$e = \dfrac{d_s\rho_w}{\rho_d} - 1 = \dfrac{d_s(1+w)\rho_w}{\rho} - 1$	淤泥质黏土：$1 \sim 1.5$ 黏性土和粉土：$0.4 \sim 1.2$ 砂土：$0.38 \sim 0.9$
$n = \dfrac{V_v}{V} \times 100\%$	$n = \dfrac{e}{1+e} = 1 - \dfrac{\rho_d}{d_s\rho_w}$	黏性土和粉土：$30\% \sim 60\%$ 砂土：$25\% \sim 45\%$
$\omega = \dfrac{m_w}{m_s} \times 100\%$	$\omega = \left(\dfrac{\gamma}{\gamma_d} - 1\right) \times 100\%$ $\omega = \dfrac{S_r e}{d_s} = \dfrac{\rho}{\rho_d} - 1$	黏土：$20\% \sim 60\%$ 砂土：$0 \sim 40\%$

（续）

指标表达式	常用换算公式	常见数值范围
$\rho_d = \dfrac{m_s}{V}$ $\gamma_d = \rho_d g$	$\rho_d = \dfrac{\rho}{1+w} = \dfrac{d_s}{1+e}\rho_w$ $\gamma_d = \dfrac{\gamma}{1+w}$	$1.3 \sim 1.8 \text{g/cm}^3$ $13 \sim 18 \text{kN/m}^3$
$S_r = \dfrac{V_w}{V_v} \times 100\%$	$S_r = \dfrac{wd_s}{e} = \dfrac{w\rho_d}{n\rho_w}$	$0 \sim 1$
$\rho_{sat} = \dfrac{m_s + V_v\rho_w}{V}$ $\gamma_{sat} = \rho_{sat} g$	$\rho_{sat} = \dfrac{d_s + e}{1+e}\rho_w$	$1.8 \sim 2.3 \text{g/cm}^3$ $18 \sim 23 \text{kN/m}^3$
$\rho' = \dfrac{m_s - V_v\rho_w}{V}$ $\gamma' = \gamma_{sat} - \gamma_w$	$\rho' = \rho_{sat} - \rho_w = \dfrac{d_s - 1}{1+e}\rho_w$	$0.8 \sim 1.3 \text{g/cm}^3$ $8 \sim 13 \text{kN/m}^3$

在三相草图计算中，因土的三相之间是相对的比例关系，根据情况令 $V=1$ 或 $V_s=1$，可使计算简便化。

以下举例说明如何利用指标定义法计算各指标。

【例 1-1】 已知土的试验标准为 $\gamma = 18\text{kN/m}^3$，ρ_s 为 2.72g/cm^3，含水率 $w = 20\%$，试按三相草图由指标定义计算孔隙比 e、饱和度 S_r 及干重度 γ_d。

【解】 令土的体积 $V = 1\text{m}^3$（表 1-4），则土的重量 $W = \gamma V = 18\text{kN}$。而土的重量 $W = W_s + W_w$ 及 $W_w = wW_s = 0.2W_s$，$W_s = 15\text{kN}$。

土的体积 $V_s = \rho_s W_s = 0.55\text{m}^3$，$V_v = 0.45\text{m}^3$，$V_w = \gamma_w W_w = 0.18\text{m}^3$

孔隙比 $e = \dfrac{V_v}{V_s} = \dfrac{0.45}{0.55} = 0.82$

饱和度 $S_r = \dfrac{V_w}{V_v} \times 100\% = \dfrac{0.18}{0.45} \times 100\% = 40\%$

干重度 $\gamma_d = \dfrac{W_s}{V} = \dfrac{15}{1}\text{kN/m}^3 = 15.0\text{kN/m}^3$

【例 1-2】 某种土的含水率 $w = 18\%$，重度 $\gamma = 18\text{kN/m}^3$，孔隙率不变的情况下，使得 w 变为 25%，问 1m^3 土要添加多少水？

【解】 由题意得，前后孔隙率保持不变，则 γ_d 是不变的，即

$$\frac{\gamma_前}{1+w_前} = \frac{\gamma_后}{1+w_后} \qquad \gamma_后 = \frac{1+W_后}{1+W_前} \cdot \gamma_前 = \frac{1+25\%}{1+18\%} \times 18\text{kN/m}^3$$

$$= 19.08\text{kN/m}^3$$

1m^3 土需要添加水量 $\Delta W_w = (19.08 - 18.0) \times 1\text{kN} = 1.08\text{kN}$。

1.6 黏性土的物理特征

1.6.1 黏性土的状态与界限含水率

1. 黏性土的状态

黏性土（细粒土）的状态也称为稠度状态，它是黏性土最主要的物理特征。研究表明，当黏性土的含水程度不同时状态也不同，表现为不同的软硬程度或对外力引起形变、破坏的抵抗能力。

通常土中含水率很低时，土中水被紧紧吸着于土粒表面，成为强结合水。强结合水的性质接近于固态。因此，当土粒之间只有强结合水时，按结合水膜厚薄不同，土表现为固态或半固态，如图 1-8a 所示。

当含水率增加时，土粒周围的水膜加厚，除强结合水外还有弱结合水存在。在这种含水率下，土可被外力塑成任意形状而不断裂，外力去除后仍然保持所得的形状，此性质称为土的可塑性，此状态称为可塑状态，如图 1-8b 所示。因此，弱结合水的存在是土具有可塑性态的原因。土处在可塑状态的含水率变化范围，大体上相当于士粒能够吸附的弱结合水的含量。这一含量的大小主要取决于土粒的比表面积和矿物成分。当含水率继续增加，土中除结合水外，还含有相当数量的自由水。此时土粒被自由水隔开，如图 1-8c 所示，土体不能承受任何剪应力，而处于流动状态。由此可见，土的状态实际上反映了土中水的类型。

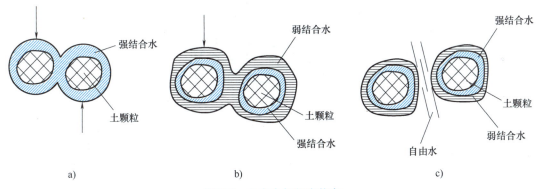

图 1-8 土中水与稠度状态
a）固态和半固态 b）可塑状态 c）流动状态

2. 黏性土的界限含水率

黏性土由一种状态转到另一种状态的分界含水率，称为界限含水率。这样的界限含水率有三个，即液限、塑限和缩限，如图 1-9 所示。其中前两个界限含水率比较常用。

图 1-9 黏性土物理状态与含水率关系

塑限代表黏性土由半固态进入可塑状态的界限含水率，是黏性土成为可塑状态的上限含水率，用 w_P 表示。

液限代表黏性土由可塑状态转变为流动状态的界限含水率，是黏性土处于可塑状态的上限含水率，用 w_L 表示。

界限含水率与土粒组成、矿物成分、土粒表面吸附的阳离子性质等有关，其大小反映了这些因素的综合影响，因而对黏性土的分类和工程特性的评价有着重要意义。黏性土的界限含水率可通过相应的试验测定，不同行业规定的试验方法不尽相同。其中建筑行业、公路行业等塑限采用滚搓法试验测定，对于液限建筑行业采用锥式液限仪试验，而公路行业采用碟式液限仪试验测定。

另外，根据 GB/T 50123—1999《土工试验方法标准》的规定，也可采用液限和塑限联合测定，试验装置如图 1-10 所示。测定时，将调成不同含水率的土样先后装于盛土杯内，分别测定圆锥仪在 5s 时的下沉深度。在双对数坐标纸下绘出圆锥下沉深度和含水率的关系直线，如图 1-11 所示，该直线上圆锥下沉深度 10mm 对应的含水率为该试样的液限，下沉深度 2mm 对应的含水率为塑限。

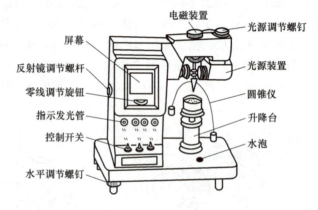

图 1-10　光电式液塑限仪

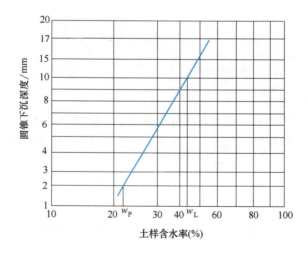

图 1-11　圆锥下沉深度与含水率关系

3. 界限含水率的测定

（1）用搓条法测定塑限 w_P　传统测定塑限的方法一般为搓条法，即用双手将天然湿度的土样搓成小圆球（球径小于 10mm），放在毛玻璃板上，再用手掌慢慢搓滚成小土条，用力均匀，搓到土条直径为 3mm（图 1-12），出现裂纹，自然断开，这时土条的含水率就是塑限值 w_P。

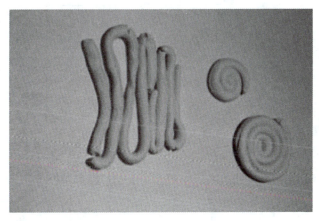

图 1-12　搓好的土条

（2）用平衡锥式液限仪测定液限 w_L　测定黏性土的液限，常用的是锥式液限仪（图 1-13）。其工作过程是：将黏性土调成均匀的浓糊状，装满盛土杯，刮平杯口表面，将质量为 76g 的圆锥体轻放在试样表面的中心，使其在自重作用下徐徐沉入试样，若圆锥体经 5s 恰好沉入 10mm，这时杯内土样的含水率就是液限 w_L。

图 1-13　锥式液限仪

（3）液塑联合测定法测定液限和塑限　液塑联合测定法适用于粒径小于 0.5mm，以及有机质含量不大于试样总质量 5% 的土。液塑联合测定法的测定步骤是：

1）将所取试样放在橡皮板上，用纯水将土样调成均匀膏状，放入调土皿，浸润过夜。

2）试样均匀填入试样杯中，不留空隙，填满后刮平。

3）将试样杯放在升降台上（图 1-14），接通电源，吸住圆锥；调节零点，将屏幕上的标尺调在零位，调整升降台，使圆锥尖接触试样表面，再按按钮，经 5s 后测读圆锥下沉深度 h_1（锥尖处），取出试样杯，并取锥体附近试样测定含水率 w_1，得第一点（w_1，h_1）。

4）将全部试样加水或烘干后调匀，重复 2）～3）的步骤，分别测得第二点（w_2，h_2）、第三点（w_3，h_3）。

5）以含水率为横坐标，圆锥下沉深度为纵坐标，在双对数坐标纸上绘制关系曲线。三点连一直线（图 1-15 中 A 线）。如三点不在同一直线，则通过高含水率的一点与其余两点连成两条线，在圆锥下沉深度为 2mm 处查得相应含水率，当两个含水率的差值小于 2% 时，应以该两点含水率的平均值与高含水率的点连成一线（图 1-15 中 B 线）。当两个含水率的差值不小于 2% 时，应补做试验。

6）曲线中下沉深度为 10mm 时对应的含水率为液限，下沉深度为 2mm 对应含水率为塑限。

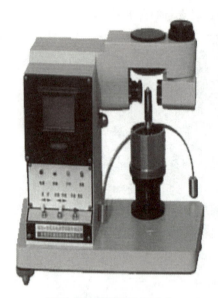

图 1-14　液塑联合测定仪

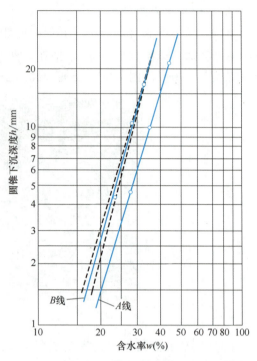

图 1-15　圆锥下沉深度与含水率关系曲线

1.6.2　塑性指数

液限和塑限分别是土处于可塑状态时的上限和下限含水率。为了表示黏性土处于可塑状态的含水率变化范围，引入塑性指数，其值为土的液限与塑限的差值（数值除去%），用符号 I_p 表示

$$I_p = w_L - w_P \tag{1-13}$$

土的塑性指数主要与土中黏粒（直径小于 0.005mm 的土粒）含量、土中吸附水可能含量及吸附阳离子的浓度等有关。黏粒含量越高，则其比表面积越大，结合水含量也越高，因而塑性指数也越大。若土中不含黏粒，则塑性指数为零，即土无黏性。

影响塑性指数大小的因素有：

1）土粒粗细。土中细粒含量越多，含弱结合水量范围越大，塑性指数越大，土的黏性与可塑性越好。

2）水中离子成分和浓度。水中高价阳离子多，浓度高，水中低价阳离子多，浓度低，上升。

3）土粒的矿物成分。蒙脱石多，与水结合能力强，塑性指数大；高岭石多，与水结合能力弱，塑性指数小。

由于塑性指数在一定程度上综合反映了影响黏性土特征的各种重要因素，因此工程上按塑性指数的大小对黏性土进行分类。

1.6.3　液性指数

土的含水率在一定程度上可以表示土的软硬程度。当天然含水率相同时，两种黏性土所处的状态可能完全不同，原因是不同土的液限和塑限不同，因此，仅知道土的含水率时，还不能说明土所处的状态，而必须将天然含水率与其液限与塑限进行比较，才能确定黏性土的状态，为此工程上采用液性指数判别黏性土的状态，液性指数是土的天然含水率和塑限的差值（均除去%）与塑性指数之比，用符号 I_L 表示，即

$$I_L = \frac{w-w_P}{w_L-w_P} = \frac{w-w_P}{I_P} \tag{1-14}$$

显然，I_L 越大，土质越软；反之，土质越硬。根据液性指数的大小可按黏性土的软硬划分为五种状态，划分标准见表1-5。

表 1-5　黏性土状态的划分

液态指数 I_L	$I_L \leqslant 0$	$0 < I_L \leqslant 0.25$	$0.25 < I_L \leqslant 0.75$	$0.75 < I_L \leqslant 1$	$I_L > 1$
状态	坚硬	硬塑	可塑	软塑	流塑

必须指出，液限试验和塑限试验都是把试样调成一定含水率的土样进行的，也就是说 w_L 和 w_P 都是在土的结构被彻底破坏后测得的。因此，以上判别标准的缺点是没有反映土天然结构性的影响。

【例1-3】 某黏性土的天然含水率 $w = 36\%$，液限 $w_L = 41\%$，塑限 $w_P = 26\%$，试求：该土的塑性指数 I_P 和液性指数 I_L，并确定该土的状态。

【解】 $I_P = w_L - w_P = 41 - 26 = 15$

$$I_L = \frac{w-w_P}{I_P} = \frac{36-26}{15} = 0.67$$

查表1-5确定该土处于可塑状态。

1.6.4 活动度

黏性土的活动度反映了黏性土中所含矿物的活动性。研究表明，两种塑性指数相近的黏性土工程性质差异较大。如以高岭土矿物为主要成分的高岭土与以蒙脱石矿物为主要成分的皂土性质完全不同，仅根据塑性指数无法加以区别。为表示黏性土中所含矿物的活动性定义活动度指标，活动度 A 是塑性指数与黏粒（粒径小于 $0.002mm$ 的土粒）含量百分数的比值，其表达式为

$$A = \frac{I_P}{m} \tag{1-15}$$

式中　A——黏性土的活动度；

$\quad\quad I_P$——黏性土的塑性指数；

$\quad\quad m$——粒径小于 $0.002mm$ 的土粒含量百分数。

根据活动度 A 的大小，可以把黏性土分为不活动黏性土，$A < 0.75$；正常黏性土，$0.75 \leqslant A \leqslant 1.25$；活动黏性土，$A > 1.25$。

计算结果显示，活动黏性土的矿物成分以蒙脱石为主，而不活动黏性土的矿物成分以高岭土为主，因此利用活动度 A 可以区分塑性指数相近的高岭土与皂土。

1.6.5 黏性土的触变性及灵敏度

1. 黏性土的灵敏度

在土的密度和含水率不变的条件下，原状土的无侧限抗压强度 q_u 与重塑土的无侧限抗压强度 q_u' 的比值，称为土的灵敏度，用 S_t 表示，表达式为

$$S_t = \frac{q_u}{q_u'} \qquad (1\text{-}16)$$

灵敏度反映了由于重塑而破坏原状结构时土的强度的降低程度，是反映黏性土结构性强弱的特征指标。

根据灵敏度大小可将饱和性土分为低灵敏度（$1 < S_t \leqslant 2$）、中灵敏度（$2 < S_t \leqslant 4$）和高灵敏度（$S_t > 4$）三类。土的灵敏度越高，其结构性越强，受扰动后土的强度降低就越多。所以在基础施工中应注意保护基槽，避免或尽量减少土体结构的扰动。

2. 黏性土的触变性

土的触变性是指在含水率和密度不变的情况下，土因重塑而软化，又因静置而逐渐硬化，强度部分恢复的性质。土的触变性是由于土粒、水分子和化学离子体系随时间增长而逐渐趋于新的平衡状态的缘故。如在黏性土中打桩时，桩侧土的结构受到破坏而强度降低，易于沉桩，但在停止打桩以后，土的强度逐渐恢复，桩的承载力逐渐增加。

1.7 砂土的密实度

砂土的密实状态可以分别用孔隙比 e、相对密实度 D_r 和标准贯入锤击数 N 进行评价。

1. 用孔隙比 e 评价砂土的密实度

采用天然孔隙比 e 的大小来判别砂土的密实度（表 1-6）是一种较简捷的方法，它的不足之处是不能反映砂土的级配和颗粒形状的影响。实践表明，有时较疏松、级配良好的砂土的孔隙比比较密实、颗粒均匀的砂土的孔隙比还要小。

表 1-6 用孔隙比 e 评价砂土的密实度

密实度		密实	中密	稍密	松散
土类	砾砂、粗砂、中砂	$e < 0.6$	$0.6 \leqslant e \leqslant 0.75$	$0.75 < e \leqslant 0.85$	$e > 0.85$
	细砂、粉砂	$e < 0.7$	$0.7 \leqslant e \leqslant 0.85$	$0.85 < e \leqslant 0.95$	$e > 0.95$

2. 用相对密实度 D_r 评价砂土的密实度

工程上为了更好地评价砂土的密实状态，采用将土的天然孔隙比 e 与该种土所能达到最密实时的孔隙比 e_{min} 和最松散时的孔隙比 e_{max} 相比较的办法，来表征土的密实程度。这种度量密实度的指标称为相对密实度 D_r，即

$$D_r = \frac{e_{max} - e}{e_{max} - e_{min}} \qquad (1\text{-}17)$$

式中 e_{max}——土最松散时的孔隙比，即最大孔隙比，测定方法是将松散的风干土样，通过长颈漏斗轻轻倒入容器，求得土的最小干密度 ρ_{dmin}；

e_{min}——土最密实时的孔隙比，即最小孔隙比，一般用"松砂器法"测定，测定方法是将松散的风干土样分批装入金属容器内，按规定的方法进行振动或锤击夯实直至密实度不再提高，求得最大干密度 ρ_{dmax}。

e_{max} 和 e_{min} 均由干密度求得。因此，砂土的相对密实度的实用表达式为

$$D_r = \frac{(\rho_d - \rho_{dmin})\rho_{dmax}}{(\rho_{dmax} - \rho_{dmin})\rho_d} \tag{1-18}$$

用相对密实度 D_r 判定砂土的密实度标准为：$0 \leq D_r \leq 1/3$，松散；$1/3 < D_r \leq 2/3$，中密；$2/3 < D_r \leq 1$，密实。

应指出，在实验室测得各种土理论上的 e_{max} 和 e_{min} 是十分困难的。在静水中缓慢沉积形成的土，其孔隙比有时可能比实验室能测得的 e_{max} 还大；同样，在漫长地质年代中堆积形成的土，其孔隙比有时可能比实验室能测得的 e_{min} 还小。此外，在地下深处，特别是地下水位以下的粗粒土的天然孔隙比 e 很难准确测定。因此，从理论上讲，相对密实度 D_r 这一指标能更合理地用以确定土的密实状态，但由于上述原因，在实际工程中尚难以应用。

3. 用标准贯入试验评价砂土的密实度

天然砂土的密实度可在现场通过标准贯入试验测定。标准贯入试验是动力触探试验的一种。它利用一定的锤击动能，将一定规格的对开管式贯入器打入钻孔孔底的土中，根据打入土中的贯入阻抗，判别土层的工程性质。贯入阻抗用贯入器贯入土中 30cm 的锤击数 N 表示，N 也称为标贯击数。

试验时，先用钻具钻至试验土层 15cm 处（避免扰动），用质量为 63.5kg 的穿心锤，自 76cm 高度自由落下，将贯入器打入 15cm，以后每打入 30cm 的锤击数即实测锤击数 N'（$N = AN'$，A 为当钻杆大于等于 3 时的修正系数）。根据标准贯入试验锤击数 N 的大小，可按表 1-7 判定砂土的密实度。

表 1-7　按标准贯入试验锤击数 N 划分砂土密实度

砂土密实度	松散	稍密	中密	密实
N	$N \leq 10$	$10 < N \leq 15$	$15 < N \leq 30$	$N > 30$

注：当静力触探探头阻力判定砂土的密实度时，可根据当地经验确定

标准贯入试验除用来评定砂土的相对密实度外，还可用于评定地基土承载力和估算单桩承载力等。

【例 1-4】　某天然砂层，密度为 1.47g/cm³，含水率为 13%，由试验求得砂土的最小干密度为 1.20g/cm³，最大干密度为 1.66g/cm³。问该砂层处于哪种状态？

【解】　已知：$\rho = 1.47\text{g/cm}^3$，$w = 13\%$，$\rho_{dmin} = 1.20\text{g/cm}^3$，$\rho_{dmax} = 1.66\text{g/cm}^3$，由公式

$$\rho_d = \frac{\rho}{1+w}$$

得

$$\rho_d = 1.30\text{g/cm}^3$$

$$D_r = \frac{(\rho_d - \rho_{dmax})\rho_{dmax}}{(\rho_{dmax} - \rho_{dmin})\rho_d} = \frac{(1.30 - 1.20) \times 1.66}{(1.66 - 1.20) \times 1.30} = 0.28 < 0.33$$

故该砂层处于松散状态。

1.8　土体的击实性

在实际工程建设中，经常会遇到填土问题，如房屋地基的处理，公路、铁路路基的填筑，土堤、土坝的修筑等。为了增加填土的密实度，减小其压缩性和渗透性，保证土体具有足够的强度、刚度和稳定性，通常对土体进行分层碾压、夯实处理。

土的压实性是指在一定的含水率下，以人工或机械的方法，使土体能够压实到某种密实程度的性质。为了便于控制填土的质量和提高施工的效率，通常需要事先进行压实试验。压实试验一般分为现场填筑试验和室内击实试验。前者是在现场选一试验地段，按设计要求和施工方法进行填土，同时进行有关测试工作，以查明填筑条件（如土料、堆填方法、压实机械等）和填筑效果（如土的密实度）的关系。室内击实试验是近似地模拟现场填筑情况，用锤击方法将土击实，研究在不同击实功能下土的击实特性，以便取得有参考价值的设计数值，以指导设计和施工，是一种半经验性的试验。

1.8.1　土的室内击实试验

击实试验是在室内研究土压实性的基本方法。击实仪主要包括击实筒、击锤及导筒等（图 1-16）。试验时，把制备成某一含水率的土料分层装入击实筒中，每层土料在一定的击实功作用下锤击密实。根据击实后土样的密度和实测含水率，可求出相应的干密度。试验应制备不少于 5 个不同含水率的试样，分别进行试验。

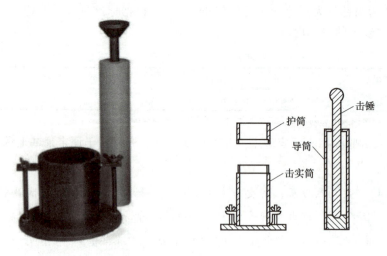

图 1-16　击实仪

将击实曲线结果以含水率 w 为横坐标、干密度 ρ_d 为纵坐标绘制曲线，该曲线即击实曲线。由图 1-17 可见，击实曲线具有如下特征。

1）曲线具有峰值。峰值点对应的纵坐标值为最大干密度 ρ_{dmax}，对应的横坐标值为最优含水率，用 w_{op} 表示。最优含水率 w_{op} 是在一定击实（压实）功作用下，使土最容易压实，并能达到最大干密度的含水率。w_{op} 与 w_P 的值比较接近，工程中常按 $w_{op} = w_P + 2\%$ 选择制备土样含水率。

2）当含水率低于最优含水率时，干密度受含水率变化的影响较大，即含水率变化对密度的影响在偏干时比偏湿时更加明显。因此，击实曲线的左段（低于最优含水率）比右段的坡度陡。

3）击实曲线必然位于饱和曲线的左下方，而不可能与饱和曲线有交点。这是因为当土的含水率接近或大于最优含水率时，孔隙中的气体逐渐处于与大气不连通的状态，击实作用已不能将其排出土体之外，即击实土不可能被击实到完全饱和状态。

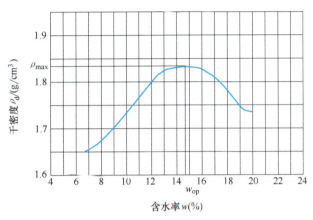

细粒土击
实曲线

图 1-17　黏性土的击实曲线

击实试验按击锤质量的不同分为轻型和重型击实两种（表 1-8）。它们分别适用于粒径不大于 40mm 的土和粒径小于 5mm 的黏性土。

表 1-8　击实试验参数

实验方法	锤质量/kg	击实筒体积/cm³	分层层数	每层击数
轻型	2.5	974.7	3	25
重型	4.5	2103.9	3	94
	4.5	2103.9	5	56

1.8.2　填土的击实特性

土的击实效果受很多因素的影响，如土的类型及含水率、击实方法和击实能量等。

1. 含水率

当含水率较低时，击实后的干密度随含水率的增加而增大。当干密度增大到某一值后，含水率的继续增加反而导致干密度的减小。当击实数一定时，只有在某一含水率下才能获得最佳的击实效果。

2. 击实功

土料的最大干密度和最优含水率不是常数。随击实数的增加，最大干密度逐渐增大，而最优含水率逐渐减小（图 1-18）。当含水率较低时，击实数的影响较显著。当含水率较高时，含水率与干密度关系曲线趋近于饱和线，这时提高击实功是无效的。

3. 土类和级配的影响

1）相同击实功下，黏性土塑性指数越大，压实越困难，最大干密度越小，最优含水率越大。

2）对于无黏性土，含水率对土的压实性的影响与黏性土有明显的不同（图1-19），因此，无黏性土在压实过程中应不断地加水，使其处于饱和状态，以取得最佳压实效果。

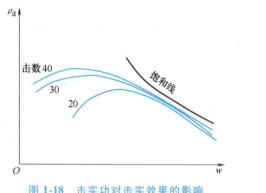

图1-18　击实功对击实效果的影响　　　　　　图1-19　无黏性土的击实曲线

3）同类土中，级配良好的土有足够的细粒去充填较粗颗粒形成的孔隙，因而能获得较高干密度、级配良好的土，易于压实；而级配不良的土，不易压实。

1.8.3　压实填土在现场中的应用

工程中的填土压实情况与室内压实试验在条件上是有差别的。

1）工作情况不同。现场填筑时大多是机械碾压，而压实试验是由自由落锤产生的冲击荷载。

2）变形条件不同。现场填筑时填土侧向变形不受限制，而压实试验中土的侧向变形受到刚性压实筒的约束。

目前还未能从理论上找出两者的普遍规律。实践表明，尽管工程现场与室内击实试验的结果有一定差异，但用室内击实试验来模拟工地压实是可靠的。压实填土的施工质量可用压实系数 λ_c 来控制

$$\lambda_c = \frac{\rho_d}{\rho_{dmax}} \tag{1-19}$$

1.9　土的工程分类

土分类的目的在于认识和识别土的种类，并针对不同类型的土进行研究和评价，使其适应和满足工程建设需要。土分类是工程地质学科重要的基础，也是土质学的重要内容之一。对种类繁多、性质各异的土，按一定原则进行分类，以便针对不同工程要求，对不同的土给予正确的评价，为合理利用和改造各类土提供客观的依据。在各类工程勘察中，都应该把研究区域内的各种土进行分类，并反映在工程地质平面图和剖面图上，作为工程设计与施工的依据。这也是对土进行分类的目的所在。土的分类也是国内外科技交流的需要，因此在科学研究领域和工程实际应用中都有很重要的意义。但是目前不但国际分类标准不统一，国内各部门的土的分类标准差异也比较大。

本节仅介绍 GB 50007—2011《建筑地基基础设计规范》中的分类体系。《建筑地基基础设计规范》根据土粒大小、粒组的土粒含量或土的塑性指数把地基土（岩）分为岩石、碎

石土、砂土、粉土、黏性土和人工填土等。

1. 岩石

岩石是指颗粒间牢固联结，形成整体或具有节理、裂隙的岩体。作为建筑厂地和建筑地基可按下列原理分类：

1）按照成因分为岩浆岩、沉积岩和变质岩。

2）根据坚固性及未风化岩石的饱和单轴极限抗压强度 q 分为硬质岩石（$q \geqslant 30\text{MPa}$）和软质岩石（$q < 30\text{MPa}$）。

3）根据分化程度分为微风化、中等分化和强风化。

4）按照软化系数 K_R 分为软化岩石和不软化岩石。K_R 为饱和状态与风干状态的岩石单轴极限抗压强度之比，$K_R \leqslant 0.75$ 为软化岩石，$K_R > 0.75$ 为不软化岩石。

2. 碎石土

粒径大于 2mm 的颗粒质量超过粒组总质量 50% 的土称为碎石土。按照粒径和颗粒形状可划分为漂石、块石、卵石、碎石、圆砾和角砾，碎石土可按表 1-9 分类。

碎石土的密实度一般用定性的方法由野外描述确定，卵石的密实度可按照重型动力触探的锤击数划分。

表 1-9　碎石土的分类

土的名称	颗粒形状	粒组含量
漂石	圆形及亚圆形为主	粒径大于 200mm 的颗粒质量超过粒组总质量的 50%
块石	棱角形为主	
卵石	圆形及亚圆形为主	粒径大于 20mm 的颗粒质量超过粒组总质量的 50%
碎石	棱角形为主	
圆砾	圆形及亚圆形为主	粒径大于 2mm 的颗粒质量超过粒组总质量的 50%
角砾	棱角形为主	

注：分类时应根据粒组含量栏由上到下以最先符合者确定。

3. 砂土

粒径大于 2mm 的颗粒质量不超过粒组总质量的 50%，而粒径大于 0.075mm 的颗粒质量超过粒组总质量 50% 的土称为砂土。砂土可分为砾砂、粗砂、中砂、细砂和粉砂（表 1-10）。

表 1-10　砂土的分类

砂的名称	粒组质量
砾砂	粒径大于 2mm 的颗粒质量占粒组总质量的 25%~50%
粗砂	粒径大于 0.5mm 的颗粒质量超过粒组总质量的 50%
中砂	粒径大于 0.25mm 的颗粒质量超过粒组总质量的 50%
细砂	粒径大于 0.075mm 的颗粒质量超过粒组总质量的 85%
粉砂	粒径大于 0.075mm 的颗粒质量小于粒组总质量的 50%

注：分类时应根据粒组含量栏由上到下以最先符合者确定。

4. 粉土

粉土是指粒径 0.075mm 的颗粒质量不超过粒组总质量的 50%，且塑性指数小于或等于

10 的土。粉土是介于砂土与黏性土之间的过渡性土类，它具有砂土和黏性土的某些特征，根据黏粒含量可以将粉土再划分为砂质粉土和黏质粉土，具体划分见表 1-11。

表 1-11　土名称及相对黏粒含量

土的名称	黏 粒 含 量
砂质粉土	粒径小于 0.005mm 的颗粒质量小于等于粒组总质量的 10%
黏质粉土	粒径小于 0.005mm 的颗粒质量超过粒组总质量的 10%

5. 黏性土

塑性指数 I_p 值大于 10 的土定义为黏性土。根据塑性指数的大小，黏性土又分为黏土和粉质黏土（表 1-12）。

表 1-12　黏性土的分类

土的名称	塑性指数
黏土	$I_p > 17$
粉质黏土	$17 \geqslant I_p > 10$

6. 特殊性土

特殊性土是在特定地理环境或人为条件下形成的特殊性质的土，其分布一般具有明显的区域性，包括填土、软土、湿陷性土、红黏土、膨胀土、多年冻土、混合土、盐渍土、污染土等。

7. 国际土的分类标准

国际制土壤质地分类是依据国际制粒径分级的质地分类。国际制土壤质地分类在第二届国际土壤学会上通过，根据砂粒（2～0.02mm）、粉粒（0.02～0.002mm）、黏粒（0.002mm）三粒组含量的比例，划定 12 种质地类别。查阅国际制土壤质地分类三角图的要点是以黏粒的质量分数为主要标准，当其小于 15% 时为砂土质地组和壤土质地组；当其处于 15%～25% 时为黏壤组；当其大于 25% 时为黏土组。

当土壤中粉粒的质量分数大于 45% 时，在各组质地的名称前均冠以"粉质"字样；当土壤中砂粒的质量分数为 55%～85% 时，则冠以"砂质"字样；当土壤中砂粒的质量分数大于 85% 时，则称壤砂土或砂土。国际制土壤质地分类中黏粒 0.002mm 的上限是由 Atterberg 提出的，他研究发现小于 0.002mm 的颗粒在溶液中表现出布朗运动的特征，不受重力作用的影响而自由沉降。国际制土壤质地分类最初被认为是国际标准制，但是国际上使用得较少。

> ## 拓展阅读
>
> ## 云南膨胀土地区公路边坡防治技术
>
> 云南地区膨胀土分布广泛，其吸水膨胀软化，失水收缩开裂，具有胀缩性、多裂隙性和超固结性，是一种工程上的特殊黏性土。土体湿度增高时，体积膨胀并形成膨胀压力，土体干燥失水时，体积收缩并形成收缩裂缝，膨胀、收缩变形循环往复发生，会导致土的强度衰减，最终形成溜塌、塌肩和滑坡等破坏，故边坡的失稳与破坏具有浅层性、多发性和重复性的特点。这也使膨胀土地区公路边坡防护成为公路建设中的一个难题。

长期以来，针对膨胀土地区公路边坡防护采用的都是封闭式工程防护，如浆砌片石封闭、挡土墙支挡、抗滑桩、肋拱护坡等，措施相对单一。随着我国高等级公路建设发展针对边坡防护问题研究出了新的综合防护技术：

1. 工程防护

1）采用坡顶排水设计，每一膨胀土边坡坡顶都必须进行详细调查，在对其地形、地貌有全面认识的基础上，以"截、堵"措施为主，进行排水设计，避免坡体以外地表水渗入。

2）坡体设置排水骨架支撑体系，膨胀土边坡的破坏多为浅层滑塌，在坡体内形成一个排水骨架支撑体系可对边坡起到排水固结作用。

3）在坡面设置纵向排水沟，保证雨期时坡面水能及时排走。

4）坡体、坡面排水系统要形成一个通畅的体系。

5）坡脚根据不同情况设置重力式或仰斜式抗滑挡墙作为支挡结构，墙被设置排水层，与排水系统连通。

2. 绿化防护

1）针对膨胀土存在吸水膨胀、失水收缩和坡面受水侵蚀严重，植物生长较困难等问题，筛选出根系发达、抗旱耐贫瘠、病虫害少、易于养护，且种子、苗木大批量获取方便的植物。

2）从筛选出来的植物中进行合理组合，达到坡面绿化、固土护坡、不退化、有效调节坡体水分干湿急剧变化的目的。

该技术采取"预防为主、综合防护"的防护原则，主要是采用"工程+植物防护"相结合的综合措施，植物的蒸腾与覆盖可有效抑制边坡土体含水率急剧变化，防、排水措施和植物根系的深入达到保证边坡稳定、恢复植被、保持水土、绿化美化环境的效果。绿化植种以本地物种为主避免退化和外来物种侵害，植物组合以草、灌、花结合，达到绿化美化的效果。综合防护设计图如图1-20所示。

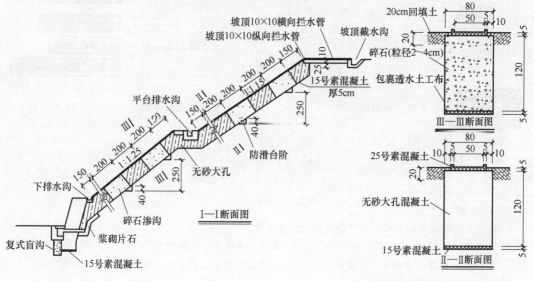

图1-20 综合防护设计

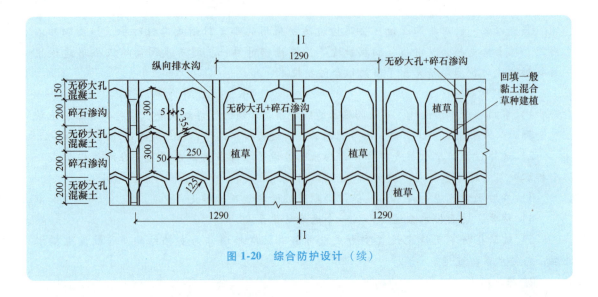

图 1-20 综合防护设计（续）

本 章 小 结

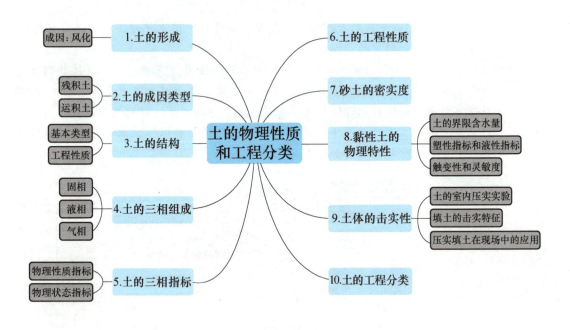

习　　题

一、选择题

1. 下列土的物理指标中可以直接测得的试验指标是（　　）。

A. 含水率、孔隙比、饱和度　　　　　　　B. 重度、含水率、孔隙比

C. 土粒相对密度、含水率、干重度　　　　D. 土粒相对密度、含水率、密度

2. 同一土样，其天然重度 γ、饱和重度 γ_{sat}、干重度 γ_d、浮重度 γ' 之间的大小关系是（　　）。

A. $\gamma < \gamma_{sat} < \gamma_d < \gamma'$　　　　　　　　B. $\gamma' < \gamma < \gamma_d < \gamma_{sat}$

C. $\gamma'<\gamma_d<\gamma<\gamma_{sat}$ \qquad\qquad D. $\gamma<\gamma_d<\gamma'<\gamma_{sat}$

3. 黏性土软硬状态的判别指标是（　　）。

A. 塑性指数 \qquad B. 液性指数 \qquad C. 压缩系数 \qquad D. 压缩指数

4. 下列不属于土的结构基本类型的是（　　）。

A. 片状结构 \qquad B. 单粒结构 \qquad C. 蜂窝结构 \qquad D. 絮状结构

5. 土具有可塑的原因是因为土中含有（　　）。

A. 强结合水 \qquad B. 弱结合水 \qquad C. 重力水 \qquad D. 毛细水

6. 饱和度为100%代表该土为（　　）。

A. 干土 \qquad B. 湿土 \qquad C. 饱和土 \qquad D. 固结土

7. 液限代表土中出现了（　　）。

A. 强结合水 \qquad B. 弱结合水 \qquad C. 自由水 \qquad D. 毛细水

8. 对土粒产生浮力的水是（　　）。

A. 毛细水 \qquad B. 重力水 \qquad C. 强结合水 \qquad D. 弱结合水

9. 影响细粒土击实效果的因素不包括（　　）。

A. 击实功能 \qquad B. 土体温度 \qquad C. 土的级配 \qquad D. 击实方式

10. 在土的三相比列指标中，直接通过实验测定的是（　　）。

A. d_s、w、e \qquad B. d_s、ρ、e \qquad C. d_s、w、ρ \qquad D. w、e、ρ

二、简答题

1. 土的三相组成是什么？三相比例的变化对土的性质有何影响？

2. 土的颗粒级配是通过土的颗粒分析试验测定的，常用的方法有哪些？如何判断土的级配情况？

3. 土的试验指标有几个？它们是如何测定的？其他指标如何换算？

4. 如何确定黏性土的状态？

5. 无黏性土的密实度对其工程性质有重要影响，如何评价无黏性土的密实度？

6. 建筑地基土分哪几类？它们是如何划分的？

三、计算题

1. 有一完全饱和的原状土样装满于容积为21.7cm³的环刀内，称得总质量为72.49g，在105℃的条件下烘干至恒重，质量为61.28g。已知环刀质量为32.5g，土粒相对密度为2.74，求该土样的密度、含水率、干密度及孔隙比。

（答案：$\rho=1.84g/cm^3$；$w=39\%$；$\rho_d=1.32g/cm^3$；$e=1.08$）

2. 某土样颗粒分析结果见表1-13，试绘出该土样的颗粒级配曲线，确定其不均匀系数 C_u 和曲率系数 C_c，并评价其级配情况。

表1-13　颗粒分析结果

粒径/mm	>2	2~0.5	0.5~0.25	0.25~0.1	0.1~0.05	<0.05
粒组含量	9%	27%	28%	19%	8%	9%

（答案：$C_u=8.04$；$C_c=1.59$；级配良好）

3. 已知土粒的相对密度为2.68，土的密度为1.91g/cm³，含水率为29%，用土的三相图推导出土的干密度、孔隙比、饱和度的表达式，并分别求出其大小。

（答案：$\rho_d=1.48g/cm^3$；$e=0.81$；$S_r=96\%$）

4. 某砂层的天然密度为1.75g/cm³，含水率为10%，土粒相对密度为2.65，最小孔隙比为0.40，最大孔隙比为0.85。试求土的孔隙比和相对密实度，并判定该土层的密实状态。

（答案：$e=0.68$；$D_r=0.409$；该砂层处于中密状态）

第2章　土中水的运动规律

内容提要

　　土中水的存在形态及毛细现象，土的渗透性及达西定律，渗透系数的测定方法，渗流力和渗透问题。

基本要求

　　了解土的毛细现象；掌握达西定律、渗透系数的测定方法；熟悉成层土的等效渗透系数的计算；掌握渗透力的计算；熟悉渗透变形的形式和防治渗透变形的措施。

　　土中水并非处于静止不变的状态，而是处于运动状态。土中水的运动原因和形式很多，如在重力作用下地下水的流动（土的渗透性问题），在土中附加应力作用下孔隙水的挤出（土的固结问题），由于表面张力作用产生的水分移动（土的毛细现象），在土颗粒分子引力作用下结合水的移动（如冻结时土中水分的移动），由于孔隙水溶液中离子浓度的差别产生的渗附现象等。土中水的运动将对土的性质产生影响，在许多工程实践中碰到的问题，如流砂、冻胀、渗透、固结、渗流时的边坡稳定等，都与土中水的运动有关。故本章着重研究土中水的运动规律。

导入案例

案例一：上海轨道交通4号线工程实例（图2-1和图2-2）

图2-1　裙房倒塌

图2-2　泵房倒塌

2003 年 7 月 1 日凌晨，建设中的上海轨道交通 4 号线突发险情，造成若干地面建筑物遭到破坏，如图 2-1 和图 2-2 所示。上海市新闻办发布的消息称，1 日凌晨 4 时，正在施工中的上海轨道交通 4 号线（浦东南路至南浦大桥）区间隧道浦西通道发生渗水，随后出现大量流砂涌入，引起地面大幅沉降。上午 9 时左右，地面建筑物中山南路 847 号八层楼房发生倾斜，其主楼裙房部分倒塌，由于发现报警及时，楼内所有人员均已提前撤出，因而没有造成人员伤亡。

案例二：海南陵水万州岭水库库坝管涌实例（图 2-3）

万州岭水库处于陵水县与保亭县交界处，设计库容 $105 \times 10^4 \mathrm{m}^3$。2010 年 10 月 17 日，由于降雨，当天水库库容高达 $170 \times 10^4 \mathrm{m}^3$，大大超出设计库容。

图 2-3　海南陵水万州岭水库库坝

万州岭属于小型水库，地处山区，地势高，而且是正在加固施工中的病险水库。强降雨袭击前，堤坝维修工作尚未结束，如图 2-3 所示。外堤坝的泥土刚刚堆好，堤坝就像馒头泡水了一样，比较松软，出现冲沟、堤坝滑坡和管涌等险情，非常危险。高 20 多米的堤坝已经多处出现小面积滑坡险情，水库坝体下方出现一处直径 50cm 的管涌，管涌处的水在不断地往外涌。险情发生后的第一时间，县领导立即紧急协调，指挥大坝抢险和群众转移工作同时进行。省领导、省水务局相关领导也带着水利专家连夜赶到现场，提出科学抢险方案。

在水利专家的指导下，万州岭水库各路抢险队伍分工明确，军队和武警官兵封堵涌管、加固堤坝，群众协助运送沙袋，民兵协助转移群众，爆破队伍负责拓宽拓深泄洪道……所有抢险工作紧张有序，保证了大坝的安全，度过了险情。

2.1　土的渗透性

由于土体中存在大量孔隙，所以当饱和土中两点存在能量差时，土中水就在土体孔隙中从能量高的点向能量低的点流动。土中水在重力作用下穿过土中连通孔隙发生流动的现象称为渗流，土具有被水透过的性能称为土的渗透性，是土的主要力学特性之一。土的渗透性将改变土中应力，产生一系列与强度、变形有关的问题。所以，土的渗透性与工程实践密切相关，特别是对基坑、堤坝、路基、闸坝等工程有很大的影响。

土的渗流性研究主要解决三方面问题：渗流量问题、渗透破坏问题、渗流控制问题。

土的渗透性和土的饱和度有关，本节主要介绍饱和土的渗透性，包括土的渗透规律、渗透系数的测定方法、土中二维渗流及流网、渗透破坏及工程防治措施。

2.1.1 渗透规律

1. 达西定律

法国工程师达西（H. Darcy）曾于 1855 年利用图 2-4 所示的试验装置对均质砂试样的渗透性进行了研究，发现水在土中的渗透速度与试样的水力梯度（水力坡降）成正比，即

$$v = k\frac{h}{L} = ki \tag{2-1}$$

或

$$q = vA = kiA \tag{2-2}$$

式中　v——断面平均渗透速度；

　　　h——试样两断面的水位差，即水头损失；

　　　L——渗径；

　　　i——水力坡降，代表单位渗流长度上的水头损失；

　　　q——单位渗流量；

　　　A——垂直于渗流方向的土样的截面积（图中圆筒断面积）；

　　　k——土的渗透系数，反映土的透水性能。

式（2-1）或式（2-2）即达西定律的数学表达式，表明水在土中的渗流速度与水力坡降的一次方成正比，并与土的性质有关。

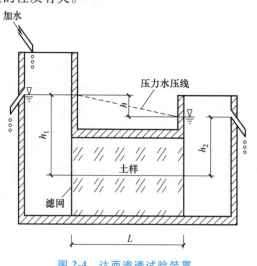

图 2-4　达西渗透试验装置

必须指出，由式（2-1）求出的渗流速度是一种假想的平均流速，即假定水在土中的渗流是通过土体整个截面，而不是仅通过土中孔隙。因此，水在土中的实际平均流速大于按达西定律确定的平均流速。因为实际平均流速很难确定，所以目前在渗流计算中广泛采用的是

达西定律计算的结果。

2. 达西定律适用范围

式（2-1）描述的砂土渗透速度与水力坡降呈线性关系，如图 2-5a 所示。对于密实黏土中的渗流，进一步试验表明，由于孔隙中全部或大部分充满结合水，形成较大的黏滞阻力，当水力坡降较小时，土中不产生渗流，只有当渗透力克服了结合水的黏滞阻力后才能发生渗透，渗透规律呈非线性关系，偏离达西定律，如图 2-5b 中实线。因此，密实黏土存在一起始水力坡降 $i_b>0$，即开始发生渗透时的水力坡降。实际使用的黏性土的渗透规律通常用直线来近似，如图 2-5b 中的虚线。所以，密实黏土的渗透规律为

$$v=k(i-i_b)$$

式中　i_b——密实黏土的起始水力坡降；

其余符号意义同前。

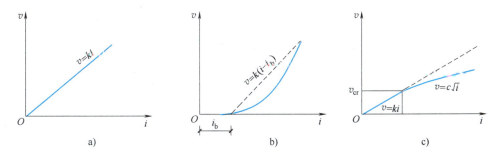

图 2-5　土的渗透速度与水力梯度的关系

a）砂土　b）密实黏土　c）砾土

对于粗粒土（如砾、卵石地基或堆石坝体等）中的渗流，只有在较小的水力坡降下，渗透速度与水力坡降才呈线性关系，当渗透速度超过临界流速 v_{cr} 时，水在土中的流动不符合层流状态，渗透速度与水力坡降的关系是非线性的，明显偏离达西定律，如图 2-5c 所示。

所以，达西定律实际上是层流渗透定律。由于土体中土粒和孔隙的形状与大小都是不规则的，因而水在孔隙中的渗透状态极其复杂。但由于土体中孔隙一般非常微小，水在土体中流动时的黏滞阻力很大，流速缓慢，因此，其流动状态大多属于层流。

2.1.2　渗透试验及渗透系数

渗透系数 k 指单位水力坡降下土中渗流速度，综合反映土的透水性强弱，是土的重要力学性质指标。渗透系数可以通过试验直接测定。

1. 渗透试验

土的渗透试验可由室内或现场试验确定，室内外试验原理均以达西定律为依据。

室内渗透试验按适用土类和仪器类型分为常水头试验和变水头试验，一般应取 3～4 个试样进行平行试验，以平均值作为试样在该孔隙的渗透系数。

（1）常水头渗透试验　常水头渗透试验适用于透水性较大的粗粒土，试验过程中作用于土样的水头保持不变，其试验装置如图 2-6 所示。

设试样的厚度即渗径长度为 L，截面面积为 A，试验时的水位差为 h，这三者在实验前可以直接量出或控制。试验中只要用量筒和秒表测出在某一时段 t 内流经试样的渗水量 V，

即可求出该时段内通过土体的流量

$$q = \frac{V}{t} \tag{2-3}$$

$$k = \frac{VL}{Aht} \tag{2-4}$$

（2）变水头渗透试验　变水头渗透试验适用于细粒土，试验过程中作用于土样的水头随时间而变化，装置如图 2-7 所示。试样的一端与细玻璃管相接，在试验过程中测出某一时段内细玻璃管中水位的变化，就可根据达西定律求出土的渗透系数。

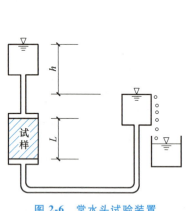

图 2-6　常水头试验装置

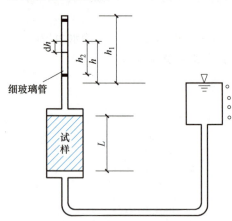

图 2-7　变水头试验装置

设细玻璃管的内截面面积为 a，试验开始以后任一时刻 t 的水位差为 h，经时段 $\mathrm{d}t$，细玻璃管中水位下落 $\mathrm{d}h$，则在时段 $\mathrm{d}t$ 内流经试样的水量

$$\mathrm{d}V = -a\mathrm{d}h \tag{2-5a}$$

式中，负号表示渗水量随 h 的减小而增加。

根据达西定律，在时段 $\mathrm{d}t$ 内流经试样的水量又可表示为

$$\mathrm{d}V = k\frac{h}{L}A\mathrm{d}t \tag{2-5b}$$

令式（2-5a）等于式（2-5b），可以得到

$$\mathrm{d}t = -\frac{aL}{kA}\frac{\mathrm{d}h}{h}$$

将上式两边积分

$$\int_{t_1}^{t_2}\mathrm{d}t = -\int_{h_1}^{h_2}\frac{aL}{kA}\frac{\mathrm{d}h}{h}$$

即可得到土的渗透系数

$$k = \frac{aL}{A(t_2-t_1)}\ln\frac{h_1}{h_2} \tag{2-6a}$$

如用常用对数表示，则上式可写成

$$k = 2.3\frac{aL}{A(t_2-t_1)}\lg\frac{h_1}{h_2} \tag{2-6b}$$

式（2-6）中 a、L、A 为已知，试验时只需要测出与时刻 t_1 和 t_2 对应的水位 h_1 和 h_2，就可求出渗透系数。

影响渗透系数的因素很多，如土的种类、级配、孔隙比以及水的温度等。因此，为了准确地测定土的渗透系数，必须尽力保持土的原始状态并消除人为因素的影响。

2. 成层土的渗透系数

天然沉积土往往由渗透性不同的土层组成。对于与土层层面平行和垂直的简单渗流情况，当各土层的渗透系数和厚度为已知时，可求出整个土层与层面平行和垂直的平均渗透系数，作为进行渗流计算的依据。

层状地基等效渗透系数

现在，先来考虑与层面平行的渗流情况。如图 2-8 所示，在渗流场中截取的渗径长度为 L 的一段与层面平行的渗流区域，各土层的水平向渗透系数分别为 k_1，k_2，$\cdots$，k_n，厚度分别为 H_1，H_2，$\cdots$，H_n，总厚度为 H。若通过各土层的渗流量为 q_{1x}，q_{2x}，$\cdots$，q_{nx}，则通过整个土层的总渗透流量 q_x 应为各土层渗流量的总和，即

$$q_x = q_{1x} + q_{2x} + \cdots + q_{nx} = \sum_{i=1}^{n} q_{ix}$$

根据达西定律，总渗流量又可表示为

$$q_x = k_x i H$$

式中　k_x——与层面平行的土层平均渗透系数；

i——土层的平均水力梯度。

对于这种条件下的渗流，通过各土层相同距离的水头损失均相等。因此，各土层的水力梯度以及整个土层的平均水力梯度也应相等。于是任一土层的渗流量为

$$q_{ix} = k_{ix} i H_i \tag{2-7}$$

因此，整个土层与层面平行的等效渗透系数 k_x 为

$$k_x = \frac{1}{H} \sum_{i=1}^{n} k_{ix} H_i \tag{2-8}$$

所以，平行层面等效渗透系数 k_x 相当于各层渗透系数按厚度加权的平均值。

对于与层面垂直的渗流情况（图 2-8b），可用类似的方法求解。设通过各土层的渗流量为 q_{1y}，q_{2y}，$\cdots$，q_{ny}，根据水流连续定理，通过整个土层的渗流量 q_y 必等于通过各土层的渗流量，即

$$q_y = q_{1y} = q_{2y} = \cdots = q_{ny} \tag{2-9}$$

由达西定律有

$$k_y i A = k_{1y} i_1 A = k_{2y} i_2 A = \cdots = k_{ny} i_n A$$

则

$$i_i = \frac{k_y}{k_{iy}} i \tag{2-10}$$

式中　k_y——与层面垂直的土层等效渗透系数；

A——渗流截面积。

若渗流通过各土层的水头损失分别为 h_1，h_2，$\cdots$，h_n，则总的水头损失为 $h = \sum h_i$，相应的水力坡降为 $i_1 = \frac{h_1}{H_1}$，$i_2 = \frac{h_2}{H_2}$，$\cdots$，$i_n = \frac{h_n}{H_n}$，总的水力坡降为 $i = \frac{h}{H}$。

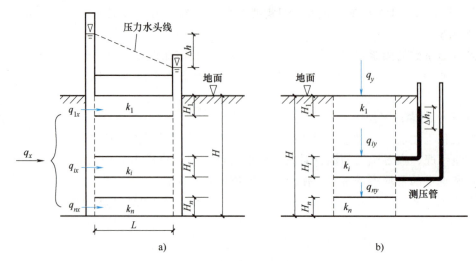

图 2-8　成层土渗流情况

因各土层水头损失的总和等于总水头损失，故

$$Hi = H_1 i_1 + H_2 i_2 + \cdots + H_n i_n \tag{2-11}$$

将式（2-10）代入式（2-11）可得

$$Hi = H_1 \frac{k_y}{k_{1y}} i + H_2 \frac{k_y}{k_{2y}} i + \cdots + H_n \frac{k_y}{k_{ny}} i \tag{2-12}$$

整理式（2-12）后可得垂直层面的等效渗透系数为

$$k_y = \frac{H}{\dfrac{H_1}{k_{1y}} + \dfrac{H_2}{k_{2y}} + \cdots + \dfrac{H_n}{k_{ny}}} = \frac{H}{\displaystyle\sum_{i=1}^{n} \dfrac{H_i}{k_{iy}}} \tag{2-13}$$

比较式（2-8）和式（2-13）后可知，k_x 可近似由最透水层的渗透系数和厚度控制，而 k_y 则可近似由最不透水层的渗透系数和厚度控制。因此，成层土与层面平行的等效渗透系数 k_x 恒大于与层面垂直的等效渗透系数 k_y。

2.2　土中二维渗流及流网

达西定律描述的渗流是简单边界条件下的一维渗流，为了评价渗流在地基或坝体中的影响，需要考虑二维或三维渗流，以及复杂的边界条件，此时需要采用达西定律的微分方式。

2.2.1　二维渗流方程

当土体中形成稳定渗流场时，渗流中水头及流速等渗流要素仅是位置的函数，与时间无关。

从稳定渗流场中任取一微分单元体，面积 $A = \mathrm{d}x\mathrm{d}z$，厚度 $\mathrm{d}y = 1$，x 方向和 z 方向流速分别为 v_x 和 v_z，如图 2-9 所示。

设单位时间流入和流出此单元体的渗流量分别为 $\mathrm{d}q_e$ 和 $\mathrm{d}q_o$，有

$$\mathrm{d}q_e = v_x \mathrm{d}z \times 1 + v_z \mathrm{d}x \times 1$$

$$\mathrm{d}q_o = \left(v_x + \frac{\partial v_x}{\partial x}\mathrm{d}x \right) \mathrm{d}z \times 1 + \left(v_z + \frac{\partial v_z}{\partial z}\mathrm{d}z \right) \mathrm{d}x \times 1$$

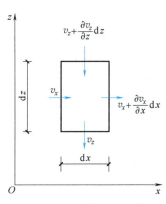

图 2-9　二维渗流单元体

若忽略水体的压缩性，则根据水流连续性原理，单位时间流入和流出单元体的水量应相等，即 $\mathrm{d}q_e = \mathrm{d}q_o$，则由上述公式可以得出二维渗流方程

$$\frac{\partial v_x}{\partial x} + \frac{\partial v_z}{\partial z} = 0 \tag{2-14}$$

对于各向异性土体，达西定律的表达式为

$$v_x = k_x i_x = k_x \frac{\partial h}{\partial x}$$

$$v_z = k_z i_z = k_z \frac{\partial h}{\partial z} \tag{2-15}$$

将式（2-15）代入式（2-14），可以得到以渗透系数 k 和测管水头 h 表示的渗流方程为

$$k_x \frac{\partial^2 h}{\partial x^2} + k_z \frac{\partial^2 h}{\partial z^2} = 0 \tag{2-16}$$

式中　k_x——x 方向的渗透系数；

　　　k_z——z 方向的渗透系数。

假设 $k_x = k_z$，式（2-16）可表示为

$$\frac{\partial^2 h}{\partial x^2} + \frac{\partial^2 h}{\partial z^2} = 0 \tag{2-17}$$

式（2-17）即平面稳定渗流的基本方程，也是著名的拉普拉斯（Laplace）方程。该方程表明渗流场内任一点的水头 h 都是坐标函数。所以，平面稳定渗流场就是给定边界条件下的拉普拉斯方程的解。

2.2.2　二维流网

一般来说，渗流问题中的边界条件相对复杂，可利用电模拟法、数学解析法、数值解法和图解法对式（2-16）、式（2-17）进行求解，上述四种方法中数值解法和图解法较为常用。接下来将重点介绍图解法。图解法是通过绘制由流线与等势线组成的流网近似求得拉氏方程的解。对于成层地基和各向异性地基，图解法比较困难，一般采用数值解法。

1. 流网的基本特征及绘制

流网由两种线型组成，即流线和等势线。流线是描述水质点在稳定渗流场中流动的路线，流线上任意一点的切线方向即通速矢量的方向。等势线的意义是，在任意一条等势线上各点总水头都相等或可说各点测压水头都在同一高度上。由流线和等势线组成的曲线正交网

格就是流网。

那么各向同性土的流网具有以下特征：

1）流线与等势线彼此相互正交。

2）流网每一个网格的长宽比 l/b 皆为常数，为了方便一般都取 $l/b=1.0$，此时流网的网格为（曲边）正方形。

3）每相邻等势线之间的水头损失相等。

4）各流槽的渗流量相等。

5）在流网中，方格越小则等势线越密集，水力梯度越大且流速也越大。

根据上述特征，流网的绘制步骤如图 2-10 所示。

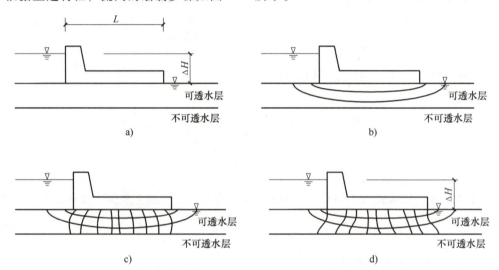

图 2-10　流网绘制

a）绘制结构物和土层　b）绘制流线　c）绘制等势线　d）流网调整

1）按一定比例绘制出建筑物和土层剖面，再由渗流场边界条件确定边界流线和边界等势线，如图 2-10a 所示。

2）根据上下边界流线形态初步绘制几条流线。流线与边界面正交且与不透水边界面接近平行，如图 2-10b 所示。

3）根据以下特性绘制等势面：等势面与流线正交；流线与等势线构成的网格长宽比为常数 ≈ 1.0；按一定的水头比例绘制等势线，注意各网格尽量近似为曲线正方形，如图 2-10c 所示。

4）对流网进行逐步修改调整，直到满足流网基本特征，如图 2-10d 所示。

对于个别工程，边界形状不规则的，在边界突变处很难保证流网网格一定为正方形，此时网格的平均长度和宽度大致相等，对流网精度影响不大。

2. 流网的应用

观察绘制流网当中的网格分布规律，可以从流网图中对研究对象的渗流特性有直观的信息获取，并且可定量求得渗流场中各点的水头损失、孔隙水压力、水力坡降、渗流速度和渗流量等。图 2-11 是几种典型工程的流网图。

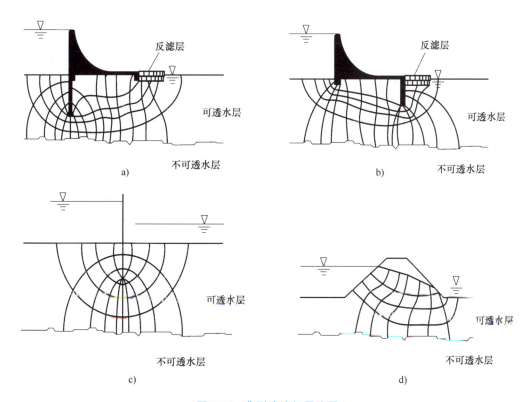

图 2-11　典型渗流问题流网

a）混凝土坝基下设钢板桩　b）混凝土坝趾设置钢板桩和滤层　c）钢板桩　d）土坝

2.3　渗透破坏及工程控制

渗流引起的渗透破坏问题主要分为两类：一是由于渗流作用使土体颗粒流失或局部土体产生移动，导致土体变形甚至失稳；二是由于渗流作用使水压力或浮力发生变化，导致土体或结构失稳。

2.3.1　渗透力

水在土体中流动时会由于克服土粒的阻力而消耗能量，引起水头损失，同时水流又会对土粒产生作用力，渗透力就是指渗透水流施加于单位体积土粒上的拖曳力，即单位体积土颗粒受到的渗流作用力，也称动水压力。

图 2-12 为渗透破坏试验装置。当 $h_1 = h_2$ 时，土中水处于静止状态，无渗流发生。当将贮水器提升到 $h_1 > h_2$ 时，由于水位差的存在，土样中产生向上渗流，随着贮水器位置的不断提升，渗透水流速度会越来越快，直到土样表面出现类似沸腾的现象，此时土样产生了流土破坏。

设土样截面积为 A，厚度为 L，渗透水流流进和流出的水头损失为 Δh，则土粒对渗透水流的阻力为

$$F = \gamma_w \Delta h A \qquad (2-18)$$

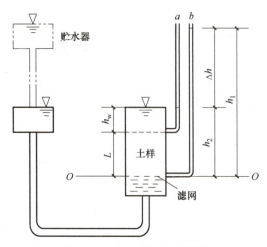

渗透力

图 2-12　渗透破坏试验装置

当忽略水体的惯性力时，渗流作用于土粒的总渗透力 J 和土粒对渗透水流的阻力 F 大小相等方向相反，即

$$J = F = \gamma_w \Delta h A \qquad (2\text{-}19)$$

由式（2-19）可得单位体积土粒受到的渗透作用力为

$$j = \frac{J}{AL} = \frac{\gamma_w \Delta h A}{AL} = i\gamma_w \qquad (2\text{-}20)$$

式（2-20）的推导表明，渗透力为均匀分布的体积力（内力），是由渗流作用于试样两端面的孔隙水压力差（外力）转化的结果。渗透力的量纲与 γ_w 相同，大小和水力坡降成正比，方向与渗流方向一致。

对于平面渗流，利用流网可以方便地求出任意网格上的渗透力及其作用方向。图 2-13 为取自流网中的一个网格，已知任意两条等势线之间的水头降落为 Δh，网格流线的平均长度为 Δl，单位厚度上网格土体的体积 $V = b\Delta l \times 1$，则网格平均水力坡降 $i = \Delta h / \Delta l$，作用于该网格形心、与流线平行的总渗透力为

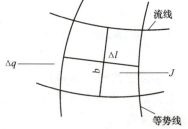

图 2-13　流网中的渗透力计算

$$J = jV = \gamma_w b \Delta h$$

上式表明，流网中各处的渗透力无论是大小还是方向均不相同，等势线越密的区域，水力坡降越大，因而渗透力越大。

渗透力的存在将使土体内部受力发生变化，这种变化对土体稳定性有很大的影响。如图 2-14 中坝下渗流 a 点，渗流方向与重力一致，渗透力可促使土体压密、强度提高，因而有利于土体的稳定。b 点的渗流方向近乎水平，使土粒有向下游移动的趋势，对稳定不利。

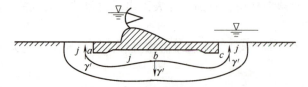

图 2-14　闸基下渗流对土体稳定的影响

c 点的渗流方向与重力相反，当渗透力大于土体的有效重度时，土粒将被水流冲出。

2.3.2　渗透变形

在一定水力坡降渗流的作用下渗透水流使土体发生变形或破坏的现象称为渗透变形。根据土体因渗透水流引起的渗透变形特征，可将渗透变形分为四种形式，即流土、管涌、接触流失和接触冲刷。流土和管涌发生在单一岩土层中，而接触流失和接触冲刷则发生在成层土中。

1. 流土

流土是指在上升水流的作用下，此时动水压力超过土重度，使土体表面隆起或是浮动，或颗粒群同时运动而流失的现象。流土一般以突发的形式发生在渗流出口无保护的部位，多发生于均质砂土层和亚砂土层中。

流土

2. 管涌

管涌即在渗流作用下，土体中的化合物不断溶解，无黏性土中的细小颗粒通过较大颗粒的孔隙，发生移动并被带出的现象。管涌是一种具有渐进性的破坏类型。管涌既可以发生在渗流出口处，也可以发生在土体内部。

管涌产生的条件较为复杂，从单一土粒看，若只记土粒的质量，则当土粒周界上水压力的合力的垂直分量大于土粒的重量时，土粒即可被向上冲出。土的性质是管涌发生与否的首要因素，管涌多发生于砂性土中，特别是颗粒粒径跨度很大的砂性土。管涌的产生必须具备两方面条件：一是几何条件，也是必要条件，即土中粗颗粒构成的孔隙直径必须大于细粒土的直径；二是水力条件，即存在渗透力能够带动细颗粒在孔隙间发生滚动或移动。

防止管涌现象可以从两方面入手，一是改变水力条件，二是改变几何条件，如降低水力梯度，在逸出部位设置反滤层。

3. 接触流失

接触流失是指当渗流垂直于层面运动时，在有土层分层特征且渗透系数区别很大的两个土层中，把一层土的颗粒带入另一土层的现象。接触流失包括接触管涌和接触流土。

4. 接触冲刷

渗流沿着两种不同介质组成的土层层面流动并带走细颗粒的现象称为接触冲刷。如在自然界中，建筑物与地基、土坝与涵管的接触面流动促成的冲刷均属于接触冲刷。

2.3.3　渗流产生的其他工程问题

渗流产生的工程问题除了上述流土（砂）和管涌（潜蚀）外，还包括地下水的浮托作用、承压水作用等。

地下水对建筑物基础产生浮托力一般按下述原则考虑：当建筑物位于粉土、砂土、碎石土和节理裂隙发育的岩石地基时，按设计水位的100%计算浮托力；当建筑物位于节理裂隙不发育的岩石地基时，按设计水位50%计算浮托力；当建筑物位于黏性土地基时，其浮托力较难准确确定，应结合地区的实际经验考虑。

2.3.4　防止渗透破坏的工程措施

1. 减小水头差

基坑工程即通过明沟排水和井点降水等人工的方式降低地下水位，如图 2-15 所示，目的是减小水头差。明沟排水是在基坑内或基坑外设置排水沟、集水井，用抽水设备将地下水从排水沟或集水井排出，如图 2-15a 所示。当基坑开挖要求地下水位降得较深时，可采用井点降水，即在基坑周围布置一排乃至几排井点，从井中抽水降低水位，图 2-15b 为多级井点降水示意。井点的间距根据土的种类及要求的降水深度确定，一般取 1~3m。各井的顶部用管相连，并通过水泵抽水。

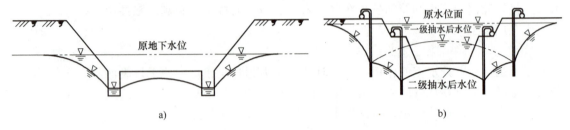

图 2-15 基坑降排水

a）坑内明沟排水 b）多级井点降水

2. 增长渗流路径

图 2-16 为水工堤坝中常用的增长渗流路径的方法，包括：

1）设置垂直截渗。采用防渗墙、帷幕灌浆、板桩等截渗体完全或不完全截断透水层，达到延长渗径，降低上、下游的水力坡度的目的。图 2-16a 为心墙坝设置了完全截断透水层的混凝土防渗墙，有很好的防渗效果，如果透水层深厚，防渗墙不能截断透水层，则可以起到延长渗径的作用。

2）设置水平铺盖。如图 2-16b 所示，在上游设置黏土水平铺盖与坝体防渗体连接，也可起到延长水流渗透路径的作用。

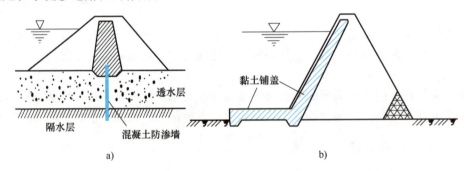

图 2-16 增长渗流路径措施

a）心墙坝设置混凝土防渗墙 b）土坝设置黏土铺盖防渗

3. 平衡渗透力

图 2-17a 为在水工建筑物下游设置减压井或深挖排水槽，以减小下游渗透压力。图 2-17b 为采用土工布在水工建筑物下游设置反滤层以起到通畅水流和防止细粒流失的作用，反滤层也可由粒径不等的无黏性土组成。

4. 土层加固处理

常用土层加固处理措施有冻结、注浆。如港珠澳大桥珠海连接线拱北隧道采用了注浆综合施工技术。港珠澳大桥珠海连接线拱北隧道工程（图 2-18）位于珠江口临海软土

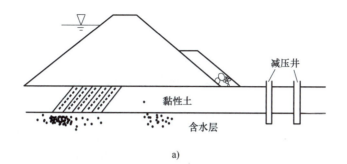

a)

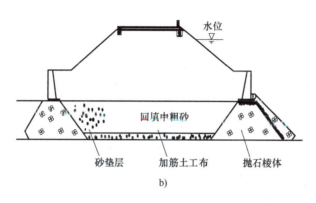

b)

图 2-17　水工建筑物防渗措施

a）土坝减压井　b）堤防基础设置土工布反滤层

地区，下穿国内最大的陆路口岸——拱北口岸，采用"曲线管幕+水平冻结+五台阶十四部"暗挖工法施工，由上至下依次为人工填土、淤泥质粉质黏土、砂土、砾石土等。注浆加固和止水是软土地质常见的施工辅助措施，为封闭管幕洞门前周围的流动水、加强顶管掌子面土体强度，需对工作井管幕顶进面进行注浆加固，加固范围为工作井两侧延伸各 15m 宽，加固深度至管幕最低处钢管下 5m。在周边空间允许的条件下采用竖直高压旋喷桩注浆加固，口岸内部区域采用斜向钻孔注浆。高压旋喷桩采用 1.2m 三重管，桩间接缝处呈"品"字形加固。经钻孔取芯检查，土层加固效果良好，顶管机在加固的始发、接收段可自由调整姿态，不会因地质松软下沉，达到了精准顶进效果，保证了管幕工程的顺利实施。

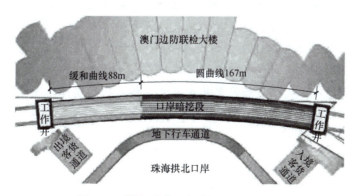

图 2-18　拱北隧道口岸暗挖段平面布置

港珠澳大桥岛隧工程

港珠澳大桥岛隧工程总长7440.5m，包括5664m沉管隧道，2个面积10万m² 离岸人工岛及长约800m桥梁。港珠澳大桥沉管隧道是我国首条于外海建设的沉管隧道，是目前世界唯一深埋大回淤节段式沉管工程，世界上最长的公路沉管工程。大桥建设跨越伶仃洋海域，受大屿山机场航空限高限制采用海底隧道方案，在隧道两端与大桥连接处各建一个长约625m的海中隧道人工岛。

人工岛天然海底地形平坦，四周均为海水，地基土上部为深厚淤泥粉质黏土夹砂层，属于饱和软土，下部中砂层为承压层；人工岛填料主要为透水性强的块石及砂料；基坑大开挖深度达15.5m，为达到基坑干地安全施工目的，根据人工岛支护结构、地基处理方案等因素综合考虑采用保留粉质黏土防渗层方案。

该方案暗埋段基坑支护结构采用格型钢板桩围堰，围堰底高程-30m。围堰下部内、外侧采用旋喷桩加固，加固深度至中粗砂层顶部，加固厚度均为3.4m。基坑内挖除淤泥，采用中粗砂回填，淤泥质黏土采用砂桩处理，其下部粉质黏土及黏土层保留，不做处理。方案实施过程中对多方面进行计算验算，包括：

1）基坑抽水量计算。基坑降水可以划分为两个阶段。第1阶段：基坑内积水抽水阶段，此阶段降水及基坑内积水通过简易浮式水泵直接抽排；第2阶段：将水位降至基坑底以下1m，在满足干地施工条件后，基坑内抽取水量主要为基坑外渗水、降雨积水及施工废水。

2）抗管涌稳定验算。基坑排水时，基坑地下水由下向上渗流，对土骨架产生向上的渗透力大于地基土的浮重度时，坑底土处于悬浮状态，就会发生流土或管涌现象。故计算防渗帷幕插入深度可有效防止管涌造成基坑内土体破坏。

3）抗突涌稳定验算。进行抗承压水突涌稳定验算，确定满足要求的最深断面安全系数值，防止因基坑内水位降低，基坑底部不透水层厚度减小而被下部承压水击穿坑底部，发生突涌。

4）水平防渗层厚度计算。保留的粉质黏土水平防渗层厚度，按满足不透水层允许渗透比降进行计算，使保留土层满足厚度要求。

5）降排水设计。基坑外渗水量很小，经常性排水主要针对降雨及施工废水抽排。

本方案依靠支护方案，由格型围堰和高喷形成垂直防渗，保留的粉质黏土形成水平防渗，基坑渗流量较小且无须另外采用防渗措施，极大程度上降低了排水风险且有效节省了防渗排水工程的投资。

本章小结

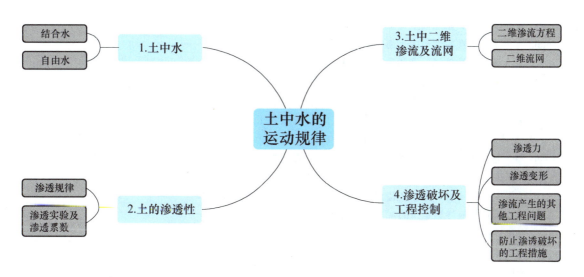

习　题

一、选择题

1. 达西定律表明水在土中的渗流速度与水力坡降的（　　）次方成正比。

A. 0.5　　　　　　　B. 1　　　　　　　C. 2　　　　　　　D. 3

2. 根据土体局部破坏的特征，渗透变形可分为（　　）两种形式。

A. 流土、基坑突涌　　B. 流土、管涌　　C. 管涌、滑坡　　D. 管涌、基坑突涌

3. 成层土在垂直方向的渗透系数（　　）水平方向的渗透系数。

A. 远大于　　　　　　B. 远小于　　　　　C. 大于　　　　　　D. 相等

4. 地下水在土中渗流时，与其渗流速度成反比关系的参数是（　　）。

A. 两点间的水头差　　　　　　　　B. 两点间的距离

C. 土的渗透系数　　　　　　　　　D. 水力坡度

5. 土的渗透系数越大，达到某一固结度所需的时间（　　）。

A. 固定不变　　　　　　B. 不定　　　　　C. 越长　　　　　　D. 越短

6. 根据图 2-19 所示的堤防渗流情况，其中稳定性最差的是（　　）。

A. a 点　　　　　　　B. b 点　　　　　　C. c 点　　　　　　D. a 点和 c 点

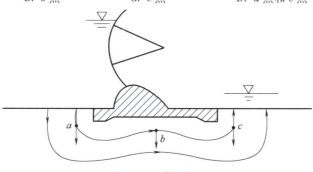

图 2-19　选择题 6

7. 发生在地基中的下列现象，不属于渗透变形的是（　　）。

A. 坑底隆起 　　　　　B. 流土 　　　　　　C. 砂沸 　　　　　　D. 流砂

8. 下列有关流土与管涌的概念，正确的说法是（　　）。

A. 发生流土时，水流向上渗流；发生管涌时，水流向下渗流

B. 流土多发生在黏性土中，而管涌多发生在无黏性土中

C. 流土属突发性破坏，管涌属渐进式破坏

D. 流土属渗流破坏，管涌不属渗流破坏

9. 下列土样更易发生流砂的是（　　）。

A. 砂砾或粗砂 　　　　B. 细砂或粉砂 　　　C. 粉质黏土 　　　　D. 黏土

10. 土体渗流研究的主要问题不包括（　　）。

A. 渗流量问题 　　　　B. 渗透变形问题 　　C. 渗流控制问题 　　D. 地基承载力问题

二、简答题

1. 土层中的毛细水带有什么特点？简要阐述毛细水带形成的原因。

2. 简要阐述层流渗透定律的意义及对各类土种的适用性。

3. 二维流网的基本特征是什么？

4. 写出二维渗流的微分方程。

5. 影响土渗透性的因素有哪些？

6. 渗透变形是如何产生的？简述其主要变形形式。

三、计算题

1. 为了测定地基的渗透系数，在地下水的流动方向相隔 10m 打了两口井，如图 2-20 所示。由上游井中投入食盐，在下游井连续检验，经过 13h 食盐流到下游井中，试估算该地基的渗透系数。

（答案：1.2cm/s）

2. 如图 2-21 所示，观测孔 a、b 的水位标高分别为 23.50m 和 23.20m，两孔的水平距离为 20m。

1）确定 ab 段的平均水头梯度 i。

2）如果该土层为细砂，渗透系数 $k = 5 \times 10^{-2}$ mm/s，试确定 ab 段的地下水渗流速度 v。

3）若该土层为粉质黏土，渗透系数 $k = 5 \times 10^{-5}$ mm/s，起始水头梯度 $i = 0.005$，试求 ab 段的地下水渗流速度 v。

（答案：$i = 0.015$；$v = 7.5 \times 10^{-4}$ mm/s；$v = 5 \times 10^{-7}$ mm/s）

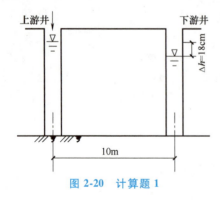

图 2-20　计算题 1

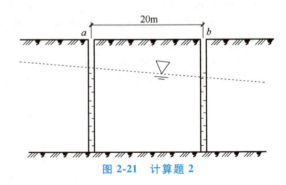

图 2-21　计算题 2

第3章　地基中的应力计算

内容提要

本章内容为自重应力在地基土中的分布规律、计算方法，基底附加压力的概念及计算方法，地基附加应力的计算方法及有效应力原理，重点为土中自重应力和附加应力的计算。

基本要求

掌握土中应力的基本形式及定义；熟练掌握土中各种应力在不同条件下的计算方法；熟知附加应力在土中的分布规律；理解并简单运用有效应力原理。

建筑物的建造将使地基中原有的应力状态发生变化，引起地基变形，从而使建筑物产生一定的沉降。地基中的应力一般包括由土体自重引起的自重应力和由新增外荷载引起的附加应力。计算附加应力时，基础底面的压力大小及分布是不可缺少的条件。

当外荷载在土中引起的应力过大时，不仅会使建筑物产生过量沉降，还可能使土体发生整体失稳。因此，了解土中应力的大小和分布是研究地基变形和稳定问题的前提。

导入案例

某码头软黏土边坡的破坏（图 3-1）

某软黏土地基上修建码头时，在岸坡开挖的过程中发生了大规模的边坡滑动破坏。边坡的滑动开始于上午 10：00，整个滑坡过程历时 40min 才趋于稳定，滑动体长约 210m，宽约 190m，上千吨的土体滑入水体。

该处地基土表层 1m 分布着强度相对较高的硬壳层，以下为深厚的软黏土层，具有很高的含水率，强度低，而压缩性和灵敏度很高。发生事故的原因主要是当天分别经历了高潮位和低潮位，水位的变化使岸坡土中应力发生了较大变化；另外，岸坡区域的打桩施工从 9 月 5 日—15 日，而岸坡的滑坡发生于 17 日，此打桩施工荷载和交通荷载的作用对边坡的稳定性也会产生不利影响，打桩施工不可避免地会导致地基中孔隙水压力增大，致使黏土层中抗剪强度降低，边坡的抗滑能力降低；而且地基土具有较高的灵敏度，打桩对土体的扰动同样会降低地基土的强度。施工中的交通荷载作用于岸坡坡顶，不仅增加了坡体中的附加应力，而且导致地基土体孔隙水压力增大，边坡稳定的安全系数减小，多种原因导致了边坡的破坏。

图 3-1 某码头滑坡

3.1 地基中的自重应力

地基中的自重应力是指由土体本身的有效重力产生的应力。研究地基自重应力的目的是为了确定土体的初始应力状态。

3.1.1 竖向自重应力

假定地基为半无限弹性体，土体中所有竖直面和水平面上均无剪应力存在，故地基中任意深度 z 处的竖向自重应力就等于单位面积上的土柱重力，如图 3-2a 所示。若 z 深度内的土层为均质土，天然重度为 γ，则

$$\sigma_{cz} = \gamma z \tag{3-1}$$

所以，均质土层中的自重应力随深度线性增加，呈三角形分布，如图 3-2b 所示。

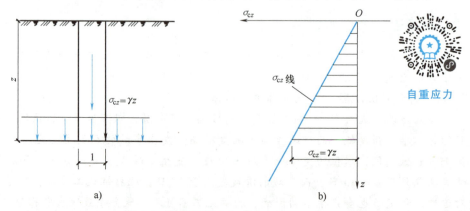

自重应力

a)   b)

图 3-2 均质地基中自重应力

如果地基是由不同性质的成层土组成，则在地面以下任一层面处的自重应力为

$$\sigma_{cz} = \gamma_1 h_1 + \gamma_2 h_2 + \cdots + \gamma_n h_n = \sum_{i=1}^{n} \gamma_i h_i \qquad (3-2)$$

式中　n——至计算层面上的土层总数；

$\quad\quad h_i$——第 i 层土的厚度；

$\quad\quad \gamma_i$——第 i 层土的重度，地下水位以上的土层一般取天然重度，地下水位以下的土层取有效重度，对毛细饱和带的土层取饱和重度。

由式（3-2）可知，非均质土中自重应力沿深度成折线分布，转折点位于 γ 值发生变化的界面，如图 3-3 所示。

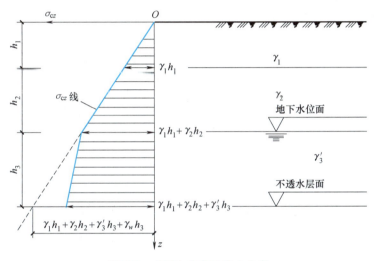

图 3-3　成层土中自重应力分布

在地下水位以下如埋藏有不透水层（如连续分布的坚硬黏性土层），由于不透水层中不存在水的浮力，所以层面及层面以下的自重应力应按上覆土层的水土总重计算，如图 3-3 所示。

自然界中的土层至今一般已有很长的地质年代，它们在自重作用下的变形早已稳定。但对于近期沉积或堆积的土层，则应考虑它在自重作用下的变形。

此外，地下水位的升降会引起土中自重应力的变化，如图 3-4 所示。如某些软土地区由于大量抽取地下水而造成地下水位大幅度下降。这将使地基中原水位以下土体中的有效自重应力增加，如图 3-4a 所示，从而造成地表大面积下沉的严重后果。至于地下水位上升的情况，如图 3-4b 所示，一般发生在太高人工蓄水水位的地区（如筑坝蓄水）或工业用水大量渗入地下的地区。如果该地区土层具有遇水后土性发生变化的特性，则必须引起注意。

3.1.2　水平向自重应力

地基中除了存在作用于水平面上的竖向自重应力，还存在作用于竖直面上的水平向自重应力 σ_{cx} 和 σ_{cy}，根据弹性力学和土体的侧限条件，可推导得

$$\sigma_{cx} = \sigma_{cy} = K_0 \sigma_{cz} \qquad (3-3)$$

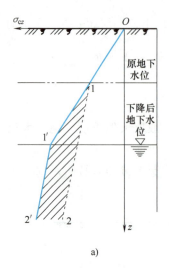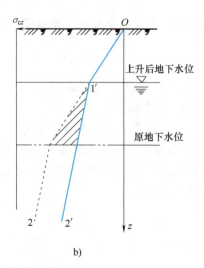

图 3-4　地下水位升降对自重应力的影响

a）水位下降　b）水位上升

式中　K_0——土的侧压力系数，可通过试验求得，无试验资料时可按经验公式推算，详见第 6 章。

式（3-3）表明土体水平向自重应力与竖向自重应力成正比。

【例 3-1】　有一多层土的地基，各土层的厚度、重度及地下水位如图 3-5 所示。试求各土层的交界面处的竖向自重应力并绘出其分布图。

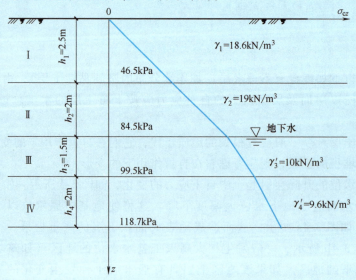

图 3-5　土层的自重应力分布

【解】　Ⅰ、Ⅱ层交界面处

$$\sigma_{cz1} = \gamma_1 h_1 = 18.6 \times 2.5 \, \text{kPa} = 46.5 \, \text{kPa}$$

Ⅱ、Ⅲ层交界面处

$$\sigma_{cz2} = \sigma_{cz1} + \gamma_2 h_2 = (46.5 + 19 \times 2) \, \text{kPa} = 84.5 \, \text{kPa}$$

Ⅲ、Ⅳ层交界面处

$$\sigma_{cz3} = \sigma_{cz2} + \gamma_3' h_3 = (84.5 + 10 \times 1.5)\,\mathrm{kPa} = 99.5\,\mathrm{kPa}$$

Ⅳ层底面处

$$\sigma_{cz4} = \sigma_{cz3} + \gamma_4' h_4 = (99.5 + 9.6 \times 2)\,\mathrm{kPa} = 118.7\,\mathrm{kPa}$$

土层的自重应力分布绘于图 3-5 中。

3.2 基底压力

基底压力

外加荷载与上部结构和基础所受的全部重力都是通过基础传给地基的，作用于基础底面传至地基的单位面积压力称为基底压力。由于基底压力作用于基础和地基的接触面上，故也称为接触压力。其反作用力即地基对基础的作用力，称为地基反力。因此，在计算地基中的附加应力及确定基础尺寸时，都必须研究基底压力的计算方法和分布规律。

试验和理论都证明，基底压力的分布与多种因素有关，如基础的形状、平面尺寸、刚度、埋深、基础上作用荷载的大小及性质、地基土的性质等。以刚度较大的条形基础为例，若建造于砂土表面，在中心荷载作用下，沿横断面的基底压力多呈抛物线形分布，如图 3-6a 所示。若地基为黏性土，荷载不大时，呈马鞍形分布；荷载较大时，呈抛物线形分布，如图 3-6b 所示。

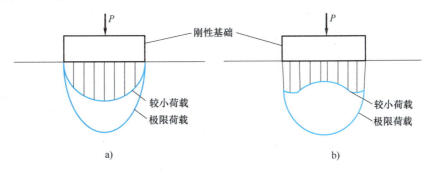

图 3-6　刚性基础基底压力分布

a）地基为砂土　b）地基为黏性土

精确地确定基底压力是一个相当复杂的问题。在工程实践中，一般将基底压力分布近似按直线变化考虑，根据材料力学公式进行简化计算。

3.2.1 中心荷载作用下的基底压力

当基础受竖向中心荷载作用时，假定基底压力呈均匀分布，按材料力学公式，有

$$p_k = \frac{F_k + G_k}{A} \tag{3-4}$$

式中　P_k——相应于作用的标准组合时，基础底面的平均压力值；

　　　F_k——相应于作用的标准组合时，上部结构传至基础顶面的竖向力值；

　　　G_k——基础自重及其上回填重，$G_k = \gamma_G A d$；γ_G 为基础及回填土的平均重度，一般取 $20\,\mathrm{kN/m^3}$，在地下水位以下部分用有效重度，d 为基础埋深，必须从设计地

面或室内外平均设计的地面起算；

A——基础底面面积。

对于荷载沿长度方向均匀分布的条形基础，截取沿长度方向 1m 的基底面积来计算。此时用基础宽度 b 取代式（3-4）中的 A，F_k+G_k 则为沿基础延伸方向取 1m 截条的相应值。

3.2.2 单向偏心荷载作用下的基底压力

基础受单向偏心荷载作用时，为了抵抗荷载的偏心作用，设计时通常把基础底面的长边 l 放在偏心方向。此时，基底压力按材料力学短柱的偏心受压公式计算，即

$$\begin{matrix} p_{kmax} \\ p_{kmin} \end{matrix} = \frac{F_k+G_k}{A} \pm \frac{M_k}{W} \qquad (3-5)$$

式中 M_k——相应于作用的标准组合时，作用于基础底面的力矩值；

W——基础底面的抵抗矩，对于矩形截面，$W=\frac{bl^2}{6}$；

p_{kmax}、p_{kmin}——相应于作用的标准组合时，基础底面边缘的最大、最小压力值。

将图 3-7 中偏心荷载的偏心距 $e=\frac{M_k}{F_k+G_k}$、$A=bl$ 和 $W=\frac{bl^2}{6}$ 代入式（3-5），得

$$\begin{matrix} p_{kmax} \\ p_{kmin} \end{matrix} = \frac{F_k+G_k}{bl}\left(1 \pm \frac{6e}{l}\right) \qquad (3-6)$$

由式（3-6）可见：

1）当 $e<\frac{l}{6}$ 时，基底压力呈梯形分布（图 3-7a）。

2）当 $e=\frac{l}{6}$ 时，基底压力呈三角形分布（图 3-7b）。

3）当 $e>\frac{l}{6}$ 时，式（3-6）中 $p_{kmin}<0$（图 3-7c），表明材料力学假定基底将出现拉应力。由于基底与地基之间不能承受拉力，此时基底和地基之间将出现局部脱开，而使基底压力重新分布。根据地基反力与作用在基础底面上的荷载的平衡条件可知，偏心竖向荷载（F_k+G_k）必定作用在基底压力图形的形心处（图 3-7c）。因此，基底压力图形底边必为 $3a$，则由

$$F_k+G_k=\frac{1}{2} \times 3ap_{max}b$$

可得

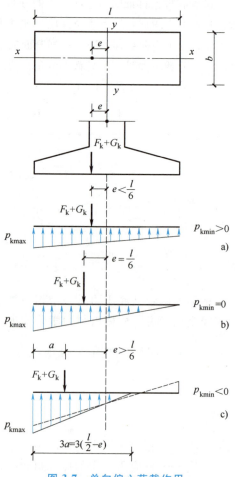

图 3-7 单向偏心荷载作用
下矩形基础基底压力分布

$$p_{max} = \frac{2(F_k + G_k)}{3ab} \tag{3-7}$$

式中　a——单向偏心荷载作用点至基底最大压力边缘的距离，$a = \frac{l}{2} - e$；

　　　b——基础底面宽度。

3.2.3　基底附加压力

基底附加压力是指导致地基中产生附加应力的那部分基底压力，在数值上等于基底压力减去基底标高处原有的土中自重应力。

当基底压力均匀分布时

$$p_0 = p_k - \gamma_0 d \tag{3-8}$$

当基底压力梯形分布时

$$\frac{p_{0max}}{p_{0min}} = \frac{p_{kmax}}{p_{kmin}} - \gamma_0 d \tag{3-9}$$

式中　p_0——基底附加压力设计值；

　　　p_k——基底压力设计值；

　　　γ_0——基底标高以上各天然土层的加权平均重度（其中位于地下水位以下部分取有效重度）；

　　　d——从天然底面起算的基础埋深。

式（3-8）和式（3-9）表明，由建筑物荷载和基础及其回填土自重在基底产生的压力并不是全部传给地基，其中一部分补偿由基坑开挖所卸除土体的自重应力。

求得基底附加压力后，可将它视为作用在地基表面的荷载，然后进行地基中的附加应力计算。

【例 3-2】　有一挡土墙，其基础的底宽为 6m，埋置在地面以下 1.5m 处，在离基础前缘 A 点 3.2m 处作用着竖向直线荷载 $P = 2400 \text{kN/m}$，墙体受到水平推力 $R = 400 \text{kN/m}$，作用点距基底 2.4m，如图 3-8 所示。设地基土的重度 $\gamma = 19 \text{kN/m}^3$，试求基础中心点以下深度 $z = 7.2\text{m}$ 处 M 点的竖向附加应力（注：不考虑墙后填土引起的应力）。

【解】　（1）求合力偏心距 e　设合力作用点离基底前缘 A 点的水平距离为 x，将合力及各分力对 A 点求矩，可以得到

$$2400x = 2400 \times 3.2 - 400 \times 2.4$$

$$x = \left(3.2 - 400 \times \frac{2.4}{2400} \right) \text{m} = (3.2 - 0.4) \text{m} = 2.8\text{m}$$

于是，合力偏心距为

$$e = \frac{1}{2}B - x = \left(\frac{1}{2} \times 6 - 2.8 \right) \text{m} = 0.2\text{m}$$

（2）求基底压力　由式（3-6）得竖直基底压力的最大值和最小值为

$$\frac{p_{kmax}}{p_{kmin}} = \frac{\overline{p}}{B} \left(1 \pm \frac{6e}{B} \right) = \frac{2400}{6} \left(1 \pm \frac{6 \times 0.2}{6} \right) \text{kPa} = \frac{480}{320} \text{kPa}$$

基底水平荷载假定为均匀分布，其值为

$$p_h = \frac{\overline{H}}{B} = \frac{400}{6} \text{kPa} = 66.7 \text{kPa}$$

（3）求 m 点的附加应力 将梯形分布的基底压力分解成 $p = 320 \text{kPa}$ 的竖直均布压力和最大值 $p_t = 160 \text{kPa}$ 的竖直三角形分布压力。由于基础埋置深度 $D = 1.5 \text{m}$，所以基础底面竖直均布的净压力为

$$p_h = p - \gamma D = (320 - 19 \times 1.5) \text{kPa} = 291.59 \text{kPa}$$

现分别求出各种压力在 M 点引起的附加应力。

竖直均布压力：$z/b = 7.2/6 = 1.2$，$x/b = 0.5$，查表 3-5 得 $K_{sz} = 0.478$；

竖直三角形分布压力：$z/b = 7.2/6 = 1.2$，$x/b = 2/6 = 0.5$，查表 3-6 得 $K_{tz} = 0.239$；

水平均布荷载：$z/b = 7.2/6$，$x/b = 3/6 = 0.5$，$K_{hz} = 0$，

最后得 M 点的竖向附加应力为

$$\sigma_z = K_{sz}p_0 + K_{tz}p_t + K_{hz}p_h = (0.478 \times 291.5 + 0.239 \times 160 + 0 \times 66.7) \text{kPa} = 177.5 \text{kPa}$$

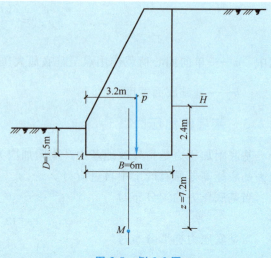

图 3-8 例 3-2 图

3.3 地基中的附加应力

地基附加应力是指由新增外荷载在地基中产生的应力，它是引起地基变形与破坏的主要因素。计算地基附加应力时假定：①基础刚度为零，即基底作用的是柔性荷载；②地基是连续、均匀、各向同性的线性变形半无限体。

3.3.1 竖向集中力作用下的地基应力

1885 年法国学者布辛奈斯克（J. Boussinesq）用弹性理论推出在半空间弹性体表面上作用有竖向集中力 P 时，在弹性体内任意点 M 所引起的应力的解析解。若以 P 作用点为原点，以 P 的作用线为 z 轴，建立起三轴坐标系（$Oxyz$），则 M 点坐标为 (x, y, z)（图 3-9）。M'点为 M 点在半空间表面的投影。

布辛奈斯克得出 M 点的 σ 与 τ 的 6 个应力分量表达式，其中对沉降计算意义最大的是竖向法向应力分量

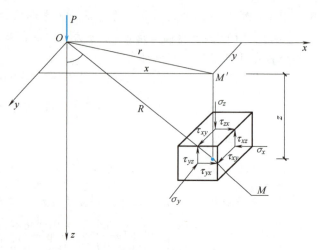

图 3-9 集中力作用下的应力

σ_z，下面主要介绍 σ_z 的公式及其含义。

σ_z 的表达式为

$$\sigma_z = \frac{3Pz^2}{2\pi R^5} = \frac{3P}{2\pi R^2}\cos^3\beta \tag{3-10}$$

$$R = \sqrt{x^2+y^2+z^2} = \sqrt{r^2+z^2}$$

式中 R——M 点至坐标原点 O 的距离；

　　　　r——M' 点至坐标原点 O 的距离。

利用图 3-9 中的几何关系 $R^2 = r^2+z^2$，式（3-10）可改写为

$$\sigma_z = \frac{3Pz^3}{2\pi R^5} = \frac{3}{2\pi}\frac{1}{\left[1+\left(\dfrac{r}{z}\right)^2\right]^{\frac{5}{2}}}\frac{P}{z^2} = K\frac{p}{z^2} \tag{3-11}$$

式中 K——集中力作用下的地基竖向附加应力系数，无因次，是 r/z 的函数，可按下
　　　　式计算，也可由表 3-1 查得。

$$K = \frac{3}{2\pi}\frac{1}{\left[1+\left(\dfrac{r}{z}\right)^2\right]^{\frac{5}{2}}}$$

表 3-1　集中力作用下的竖向附加应力系数 K

$\dfrac{r}{z}$	K	$\dfrac{r}{z}$	K	$\dfrac{r}{z}$	K	$\dfrac{r}{z}$	K	$\dfrac{r}{z}$	K
0.00	0.4775	0.50	0.2733	1.00	0.0844	1.50	0.0251	2.00	0.0085
0.05	0.4745	0.55	0.2466	1.05	0.0744	1.55	0.0224	2.20	0.0058
0.10	0.4657	0.60	0.2214	1.10	0.0658	1.60	0.0200	2.40	0.0040
0.15	0.4516	0.65	0.1978	1.15	0.0581	1.65	0.0179	2.60	0.0029
0.20	0.4329	0.70	0.1762	1.20	0.0513	1.70	0.0160	2.80	0.0021
0.25	0.4103	0.75	0.1565	1.25	0.0454	1.75	0.0144	3.00	0.0015
0.30	0.3849	0.80	0.1386	1.30	0.0402	1.80	0.0129	3.50	0.0007
0.35	0.3577	0.85	0.1226	1.35	0.0357	1.85	0.0116	4.00	0.0004
0.40	0.3294	0.90	0.1083	1.40	0.0317	1.90	0.0105	4.50	0.0002
0.45	0.3011	0.95	0.0956	1.45	0.0282	1.95	0.0095	5.00	0.0001

集中荷载产生的竖向附加应力 σ_z 在地基中的分布存在如下规律（图 3-10）：

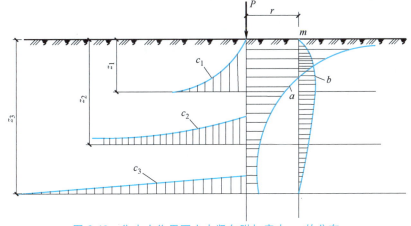

图 3-10　集中力作用下土中竖向附加应力 σ_z 的分布

（1）在集中力 P 作用线上　在 P 作用线上，$r=0$。当 $z=0$ 时，$\sigma_z \to \infty$；随着深度 z 的增加，σ_z 逐渐减少，其分布为图 3-10 中的 a 线。

（2）在 $r>0$ 的竖直线上　在 $r>0$ 的竖直线上，$z=0$ 时，$\sigma_z=0$；随着 z 的增加，σ_z 从零逐渐增大，至一定深度后又随着 z 的增加逐渐变小，其分布为图 3-10 中的 b 线。

（3）在 z 为常数的平面上　在 z 为常数的平面上，σ_z 在集中力作用线上最大，并随着 r 的增加而逐渐减小。随着深度 z 增加，这一分布趋势保持不变，但 σ_z 随 r 的增加而降低的速率变缓，如图 3-10 中的 c_1、c_2、c_3 线所示。

若在剖面图上将 σ_z 相等的点连接起来，可得到图 3-11 所示的 σ_z 等值线。若在空间将等值点连接起来，则成泡状，所以图 3-11 也称为应力泡。

由上述分析可知，集中力 P 在地基中引起的附加应力 σ_z 在地基中向深部、向四周无限传播，在传播过程中应力强度逐渐降低，此即应力扩散的概念。

当地基表面作用有多个集中力时，可先分别算出各集中力在地基中引起的附加应力（图 3-12 中的 a、b 线），然后根据应力叠加原理求出附加应力的总和，如图 3-12 中 c 线所示。

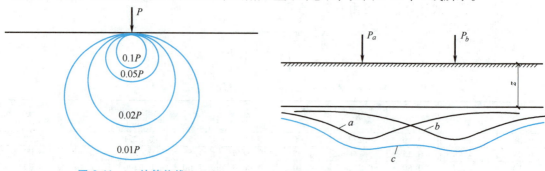

图 3-11　σ_z 的等值线　　　　　图 3-12　两个集中力作用下地基中 σ_z 的叠加

在工程实践中，建筑物荷载都是通过一定尺寸的基础传递给地基的。对于不同的基础形状和基础底面上的压力分布，均可利用上述集中荷载引起的附加应力的计算方法和应力叠加原理，计算地基中任意点的附加应力。具体求解时，常按应力状态的特性划分为空间问题和平面问题。

3.3.2　空间问题的附加应力计算

1. 矩形面积上各种分布荷载作用下的附加应力计算

设基础长度为 l、宽度为 b。当 $l/b<10$ 时，其地基附加应力计算问题属于空间问题。以下按不同荷载分布形式计算矩形基底下的竖向附加应力。

（1）竖向均布荷载　当竖向均布荷载 p 作用于矩形基底时，矩形基底角点下任一深度 z 处的附加应力可由式（3-10）沿长度 l 和宽度 $b(l \geqslant b)$ 两个方向的二重积分求得（图 3-13）

$$\sigma_z = \int_0^l \int_0^b \frac{3p}{2\pi} \frac{z^3}{(x^2+y^2+z^2)^{\frac{5}{2}}} dx dy \quad (3-12)$$

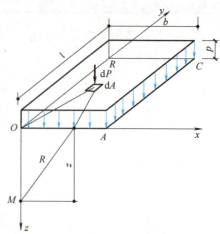

图 3-13　矩形面积上竖向均布荷载作用下的附加应力

$$= \frac{p}{2\pi} \left[\arctan \frac{m}{n\sqrt{1+m^2+n^2}} + \frac{mn}{\sqrt{1+m^2+n^2}} \left(\frac{1}{m^2+n^2} + \frac{1}{1+n^2} \right) \right]$$

式中，$m = \dfrac{l}{b}$，$n = \dfrac{z}{b}$。

为计算方便，可将式（3-12）简写成

$$\sigma_z = K_c p \tag{3-13}$$

式中　K_c——竖向均布荷载作用下矩形基底角点下的竖向附加应力分布系数，$K_c = f(m, n)$，其值可直接计算，也可由 $m = l/b$，$n = z/b$ 查表 3-2 得到。

对于竖向均布矩形荷载作用下地基中任意点的附加应力可利用式（3-13）和应力叠加原理求得，此方法称为"角点法"，如图 3-14 所示。

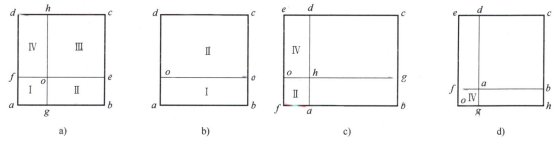

a)　　　　　　　　b)　　　　　　　　c)　　　　　　　　d)

图 3-14　角点法

1）计算矩形荷载面内任一点 o 之下的附加应力（图 3-14a），K_c 为

$$K_c = K_{c\text{I}} + K_{c\text{II}} + K_{c\text{III}} + K_{c\text{IV}}$$

2）计算矩形荷载边缘上一点 o 之下的附加应力（图 3-14b），K_c 为

$$K_c = K_{c\text{I}} + K_{c\text{II}}$$

3）计算矩形荷载边缘外一点 o 之下的附加应力（图 3-14c），K_c 为

$$K_c = K_{c\text{I}} - K_{c\text{II}} + K_{c\text{III}} - K_{c\text{IV}}$$

其中 I 为 $ofbg$，II 为 $oecg$。

表 3-2　竖向均布荷载作用下矩形基底角点下的竖向附加应力分布系数 K_c

$n=z/b$	$m=l/b$										
	1.0	1.2	1.4	1.6	1.8	2.0	3.0	4.0	5.0	6.0	10.0
0.0	0.2500	0.2500	0.2500	0.2500	0.2500	0.2500	0.2500	0.2500	0.2500	0.2500	0.2500
0.2	0.2486	0.2489	0.2490	0.2491	0.2491	0.2491	0.2492	0.2492	0.2492	0.2492	0.2492
0.4	0.2401	0.2420	0.2429	0.2434	0.2437	0.2439	0.2442	0.2443	0.2443	0.2443	0.2443
0.6	0.2229	0.2275	0.2300	0.2315	0.2324	0.2329	0.2339	0.2341	0.2342	0.2342	0.2342
0.8	0.1999	0.2075	0.2120	0.2147	0.2165	0.2176	0.2196	0.2200	0.2202	0.2202	0.2202
1.0	0.1752	0.1851	0.1911	0.1955	0.1981	0.1999	0.2034	0.2042	0.2044	0.2045	0.2046
1.2	0.1516	0.1626	0.1705	0.1758	0.1793	0.1818	0.1870	0.1882	0.1885	0.1887	0.1888
1.4	0.1308	0.1423	0.1508	0.1569	0.1613	0.1644	0.1712	0.1730	0.1735	0.1738	0.1740
1.6	0.1123	0.1241	0.1329	0.1436	0.1445	0.1482	0.1567	0.1590	0.1598	0.1601	0.1604
1.8	0.0969	0.1083	0.1172	0.1241	0.1294	0.1334	0.1434	0.1463	0.1474	0.1478	0.1482
2.0	0.0840	0.0947	0.1034	0.1103	0.1158	0.1202	0.1314	0.1350	0.1363	0.1368	0.1374

（续）

$n=z/b$	$m=l/b$										
	1.0	1.2	1.4	1.6	1.8	2.0	3.0	4.0	5.0	6.0	10.0
2.2	0.0732	0.0832	0.0917	0.0984	0.1039	0.1084	0.1205	0.1248	0.1264	0.1271	0.1277
2.4	0.0642	0.0734	0.0812	0.0879	0.0934	0.0979	0.1108	0.1156	0.1175	0.1184	0.1192
2.6	0.0566	0.0651	0.0725	0.0788	0.0842	0.0887	0.1020	0.1073	0.1095	0.1106	0.1116
2.8	0.0502	0.0580	0.0649	0.0709	0.0761	0.0805	0.0942	0.0999	0.1024	0.1036	0.1048
3.0	0.0447	0.0519	0.0583	0.0640	0.0690	0.0732	0.0870	0.0931	0.0959	0.0973	0.0987
3.2	0.0401	0.0467	0.0526	0.0580	0.0627	0.0668	0.0806	0.0870	0.0900	0.0916	0.0933
3.4	0.0361	0.0421	0.0477	0.0527	0.0571	0.0611	0.0747	0.0814	0.0847	0.0864	0.0882
3.6	0.0326	0.0382	0.0433	0.0480	0.0523	0.0561	0.0694	0.0763	0.0799	0.0816	0.0837
3.8	0.0296	0.0348	0.0395	0.0439	0.0479	0.0516	0.0645	0.0717	0.0753	0.0773	0.0796
4.0	0.0270	0.0318	0.0362	0.0403	0.0441	0.0474	0.0603	0.0674	0.0712	0.0733	0.0758
4.2	0.0247	0.0291	0.0333	0.0371	0.0407	0.0439	0.0563	0.0634	0.0674	0.0696	0.0724
4.4	0.0227	0.0268	0.0306	0.0343	0.0376	0.0407	0.0527	0.0597	0.0639	0.0662	0.0692
4.6	0.0209	0.0247	0.0283	0.0317	0.0348	0.0378	0.0493	0.0564	0.0606	0.0630	0.0663
4.8	0.0193	0.0229	0.0262	0.0294	0.0324	0.0352	0.0463	0.0533	0.0576	0.0601	0.0635
5.0	0.0179	0.0212	0.0243	0.0274	0.0302	0.0328	0.0435	0.0504	0.0547	0.0573	0.0610
6.0	0.0127	0.0151	0.0174	0.0196	0.0218	0.0238	0.0325	0.0388	0.0431	0.0460	0.0506
7.0	0.0094	0.0112	0.0130	0.0147	0.0164	0.0180	0.0251	0.0306	0.0346	0.0376	0.0428
8.0	0.0073	0.0087	0.0101	0.0114	0.0127	0.0140	0.0198	0.0246	0.0283	0.0311	0.0367
9.0	0.0058	0.0069	0.0080	0.0091	0.0102	0.0112	0.0161	0.0202	0.0235	0.0262	0.0319
10.0	0.0047	0.0056	0.0065	0.0074	0.0083	0.0092	0.0132	0.0167	0.0198	0.0222	0.0280

4）计算矩形荷载面角点外侧一点 o 之下的附加应力（图 3-14d），K_c 为

$$K_c = K_{cⅠ} - K_{cⅡ} - K_{cⅢ} + K_{cⅣ}$$

其中Ⅰ为 $ohce$，Ⅱ为 $ogde$，Ⅲ为 $ohbf$。

（2）竖向三角形分布荷载　在矩形基底面积上作用着竖向三角形分布荷载，最大荷载强度为 p_t，如图 3-15 所示。将荷载强度为零的角点 1 作为坐标原点，以集中力

$$dP = \frac{p_t x}{b} dx dy$$

代替作用于 dA 面积上的分布荷载，同样可由式（3-10）用积分法求得 1 点下任意深度处的竖向附加应力 σ_z

$$\sigma_z = K_{t1} p_t \qquad (3\text{-}14)$$

式中

$$K_{t1} = \frac{mn}{2\pi} \left[\frac{1}{\sqrt{m^2+n^2}} - \frac{n^2}{(1+n^2)\sqrt{(1+m^2+n^2)}} \right] \quad (3\text{-}15)$$

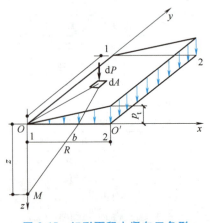

图 3-15　矩形面积上竖向三角形荷载作用下的附加应力

式中 K_{t1}——竖向三角形荷载作用下矩形基底角点 1 下的附加应力分布系数，$K_{t1}=f(m,n)$，其值可直接计算，也可由 $m=l/b$，$n=z/b$ 从表 3-3 查得。

表 3-3 竖向三角形分布荷载作用下矩形基底角点下的竖向附加应力分布系数 K_{t1} 和 K_{t2}

$n=z/b$	$m=l/b$									
	0.2		0.4		0.6		0.8		1.0	
	1 点	2 点	1 点	2 点	1 点	2 点	1 点	2 点	1 点	2 点
0.0	0.0000	0.2500	0.0000	0.2500	0.0000	0.2500	0.0000	0.2500	0.0000	0.2500
0.2	0.0223	0.1821	0.0280	0.2115	0.0296	0.2165	0.0301	0.2178	0.0304	0.2182
0.4	0.0269	0.1094	0.0420	0.1604	0.0487	0.1781	0.0517	0.1844	0.0531	0.1870
0.6	0.0259	0.0700	0.0448	0.1165	0.0560	0.1405	0.0621	0.1520	0.0654	0.1575
0.8	0.0232	0.0480	0.0421	0.0853	0.0553	0.1093	0.0637	0.1232	0.0688	0.1311
1.0	0.0201	0.0346	0.0375	0.0638	0.0508	0.0805	0.0602	0.0996	0.0666	0.1086
1.2	0.0171	0.0260	0.0324	0.0491	0.0450	0.0673	0.0546	0.0807	0.0615	0.0901
1.4	0.0145	0.0202	0.0278	0.0386	0.0392	0.0540	0.0483	0.0661	0.0554	0.0751
1.6	0.0123	0.0160	0.0238	0.0310	0.0339	0.0440	0.0424	0.0547	0.0492	0.0628
1.8	0.0105	0.0130	0.0204	0.0254	0.0294	0.0363	0.0371	0.0457	0.0435	0.0534
2.0	0.0090	0.0108	0.0176	0.0211	0.0255	0.0304	0.0324	0.0387	0.0384	0.0456
2.5	0.0063	0.0072	0.0125	0.0140	0.0183	0.0205	0.0236	0.0265	0.0284	0.0318
3.0	0.0046	0.0051	0.0092	0.0100	0.0135	0.0148	0.0176	0.0192	0.0214	0.0233
5.0	0.0018	0.0019	0.0036	0.0038	0.0054	0.0056	0.0071	0.0074	0.0088	0.0091
7.0	0.0009	0.0010	0.0019	0.0019	0.0028	0.0029	0.0038	0.0038	0.0047	0.0047
10.0	0.0005	0.0004	0.0009	0.0010	0.0014	0.0014	0.0019	0.0019	0.0023	0.0024
$n=z/b$	$m=l/b$									
	1.2		1.4		1.6		1.8		2.0	
	1 点	2 点	1 点	2 点	1 点	2 点	1 点	2 点	1 点	2 点
0.0	0.0000	0.2500	0.0000	0.2500	0.0000	0.2500	0.0000	0.2500	0.0000	0.2500
0.2	0.0305	0.2184	0.0305	0.2185	0.0306	0.2185	0.0306	0.2185	0.0306	0.2185
0.4	0.0539	0.1881	0.0543	0.1886	0.0545	0.1889	0.0546	0.1891	0.0547	0.1892
0.6	0.0673	0.1602	0.0684	0.1616	0.0690	0.1625	0.0694	0.1630	0.0696	0.1633
0.8	0.0720	0.1355	0.0739	0.1381	0.0751	0.1396	0.0759	0.1405	0.0764	0.1412
1.0	0.0708	0.1143	0.0735	0.1176	0.0753	0.1202	0.0766	0.1215	0.0774	0.1225
1.2	0.0664	0.0962	0.0698	0.1007	0.0721	0.1037	0.0738	0.1055	0.0749	0.1069
1.4	0.0606	0.0817	0.0644	0.0864	0.0672	0.0897	0.0692	0.0921	0.0707	0.0937
1.6	0.0545	0.0696	0.0586	0.0743	0.0616	0.1780	0.0639	0.0806	0.0656	0.0826
1.8	0.0487	0.0596	0.0528	0.0644	0.0560	0.6810	0.0585	0.0709	0.0604	0.0730
2.0	0.0434	0.0513	0.0474	0.0560	0.0507	0.5960	0.0533	0.0625	0.0553	0.0649
2.5	0.0326	0.0365	0.0362	0.0405	0.0393	0.0440	0.0419	0.0469	0.0440	0.0491
3.0	0.0249	0.0270	0.0280	0.0303	0.0307	0.0333	0.0331	0.0359	0.0352	0.0380

（续）

n=z/b	1.2		1.4		1.6		1.8		2.0	
	1点	2点	1点	2点	1点	2点	1点	2点	1点	2点
5.0	0.0104	0.0108	0.0120	0.0123	0.0135	0.0139	0.0148	0.0154	0.0161	0.0167
7.0	0.0056	0.0056	0.0064	0.0066	0.0073	0.0074	0.0081	0.0083	0.0089	0.0091
10.0	0.0028	0.0028	0.0033	0.0032	0.0037	0.0037	0.0041	0.0042	0.0046	0.0046

n=z/b	3.0		4.0		6.0		8.0		10.0	
	1点	2点	1点	2点	1点	2点	1点	2点	1点	2点
0.0	0.0000	0.2500	0.0000	0.2500	0.0000	0.2500	0.0000	0.2500	0.0000	0.2500
0.2	0.0306	0.2186	0.0306	0.2186	0.0306	0.2186	0.0306	0.2186	0.0306	0.2186
0.4	0.0548	0.1894	0.0549	0.1894	0.0549	0.1894	0.0549	0.1894	0.0549	0.1894
0.6	0.0701	0.1638	0.0702	0.1639	0.0702	0.1640	0.0702	0.1640	0.0702	0.1640
0.8	0.0773	0.1423	0.0776	0.1424	0.0776	0.1426	0.0766	0.1426	0.0776	0.1426
1.0	0.0790	0.1244	0.0794	0.1248	0.0795	0.1250	0.0796	0.1250	0.0796	0.1250
1.2	0.0774	0.1096	0.0779	0.1103	0.0782	0.1105	0.0783	0.1105	0.0783	0.1105
1.4	0.0739	0.0973	0.0748	0.0986	0.0752	0.0986	0.0752	0.0987	0.0753	0.0987
1.6	0.0697	0.0870	0.0708	0.0882	0.0714	0.0887	0.0715	0.0888	0.0715	0.0889
1.8	0.0652	0.0782	0.0666	0.0797	0.0673	0.0805	0.0675	0.0806	0.0675	0.0808
2.0	0.0607	0.0707	0.0624	0.0726	0.0634	0.0734	0.0636	0.0736	0.0636	0.0738
2.5	0.0504	0.0559	0.0529	0.0585	0.0543	0.0601	0.0547	0.0604	0.0548	0.0605
3.0	0.0419	0.0451	0.0449	0.0482	0.0469	0.0504	0.4740	0.0509	0.0476	0.0511
5.0	0.0214	0.0221	0.0248	0.0256	0.0253	0.0290	0.0296	0.0303	0.0301	0.0309
7.0	0.0214	0.0126	0.0152	0.0154	0.0186	0.0190	0.0204	0.0207	0.0212	0.0216
10.0	0.0066	0.0066	0.0084	0.0083	0.0111	0.0111	0.0123	0.0130	0.0139	0.0141

同理，荷载最大值边的角点 2 下任意深度 z 处的附加应力 σ_z 为

$$\sigma_z = K_{t2} p_t \tag{3-16}$$

式中　K_{t2}——角点 2 下的附加应力分布系数，其值可直接计算，由 $m=l/b$、$n=z/b$ 查表 3-3 得到。

【例 3-3】　如图 3-16 所示，路堤高度为 5m，顶宽为 10m，底宽为 20m，已知填土重度 $\gamma=20\text{kN/m}$，试求路堤中心线下 O 点（$z=0$）及 M 点（$z=10\text{m}$）处的竖向应力 σ_z 值。

【解】　路堤填土重力产生的荷载为梯形分布，其强度最大值 $p=\gamma h=20\times5\text{kPa}=100\text{kPa}$，将梯形荷载（abcd）划分为三角形荷载（ebc）与三角形荷载（ead）之差，然后进行叠加计算，即

$$\sigma_z = 2[\sigma_{z,ebo} - \sigma_{z,eaf}] = 2[a_{s1}(p+p_1) - a_{s2}p_1]$$

式中　p_1——三角形荷载（eaf）的最大值

由三角形几何关系可知

$$p_1 = p = 100\text{kPa}$$

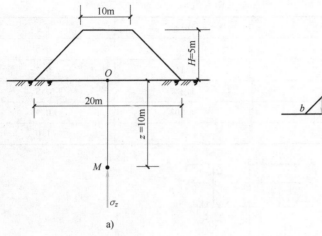
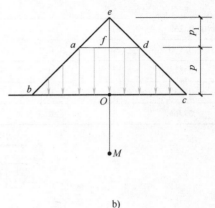

图 3-16　例 3-3 图

应力系数查表结果见表 3-4。

表 3-4　应力系数 α_s 计算表

编号	荷载作用面积	x/b	O 点($z=0$)		M 点($z=10$m)	
			z/b	α_s	z/b	α_s
1	ebO	10/10 = 1	0	0.5	10/10 = 1	0.241
2	eaf	5/5 = 1	0	0.5	10/5 = 2	0.153

于是可得 O 点的竖向应力 σ_z 为

$$\sigma_z = 2 \times [0.5 \times (100 + 100) - 0.5 \times 100] \text{kPa} = 100 \text{kPa}$$

同样，M 点的竖向应力 σ_z 为

$$\sigma_z = 2 \times [0.241 \times (100 \times 100) - 0.153 \times 100] \text{kPa} = 65.8 \text{kPa}$$

2. 圆形面积竖向均布荷载作用下地基附加应力

如图 3-17 所示，当圆形基底受到均布作用时，其中心点下任意深度处 M 点的竖向附加应力，可以利用式（3-10）求出微元面积 $\rho d\rho d\alpha$ 上的微小集中力 $dP = p\rho d\rho d\alpha$ 在该点引起的附加应力为

$$d\sigma_z = 3z^3 p\rho d\rho d\alpha / 2\pi R^5 \tag{3-17}$$

再将 $R = \sqrt{\rho^2 + z^2}$ 代入式（3-17），并沿整个圆形面积分即可得到 M 点的附加应力为

$$\sigma_z = \iint_0^{2\pi\alpha} \frac{3z^3 p\rho d\rho d\alpha}{2\pi \sqrt{\rho^2 + z^2}^{\frac{5}{2}}} = p_0 \left[1 - \frac{1}{\left(\dfrac{1}{(z/a)^2} + 1 \right)^{5/2}} \right] K_{z0} p \tag{3-18}$$

式中　K_{z0}——圆形基底受均布压力作用时的应力系数，可按公式计算，也可查表 3-5 得到，a 为圆形基底的半径。

表 3-5　竖向均布荷载作用下圆形基底中点及周边下的附加应力系数

a/z	K_{z0}	a/z	K_{z0}
0.268	0.1	0.918	0.6
0.400	0.2	1.110	0.7
0.518	0.3	1.387	0.8
0.637	0.4	1.908	0.9
0.766	0.5	∞	1.0

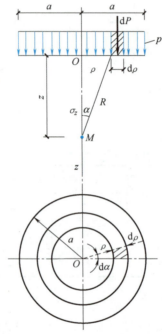

图 3-17　圆形面积上均布荷载作用下的附加应力

3.3.3　平面问题的附加应力计算

当一定宽度的无限长条面积承受均布荷载时，在土中垂直于长度方向的任一截面上的附加应力分布规律均相同，且在长条延伸方向地基的应变和位移均为 0，这类问题称为平面问题。对此类问题，只要算出任一截面上的附加应力，即可代表其他平行截面。

实际建筑中并没有无限长的荷载面积。研究表明，当基础的长宽比 $l/b \geqslant 10$ 时，计算的地基附加应力值与按 $l/b = \infty$ 时的解相差甚微。因此墙基、路基、挡土墙基础等均可按平面问题计算地基中的附加应力。

1. 竖向均布线荷载作用下地基附加应力

当竖向均布线荷载 p 作用于地表面时，地基中任意点 M 的附加应力解答由弗拉曼（Flamant）于 1892 年首先得到，故又称弗拉曼解。如图 3-18 所示，在线荷载上取微分长度 dy，作用在上面的荷载 $p\,dy$ 可看作集中力，则在地基内 M 点引起的附加应力按式（3-10）计算为 $d\sigma_z = \dfrac{3pz^3}{2\pi R^5}dy$，则

条基附加
应力系数

$$\sigma_z = \int_{-\infty}^{\infty} \frac{3pz^3}{2\pi(x^2+y^2+z^2)^{5/2}} \mathrm{d}y = \frac{2pz^3}{\pi(x^2+z^2)} \tag{3-19}$$

实际意义上的线荷载是不存在的，可以将其看作条形面积在宽度趋于零时的特殊情况，以该解答为基础，通过积分可求解各类平面问题地基中的附加应力。

2. 竖向均布条形荷载

当宽度为 b 的条形基础上作用有竖向均布荷载 p 时，取宽度 b 的中点作为坐标原点（图 3-19），则地基中某点的竖向附加应力可由式（3-19）进行积分求得

$$\sigma_z = \frac{p}{\pi}\left[\arctan\frac{1-2m}{2n} + \arctan\frac{1+2m}{2n} - \frac{4n(4m^2-4n^2-1)}{(4m^2+4n^2-1)+16n^2}\right] = K_{sz}p \tag{3-20}$$

$$m = \frac{x}{b}, \quad n = \frac{z}{b}$$

式中　K_{sz}——条形基础上作用竖向均布荷载时的竖向附加应力分布系数，$K_{sz}=f(m,n)$，可按公式计算，也可查表 3-6 得到。

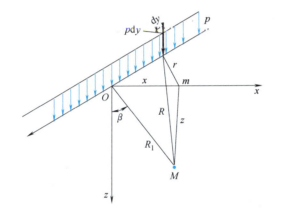

图 3-18　竖向均布线荷载作用下地基附加应力

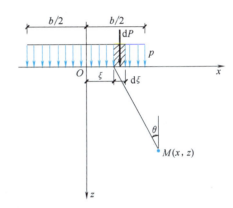

图 3-19　竖向均布条形荷载作用下地基附加应力

表 3-6　竖向均布条形荷载作用下的地基附加应力分布系数

$n=z/b$	$m=x/b$					
	0.00	0.25	0.50	1.00	1.50	2.00
0.00	1.00	1.00	0.50	0.00	0.00	0.00
0.25	0.96	0.90	0.50	0.02	0.00	0.00
0.50	0.82	0.74	0.48	0.08	0.02	0.00
0.75	0.67	0.61	0.45	0.15	0.04	0.02
1.00	0.55	0.51	0.41	0.19	0.07	0.03
1.25	0.46	0.44	0.37	0.20	0.10	0.04
1.50	0.40	0.38	0.33	0.21	0.11	0.06
1.75	0.35	0.34	0.30	0.21	0.13	0.07
2.00	0.31	0.31	0.28	0.20	0.14	0.08
3.00	0.21	0.21	0.20	0.17	0.13	0.10

（续）

$n=z/b$	$m=x/b$					
	0.00	**0.25**	**0.50**	**1.00**	**1.50**	**2.00**
4.00	0.16	0.16	0.15	0.14	0.12	0.10
5.00	0.13	0.13	0.12	0.12	0.11	0.09
6.00	0.11	0.10	0.10	0.10	0.10	—

3. 竖向三角形分布条形荷载

图 3-20 为条形基础受竖向三角形分布荷载的情况，荷载最大值为 p_t。将坐标原点取在零荷载处，以荷载增大的方向为 x 方向，通过式（3-19）积分可得

$$\sigma_z = \frac{p}{\pi}\left\{ m\left[\arctan\frac{m}{n} - \arctan\frac{-1m}{n} - \frac{m(m-1)}{(m-1)^2+n^2} \right] \right\} = K_{tz}p_t \qquad (3\text{-}21)$$

$$m = \frac{x}{b}, \quad n = \frac{z}{b}$$

式中 　K_{tz}——条形基础上作用竖向三角形分布荷载时的竖向附加应力分布系数，$K_{tz}=f(m，n)$，
　　　　　　可由公式计算，也可查表 3-7 得到。

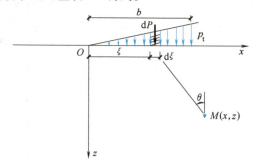

图 3-20　竖向三角形分布条形荷载作用下的附加应力

表 3-7　竖向三角形分布条形荷载作用下的附加应力分布系数

$n=z/b$	$m=x/b$							
	−0.50	**−0.25**	**0.00**	**0.25**	**0.50**	**0.75**	**1.00**	**1.25**
0.01	0.000	0.000	0.003	0.249	0.500	0.750	0.497	0.000
0.1	0.000	0.002	0.032	0.251	0.498	0.737	0.468	0.010
0.2	0.003	0.009	0.061	0.255	0.489	0.682	0.437	0.050
0.4	0.010	0.036	0.011	0.263	0.441	0.534	0.379	0.137
0.6	0.030	0.066	0.140	0.258	0.378	0.421	0.328	0.177
0.8	0.050	0.089	0.155	0.243	0.321	0.343	0.285	0.188
1.0	0.065	0.104	0.159	0.224	0.275	0.286	0.250	0.184
1.2	0.070	0.111	0.154	0.204	0.239	0.246	0.221	0.176
1.4	0.080	0.144	0.151	0.186	0.210	0.215	0.198	0.165
2.0	0.090	0.108	0.127	0.143	0.153	0.155	0.147	0.134

【例 3-4】　某条形基础如图 3-21 所示。基础上作用着荷载 $F=300\text{kN}$，$M=42\text{kN}\cdot\text{m}$，试求基础中心点下的附加应力。

【解】　（1）求基底附加应力

基础及上覆土重为

$$G = 2 \times 1.2 \times 20 \text{kN/m} = 40 \text{kN/m}$$

偏心距为

$$e = \frac{M}{F+Q} = \frac{42}{300+48} = 0.12$$

基地压力为

$$\frac{p_{\max}}{p_{\min}} = \frac{300+48}{2}\left(1 \pm \frac{6 \times 0.12}{2}\right) = \frac{236.6}{111.4} \text{kPa}$$

基底附加压力为

$$\frac{p_{0\max}}{p_{0\min}} = \left(\frac{236.6}{111.4} - 19 \times 1.2\right) \text{kPa} = \frac{213.8}{88.6} \text{kPa}$$

（2）基础中点下的附加应力　将梯形分布的附加压力视为作用于地基上的荷载，并分成均匀和三角形分布的两部分。其中均匀荷载 $p_0 = 88.6 \text{kPa}$，三角形分布的 $p_{0t} = 125.2 \text{kPa}$。

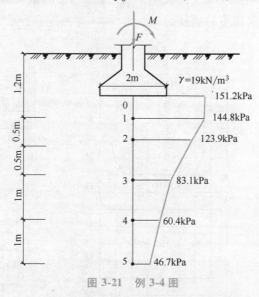

图 3-21　例 3-4 图

分别计算 $z = 0 \text{m}$、0.5m、1.0m、2.0m、3.0m、4.0m 处的附加应力，计算结果见表 3-8。

表 3-8　例 3-4 附加应力计算

点号	深度 z/m	z/b	均布荷载 $p_0 = 88.6 \text{kPa}$			三角形荷载 $p_{0t} = 125.2 \text{kPa}$			$\sigma_z = \sigma_z' + \sigma_z''$ /kPa
			x/b	K_{sz}	σ_z'	x/b	K_{tz}	σ_z''	
0	0	0	0	1.00	88.6	0.5	0.500	62.6	151.2
1	0.5	0.25	0	0.96	85.1	0.5	0.477	59.7	144.8
2	1.0	0.5	0	0.82	72.7	0.5	0.409	51.2	123.9
3	2.0	1.0	0	0.55	48.7	0.5	0.275	34.4	83.1
4	3.0	1.5	0	0.40	35.4	0.5	0.200	25.0	60.4
5	4.0	2.0	0	0.31	27.5	0.5	0.153	19.2	46.7

3.4 地基中附加应力的有关问题

3.4.1 地基中附加应力的分布规律

研究表明，地基中附加应力的分布有如下规律：

1）σ_z 不仅发生在荷载面积之下，而且分布在荷载面积外相当大的范围之下。

2）在荷载分布范围内任意点沿垂线的 σ_z 值，随深度的增大而减小。

3）在基础底面下任意水平面上，以基底中心点下轴线处的 σ_z 为最大，距离中轴线越远越小。

地基中附加应力的分布规律还可以用"等值线"的方式表示，如图 3-22 所示。比较图 3-22a 和图 3-22b 可见，方形荷载引起的 σ_z 的影响深度比条形荷载小。如方形荷载中心下 $z=2b$ 处 $\sigma_z \approx 0.1 p_0$，而在条形荷载下 $\sigma_z = 0.1 p_0$ 等值线约在中心下 $z=6b$ 处通过。

由图 3-22c 和图 3-22d 所示的条形荷载下 σ_x 和 τ_{xz} 的等值线图可见，σ_x 的影响范围较浅，所以基础下地基土的侧向变形主要发生于浅层；而 τ_{xz} 的最大值出现于荷载边缘，所以位于基础边缘下的土容易发生剪切破坏。

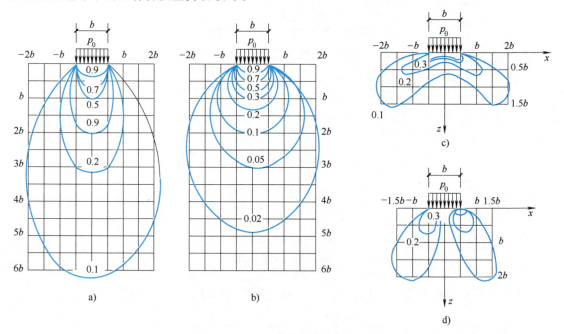

图 3-22　地基中附加应力等值线

a）等 σ_z 线（条形荷载）　b）等 σ_z 线（方形荷载）　c）等 σ_x 线（条形荷载）　d）等 τ_{xz} 线（条形荷载）

3.4.2 非均质地基中的附加应力

前述地基中附加应力都是把地基视为均质、各向同性的线弹性体，按弹性理论计算的。而实际工程中地基条件与计算假定并不完全一样，因而计算出的应力与实际应力有一定差别。下面主要讨论双层地基中附加应力的分布。

1. 上层软弱而下层坚硬的情况

上层为松软的可压缩土层，下层是不可压缩层，即 $E_2 < E_1$（图 3-23）。E 为压缩模量（见第 3 章）。这时，上层土中荷载中轴线附近的附加应力 σ_z 将比均质土体时增大；离开中轴线，应力差逐渐减小，至某一距离后，应力又将小于均匀半无限体时的应力。这种现象称为应力集中现象减弱。

图 3-24 为条形均布荷载下，岩层位于不同深度时，中轴线上的 σ_z 的分布。可以看出，H/b 的比值越小，应力集中的程度越高。

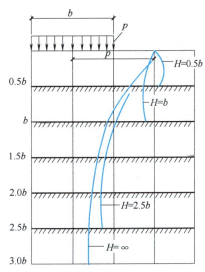

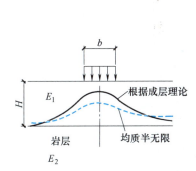

图 3-23　$E_2 < E_1$ 时的应力集中现象

图 3-24　岩层位于不同深度时基础中点下 σ_z 分布

2. 上层坚硬而下层软弱的情况

当地基的上层土为坚硬土层，下层为软弱土层，即 $E_1 > E_2$ 时，将出现硬层下面、荷载中轴线附近附加应力减小的应力扩散现象，如图 3-25 所示。应力扩散的结果使应力分布比较均匀，从而使地基沉降也趋于均匀。

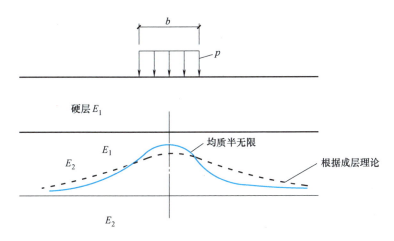

图 3-25　$E_1 > E_2$ 时的应力扩散现象

地基应力解除法

地基应力解除法是对已发生倾斜的建筑物进行纠偏的一种常规方法，在国内外得到广泛应用，是公认的最安全、最有效、最节约的建筑物纠偏方法。

它的原理是，对于发生偏斜的建筑，在其倾斜方向的反方向地基下面抽取土壤，使地基向偏斜的反方向自然沉降，建筑物的重心会逐渐向安全的位置回归。从整体上也是从根本上解除安全隐患。

该方法的雏形是 1962 年由意大利工程师 Terracina 针对比萨斜塔的倾斜恶化问题而提出，最初提出时叫"地下抽土法"，由于显得不够深奥而长期搁置。这一方法的原理是：由于比萨斜塔是向南倾斜的，在斜塔的反方向（北侧）开设一系列斜孔，从塔基下地基土层中抽出部分沙土，利用地基的沉降，使斜塔的重心北移，减小倾斜程度，从而避免斜塔的倒塌，如图 3-26 所示。

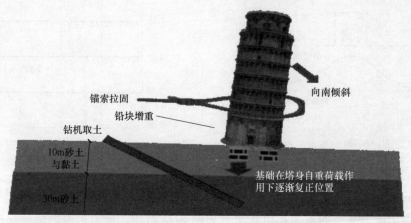

图 3-26　比萨斜塔纠偏加固（1996 年方案）

随着时间的推移，比萨斜塔倾斜角度不断加大，濒于倒塌。出于安全考虑，1990 年意大利政府被迫关闭比萨斜塔不再对游人开放，又成立了比萨斜塔拯救委员会，向全球征集解决方案。尝试多种加固和纠偏方案后，比萨斜塔拯救均未奏效，最终还是于 1999 年重新启用地下抽土的方法。

比萨斜塔拯救工程于 1991 年 10 月开始，采用斜向打孔方式，从斜塔北侧的地基下缓慢向外抽取土壤（图 3-27），使北侧地基高度下降，斜塔重心在重力的作用下向北侧移动。2001 年 6 月，斜塔的倾斜角度重新回到安全范围，比萨斜塔又重新开放。

这个方法是针对比萨斜塔提出的，又因最终拯救了比萨斜塔而名扬世界，虽然其间被埋没了近 40 年。在我国，该方法则得到了深入研究和广泛应用。"地基应力解除法"这个名词就是由我国专家武汉大学刘祖德教授提出的，刘祖德教授还做出了多项具有开创性的巨大贡献。

早在 1983 年，他就首次提出"地基应力解除法"，并在 1989 年用此法成功"移动"

汉口取水楼长航宿舍的八层楼房，使其倾斜率从 1.3% 降为 0.63%。此后的 18 年，刘祖德教授和他的课题组用"地基应力解除法"成功为 149 座高楼"纠偏"扶正，其足迹踏遍湖北、广东、福建、新疆等全国 15 个省（区、市），仅武汉地区被纠偏的楼房就有 80 多座，为国家挽回经济损失近 5 亿元。

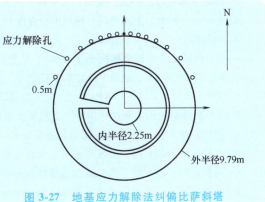

图 3-27　地基应力解除法纠偏比萨斜塔

本 章 小 结

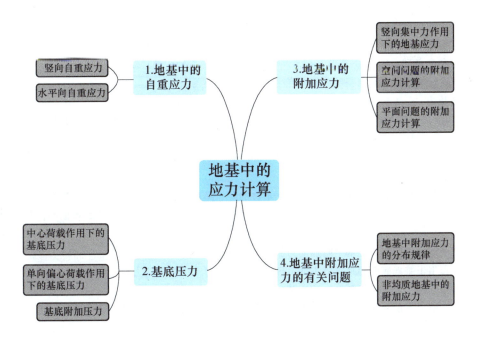

习　　题

一、选择题

1. 计算土中自重应力时，地下水位以下的土层应采用（　　）。

A. 湿重度　　　　　B. 饱和重度　　　　　C. 浮重度　　　　　D. 天然重度

2. 地下水位下降，土中有效自重应力发生的变化是（　　）。

A. 原水位以上不变，原水位以下增大

B. 原水位以上不变，原水位以下减小

C. 变动后水位以上不变，变动后水位以下减小

D. 变动后水位以上不变，变动后水位以下增大

3. 在均质土层中，土的竖向自重应力沿深度的分布规律是（　　）。

A. 均匀的　　　　　B. 曲线的　　　　　C. 折线的　　　　　D. 直线的

4. 某柱作用于基础顶面的荷载为800kN，从室外地面算起的基础深度为1.5m，室内地面比室外地面高0.3m，基础底面积为4m²，地基土的重度为17kN/m³，则基底压力为（　　）。

A. 229.7kPa　　　B. 230kPa　　　C. 233kPa　　　D. 236kPa

5. 当基础受单向偏心荷载作用时，下列说法正确的是（　　）。

A. 当偏心距 $e = L/6$ 时，基底压力呈梯形分布

B. 当偏心距 $e > L/6$ 时，基底压力呈三角形分布

C. 当偏心距 $e > L/6$ 时，基底压力呈梯形分布

D. 当偏心距 $e < L/6$ 时，基底压力呈三角形分布

6. 地基中的应力一般包括（　　）。

A. 自重应力、附加应力　　　　　　B. 自重应力、基底压力

C. 附加应力、基底压力　　　　　　D. 自重应力、基底附加压力

7. 地下水位长时间下降，会使（　　）。

A. 地基中原水位以下的自重应力增加　　B. 地基中原水位以上的自重应力增加

C. 地基土的抗剪强度减小　　　　　　D. 土中孔隙水压力增大

8. 可按平面问题求解地基中附加应力的基础是（　　）。

A. 柱下独立基础　　B. 墙下条形基础　　C. 筏形基础　　　D. 箱形基础

9. 由于建筑物的建造而在基础底面处产生的压力增量称为（　　）。

A. 基底压力　　　　B. 基底反力　　　　C. 基底附加应力　　D. 基底净反力

10. 已知地基中某点的竖向自重应力为100kPa，静水压力为20kPa，土的静止侧压力系数为0.25，则该点的侧向自重应力为（　　）。

A. 60kPa　　　　　B. 50kPa　　　　　C. 30kPa　　　　　D. 25kPa

二、简答题

1. 什么是土的自重应力？如何计算？地下水位的升、降对地基中的自重应力有何影响？

2. 何谓基底压力？影响基底压力分布的因素有哪些？工程中如何计算中心荷载和偏心荷载作用下的基底压力？

3. 在集中荷载作用下，地基中附加应力的分布有何规律？

4. 假设作用于基础底面的总压力不变，埋置深度增加对土中附加应力有何影响？

5. 何为角点法？如何应用角点法计算基底面下任意点的附加应力？

6. 对于上层硬下层软或上层软下层硬的双层地基，在软硬层分界面上的应力分布较均质土有何区别？

三、计算题

1. 按图3-28所给资料，计算并绘制地基中的自重应力沿深度的分布曲线。如地下水因某种原因骤然下降至35m高程以下，问此时地基中的自重应力分布有何改变？用图表示。（提示：地下水位骤降时，细砂层为非饱和状态，其重度 $\gamma = 17.8kN/m³$，因渗透性小，黏土和粉质黏土排水不畅，它们的含水情况不变）

（答案：地下水位下降前后35m高程处 σ_c 分别为103.24kPa及158.26kPa）

2. 某构筑物基础如图3-29所示，在设计地面标高处作用有偏心荷载680kN，偏心距为1.31m，基础埋深为2m，底面尺寸为4m×2m。试求基底平均压力 p 和边缘最大压力 p_{max}，并绘出沿偏心方向的基底压力分布图。

（答案：125kPa；301kPa）

3. 有相邻两荷载面 A 和 B，其尺寸、相对位置及所受荷载如图3-30所示。试考虑相邻荷载面的影响，求出 A 荷载面中心点以下深度 $z = 2m$ 处的垂直向附加应力 σ_z。

（答案：53.07kPa）

4. 某建筑物为条形基础，宽 $b=4$m，如图 3-31 所示。求基底下 $z=2$m 的水平面上，沿宽度方向 A、B、C、D 点距中心垂线距离分别为 0、$b/4$、$b/2$、b 时，A、B、C、D 点的附加应力并绘出分布曲线。

（答案：410kPa；370kPa；240kPa；40kPa）

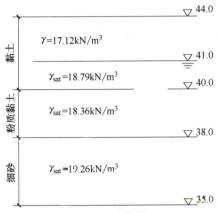

图 3-28　计算题 1

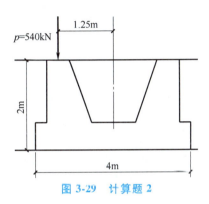

图 3-29　计算题 2

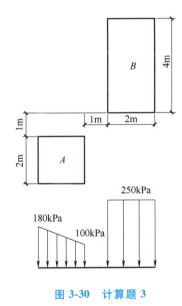

图 3-30　计算题 3

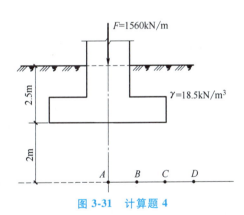

图 3-31　计算题 4

第4章 土的压缩性及地基沉降计算

内容提要

荷载作用在建筑物上，随之被传递到地基土层中，使地基土层发生变形，建筑物基础随之沉降。本章主要内容为土的压缩性、地基的最终沉降量计算以及沉降与时间的关系。

基本要求

了解土的压缩性，熟悉压缩试验方法，掌握土的压缩性指标确定方法，熟练掌握地基最终沉降计算的分层总和法和规范修正法，了解一维固结理论。

导入案例

导入案例——虎丘塔倾斜

如图 4-1 所示，虎丘塔位于苏州市西北虎丘公园山顶，原名云岩寺塔，落成于宋太祖建隆二年（公元 961 年），距今已有 1000 多年的悠久历史。全塔七层，高 47.5m。塔的平面呈八角形，由外壁、回廊与塔心三部分组成。虎丘塔全部砖砌，外形完全模仿楼阁式木塔，每层都有 8 个壶门，拐角处的砖特制成圆弧形，十分美观，在建筑艺术上是一个创造，中外游人不绝。1961 年 3 月 4 日国务院将此塔列为全国重点文物保护单位。

1980 年 6 月通过现场调查发现，虎丘塔由于全塔向东北方向严重倾斜，不仅塔顶偏离中心线已达 2.31m，而且底层塔身出现不少裂缝，成为危险建筑而封闭、停止开放。

图 4-1 虎丘塔

仔细观察其塔身的裂缝发现一个规律，塔身的东北方向为垂直裂缝，塔身的西南面却是水平裂缝。

经勘察，虎丘山是由火山喷发和造山运动形成，山体为坚硬的凝灰岩和晶屑流纹岩。山顶岩面倾斜，西南高，东北低。虎丘塔地基为人工地基，由大块石组成，块石最大粒径达 1000mm。人工块石填土层厚 1~2m，西南薄，东北厚。下为粉质黏土，呈可塑至软塑状态，也是西南薄，东北厚。底部为风化岩石和基岩。塔底层直径 13.66m 范围内，覆盖层厚度西南为 2.8m，东北为 5.8m，厚度相差 3.0m，这是虎丘塔发生倾斜的根本原因。此外，南方多暴雨，源源不断的雨水渗入地基块石填土层，冲走了块石之间的细粒土，形成很多空洞，这是虎丘塔发生倾斜的重要原因。再加上多年来虎丘公园无人管理，树叶堵塞了虎丘塔周围排水沟，大量雨水下渗，加剧了地基的不均匀沉降，危及塔身安全。

另外，虎丘塔结构设计也有很大缺点，它没有做扩大的基础，砖砌塔身垂直向下砌八皮砖，即埋深仅 0.5m，直接置于上述块石填土人工地基上。估算塔重 63000kN，则地基单位面积压力高达 435kPa，超过了地基承载力。塔倾斜后，东北部位出现应力集中，该部位砖体所受应力超过其抗压强度而被压裂。

4.1　概述

建筑物下的地基土在附加应力作用下，会产生附加的变形。这种变形通常表现为土体积的缩小，这种在外力作用下土体积缩小的特性称为土的压缩性。不少事故如建筑倾斜、下沉、基础断裂、墙体开裂等，都是由土的压缩性引起的地基严重沉降或不均匀沉降造成的。

墨西哥首都的墨西哥城艺术宫，是一座巨型的具有纪念性的早期建筑，于 1904 年落成，至今已有 100 余年的历史。此建筑物为地基严重沉降的典型实例之一，如图 4-2 所示。墨西哥城四面环山，古代原是一个大湖泊，因周围火山喷发的火山岩沉积和湖水蒸发，经漫长年代，湖水干涸形成。地表层为人工填土与砂夹卵石硬壳层，厚度为 5m；其下为超高压缩性

图 4-2　墨西哥城艺术宫地基沉降

淤泥，天然孔隙比 e 高达 7~12，天然含水率高达 150%~600%，为世界罕见的软土层，厚度达 25m。这座艺术宫严重下沉，沉降量高达 4m。临近的公路下沉 2m，公路路面至艺术宫门前高差达 2m。参观者需步下 9 级台阶，才能从公路进入艺术宫。

墨西哥城艺术宫的下沉量为一般房屋一层楼有余，造成室内外连接困难和交通不便，内外网管道修理工程量增加。土体产生压缩的原因可以从两方面考虑。在外因上，建筑物荷载作用是主要因素。在内因上，主要是由于地基土是由土颗粒、水和气体组成的三相体系，其变形又与其他土木工程材料的变形有着本质的差别，土的压缩量通常由三部分组成：固体土颗粒被压缩；土中水及封闭气体被压缩；水和气体从孔隙中排出。

试验研究表明，在一般压力（100~600kPa）作用下，固体颗粒和水的压缩量与土体的压缩总量之比是微不足道的，可以忽略不计。所以土的压缩是指土中水和气体从孔隙中排出，土中孔隙体积缩小。与此同时，土颗粒产生相对滑动，重新排列，土体变得更密实。

对于饱和土来说，土体的压缩变形主要是由于孔隙水的排出。而孔隙水排出的快慢受土体渗透特性的影响，从而决定了土体压缩变形的快慢。在荷载作用下，透水性大的饱和无黏性土，孔隙水排出很快，其压缩过程短；透水性小的饱和黏性土，因为土中水沿着孔隙排出的速度很慢，其压缩过程需较长时间才能稳定。由附加应力产生的超静孔隙水压力逐渐消散，孔隙水逐渐排出，土体压缩随时间增长的过程称为土的固结。

在建筑物荷载作用下，由压缩引起的地基的竖向位移称为地基沉降。在土木工程建设中，因地基沉降量或不均匀沉降量过大而影响建筑物或结构物正常使用甚至造成工程事故的例子屡见不鲜。地基沉降问题是岩土工程的基本课题之一。研究地基的沉降变形，主要是解决两方面的问题：一是确定总沉降量的大小，即最终沉降量；二是确定沉降变形与时间的关系，即某一时刻完成的沉降量是多少，或达到某一沉降量需要多长时间。

研究土的压缩性是进行地基沉降计算的前提，本章将从土的压缩试验开始，主要学习土的压缩特性和压缩指标、地基最终沉降量实用计算方法和太沙基一维固结理论等内容。

4.2　土的压缩试验及压缩性指标

一般情况下，地基土在其自重应力下已经压缩稳定。但是，当建筑物通过其基础将荷载传给地基之后，将在地基中产生附加应力，这种附加应力会导致地基土体的变形。这种在附加应力作用下，地基土产生体积缩小，而引起建筑物基础产生竖向位移（或下沉）的情况称为沉降。

如果地基土各部分的竖向变形不相同，则在基础的不同部位将会产生沉降差，使建筑物基础发生不均匀沉降。基础的沉降量或沉降差过大，常常影响建筑物的正常使用，甚至危及建筑物的安全。因此，为了保证建筑物的安全和正常使用，基础的沉降量必须限制在保证建筑物安全的允许范围之内。这就要求在设计时，必须预先估计建筑物基础可能产生的最大沉降量和沉降差。如果此沉降量和沉降差在允许值范围之内，那么该建筑物的安全和正常使用一般是有保证的；否则将没有保证。这时，必须采取相应的工程措施，如地基处理或修改设计，以确保建筑物的安全和正常使用。

如对于运行速度大于 200km/h 的高速铁路列车而言，路基安全问题是至关重要的，其次，舒适、平稳等要求使得轨道也应具有高平顺性。路基竣工后发生的沉降是工后沉降，沉降值的大小影响着列车的运行安全、车辆轨道结构设施使用寿命及线路养护工作量。路基的工后沉降包括普通沉降和特殊沉降两类。普通沉降由路基填土在自重作用下产生的压缩沉降、地基在轨道和路堤自重及列车动力作用下的固结沉降、基床表层在动荷载作用下的塑性累积变形三部分组成，形成原因：路基填料级配不良、排水失效、过渡段碎石级配失效或不养护、路基横向碾压、填料含水率超标等。特殊沉降则包括高地震烈度、软土、冻胀土等引起的沉降，形成原因：影响冻胀的因素有路基土质条件、水分、外界压力、级配等；影响高烈度地震软土地区沉降的因素有砂土液化、负摩擦力等。

4.2.1　室内压缩试验与压缩性指标

1. 压缩试验与压缩曲线

土的压缩性是指土体在压力作用下体积缩小的特性。试验研究表明，在一般压力（100~600kPa）作用下，土粒和土中水的压缩量与土体的压缩总量相比是很微小的，可以忽略不计，少量封闭的土中气体被压缩，也可忽略不计，因此，土的压缩是指土中孔隙的体积缩小，即土中水和土中气体的体积缩小，此时，土粒调整位置，重新排列，互相挤紧。随孔隙的体积减小，饱和土中水的体积也会减小。计算地基沉降时，必须取得土的压缩性指标，无论是采用室内试验，还是原位测试来测定它们，都应当力求试验条件与土的天然状态及其在外荷作用下的实际应力条件相适应。

室内试验测定土的压缩性指标，通常不允许土样产生侧向变形，即侧限条件的固结试验，非饱和土只用于压缩时，也称压缩试验，其侧限条件虽未能都符合地基土的实际工程情况，但有其实用价值。室内固结试验的主要装置为固结仪，如图4-3所示。

固结试验的试样是用环刀切取的扁圆柱体，一般高2cm，面积为30cm^{2}或50cm^2。试验时，试样连同环刀一起装入刚性护环内，上下放透水石，以便试样在压力作用下排水。在透水石顶部放上加压盖，所加压力通过加压支架作用于上盖，同时安装百分表用来量测试样的压缩变形。用这种仪器进行试验时，受刚性护环所限，试样只能在竖向产生压缩，而不可能产生侧向变形，故称为单向固结试验或侧限固结试验。

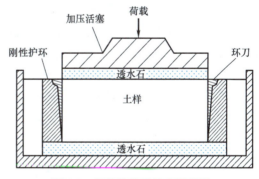

图4-3　固结仪的压缩容器简图

土的压缩变形常用孔隙比 e 的变化来表示。根据固结试验的结果可建立压力 p 与相应的稳定孔隙比 e 的关系曲线，称为土的压缩曲线。压缩曲线可以按两种方式绘制：一种是按普通直角坐标绘制 e-p 曲线（图4-4a）；另一种是用半对数直角坐标绘制的 e-$\lg p$ 曲线（图4-4b）。

图4-4所示为在各级压力作用下试样孔隙比随时间的变化过程。随着压力的增加，试样逐渐压缩，在某一压力作用下，试样压缩速度加快，而后逐渐趋于稳定，稳定的快慢与土的性质有关。对于饱和土，主要取决于试样的透水性，透水性强，稳定得快；透水性弱，稳定所需的时间就长。

应当指出，即使对同一种土，压力与孔隙比之间的关系也不是固定不变的，也就是说，稳定孔隙比并不是一个绝对的值，它与每级荷载的历时长短及荷载级的大小有关。稳定是指附加应力完全转化为有效应力。对 2cm 厚的黏土试样约需 24h。荷载级的大小可用荷载率表示，即新增加的荷载与原有的荷载之比。现行规范的荷载率为 1，即 $p = 50kPa$、$100kPa$、$200kPa$、$400kPa$、$800kPa$ 等。

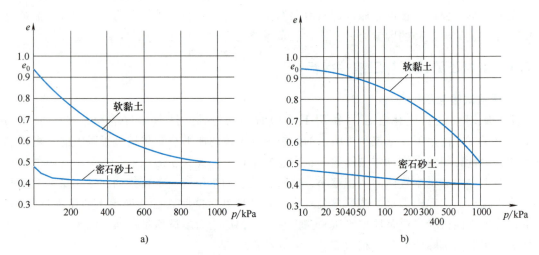

图 4-4 固结试验成果

a) 土的 e-p 压缩曲线 b) 土的 e-$\lg p$ 压缩曲线

2. 压缩指标

（1）压缩系数 压缩曲线反映了土受压后的压缩特性。图 4-5 中假定试样在压力 p_1 作用下已经压缩稳定，对应孔隙比为 e_1，即试样处于 M_1 点。现增加一压力增量 Δp，稳定后的孔隙比为 e_2，试样处于 M_2 点。很明显，对于该压力增量 Δp，e_1 与 e_2 的差值越大，表示体积压缩越大，该土的压缩性越高。因此，可用单位压力增量引起的孔隙比改变，即压缩曲线的割线的坡度来表征土的压缩性高低，如图 4-5 所示。

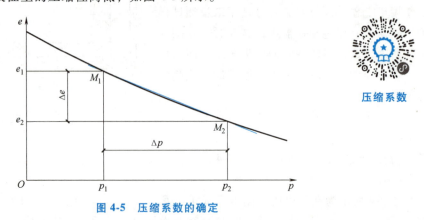

压缩系数

图 4-5 压缩系数的确定

则
$$a_{1-2} = \frac{e_1 - e_2}{p_2 - p_1} = -\frac{\Delta e}{\Delta p} \tag{4-1}$$

式中 a_{1-2}——压缩系数，即割线 $M_1 M_2$ 的坡度；

e_1——压缩曲线上 p_1 对应的孔隙比；

e_2——压缩曲线上 p_2 对应的孔隙比。

压缩系数 a 是表征土压缩性的重要指标之一。e-p 曲线越陡，$a_{1\text{-}2}$ 就越大，则土的压缩性越高；反之，e-p 曲线越平缓，$a_{1\text{-}2}$ 就越小，则土的压缩性越低。但是，由于 e-p 曲线不是直线，因此，即使是同一种土，其压缩系数也不是一个常量，其值取决于所取的压力增量（p_2-p_1）及压力增量的起始值 p_1 的大小，并随着 p_1 的增加及压力增量的增大而减小。在工程中，为了便于统一比较，习惯上采用100kPa和200kPa范围的压缩系数来衡量土的压缩性高低。

GB 50007—2011《建筑地基基础设计规范》按 $a_{1\text{-}2}$ 的大小划分地基土的压缩性：当 $a_{1\text{-}2}<0.1\mathrm{MPa}^{-1}$ 时，属低压缩性土；当 $0.1\mathrm{MPa}^{-1}\leqslant a_{1\text{-}2}<0.5\mathrm{MPa}^{-1}$ 时，属中压缩性土；当 $a_{1\text{-}2}>0.5\mathrm{MPa}^{-1}$ 时，属高压缩性土。

（2）压缩指数　土的压缩指数定义为土体在侧限条件下孔隙比减小量与竖向有效应力常用对数值增量的比值，即 e-$\lg p$ 曲线中直线段斜率，如图4-6所示。

压缩指数 C_c 的表达式为

$$C_c=\frac{e_1-e_2}{\lg p_2-\lg p_1}=\frac{\Delta e}{\lg(p_2/p_1)} \quad (4\text{-}2)$$

式中符号意义同前。

压缩指数 C_c 值越大，土的压缩性越高，低压缩性土的 C_c 一般小于0.2，当 C_c 大于0.4时为高压缩性土。

（3）压缩模量　压缩模量 E_s 又称为侧限变形模量，表明土体在侧限条件下竖向压应力 σ_z 与竖向总应变 ε_z 之比，可由 e-p 压缩曲线得到。

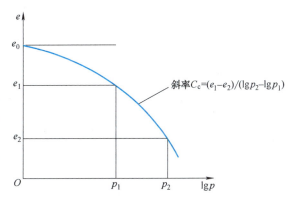

图4-6　根据 e-$\lg p$ 曲线确定 C_c

压缩模量定义式为

$$E_s=\frac{\sigma_z}{\varepsilon_z} \tag{4-3}$$

将 $\sigma_z=\Delta p$，$\varepsilon_z=-\dfrac{\Delta e}{1+e_1}$ 代入上式，可得

$$E_s=\frac{\Delta p}{-\dfrac{\Delta e}{1+e_1}}=\frac{1+e_1}{a} \tag{4-4}$$

式（4-4）表明，压缩模量 E_s 与压缩系数 a 成反比，即 E_s 越大，土体的压缩性越低。

（4）体积压缩系数　土的体积压缩系数是由 e-p 曲线求得的另一个压缩性指标，定义为土体在侧限条件下的竖向（体积）应变与竖向附加压应力之比，即土的压缩模量的倒数，也称为单向体积压缩系数

$$m_V=\frac{1}{E_s}=\frac{a}{1+e} \tag{4-5}$$

式（4-5）表明，体积压缩系数越大，土的压缩性越高。

（5）变形模量 与上述 4 个通过侧限压缩试验得出的压缩性指标不同，变形模量 E_0 是由现场静载荷试验、旁压试验、三轴压缩试验等测定的压缩性指标，定义为土在侧向自由变形条件下竖向压应力 $\Delta\sigma$ 与竖向压应变 $\Delta\varepsilon$ 之比，即

$$E_0 = \frac{\Delta\sigma}{\Delta\varepsilon} \tag{4-6}$$

E_0 的物理意义与材料力学中材料的弹性模量相同，只是土的应变中既有弹性应变又有部分不可恢复的塑性应变，因此将之定义为变形模量。

在理论上，E_0 与土的压缩模量 E_s 是可以互相换算的。根据式（4-6）和广义胡克定律，有

$$\Delta\varepsilon_z = \frac{\Delta\sigma_z}{E_0} - \mu\frac{\Delta\sigma_y}{E_0} - \mu\frac{\Delta\sigma_x}{E_0} \tag{4-7}$$

式中 μ——土的泊松比，$\mu = \dfrac{\Delta\varepsilon_x}{\Delta\varepsilon_z} = \dfrac{\Delta\varepsilon_y}{\Delta\varepsilon_z}$。

在侧限压缩试验条件下，有

$$\sigma_x = \sigma_y = K_0\sigma_z \text{ 及 } \varepsilon_x = \varepsilon_y = 0$$

式中 K_0——侧压力系数，可通过侧限压缩试验测定，在侧限条件下有 $K_0 = \mu/(1-\mu)$。

将侧限压缩条件代入式（4-7），可以推导出变形模量 E_0 与压缩模量 E_s 的理论换算关系

$$E_0 = \beta E_s \tag{4-8}$$

式中 β——与 μ 有关的系数，$\beta = 1 - 2\mu K_0 = 1 - 2\mu^2/(1-\mu)$。

由于 μ 一般在 $0 \sim 0.5$ 之间变化，所以可确定 $\beta \leq 1.0$，即由式（4-8）所示的关系应有 $E_s \geq E_0$。然而，由于土的变形性质并不完全服从胡克定律，加之现场试验和室内压缩试验中一些综合影响因素，使得由不同的试验方法测得的 E_s 和 E_0 之间的关系往往并不符合式（4-8）。根据统计资料，对于软土，E_0 和 βE_s 比较接近；对于硬土，其 E_0 可能比 βE_s 大数倍。

4.2.2 土的侧限回弹曲线和再压缩曲线

在室内固结试验中，如果对试样加压到某一级压力下不再继续加荷，而是逐级卸荷，则可以观察到土体的回弹，通过测定各级压力下试样回弹稳定后的孔隙比，即可绘制相应的回弹曲线。如图 4-7a 所示，通过逐级加荷得到试样压缩曲线 ab，至 b 点开始逐级卸荷，此时土体将沿 bed 曲线回弹，卸荷至 d 点后再针对此试样逐级加荷，可测得在各级压力下再压缩稳定后的孔隙比，从而绘制再压缩曲线 db'，至 b' 点后继续加压，再压曲线与压缩曲线重合，$b'c$ 段呈现为 ab 段的延续。图 4-7b 为 $e\text{-}\lg p$ 曲线反映的试样回弹与再压缩特性，与 $e\text{-}p$ 曲线有相同的规律。

从土体的回弹和再压缩曲线可以看出：

1）由于试样已在逐级压缩荷载作用下产生了压缩变形，所以土体卸荷完成后试样不能恢复到初始孔隙比，卸荷回弹曲线不与原压缩曲线重合，说明土样的压缩变形是由弹性变形和残余变形两部分组成，且以残余变形为主。

2）土的再压缩曲线比原压缩曲线斜率明显减小，说明土体经过压缩后的卸荷再压缩性降低。

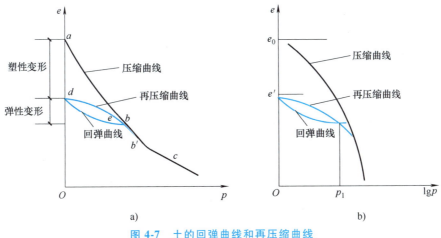

图 4-7 土的回弹曲线和再压缩曲线

a) e-p 曲线　b) e-lg$p$ 曲线

根据固结试验的回弹和再压缩曲线可以确定地基土的回弹模量 E_c，即土体在侧限条件下卸荷或再加荷时竖向附加压应力与竖向应变的比值，同时可以分析应力历史对土的压缩性的影响，这些对于开挖工程或地基沉降量计算等都有重要的实际意义。

4.2.3 应力历史对压缩性的影响

土的固结试验成果证明土的再压缩曲线比初始压缩曲线要平缓得多，这表明试样经历的应力历史对压缩性有显著影响。

1. 先期固结压力

土的应力历史可以通过先期固结压力 p_c（preconsolidation pressure）来描述，即土在历史上曾受到过的最大有效应力。在沉积土应力历史研究中，先期固结压力的确定非常重要，目前常用的方法是卡萨格兰德（Cassagrande，1936）经验作图法（图 4-8）。

1）通过室内高压固结试验获得 e-lg$p$ 曲线，从曲线上找出曲率半径最小的一点 A，过 A 点作水平线 $A1$ 和切线 $A2$。

2）作 $\angle 1A2$ 的角平分线 $A3$，与 e-lg$p$ 曲线中直线段的延长线相交于 B 点。

3）过 B 点作垂线和横坐标相交，得先期固结压力 p_c。

应注意的是，Cassagrande 方法中 A 点的位置确定受较多因素的影响，p_c 的值对试样质量、试验的准确性和 e-lg$p$ 曲线的绘图比例等都有较高要求。

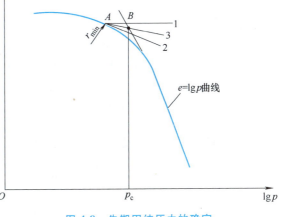

图 4-8 先期固结压力的确定

另外，先期固结压力的确定还应结合场地条件、地貌形成历史等综合判断。

2. 沉积土（层）分类

定义先期固结压力 p_c 与现有有效应力 p_1 之比为超固结比 OCR（over consolidation ratio）

$$OCR = \frac{p_c}{p_1} \qquad\qquad (4\text{-}9)$$

注意式中 p_c 与 p_1 均为有效应力。

当 OCR = 1 时，土（层）为正常固结状态（normally consolidated, N. C.）；当 OCR > 1 时，土（层）为超固结状态（over consolidated, O. C.）。OCR 值越大，表明该土（层）受到的超固结作用越强，在其他条件相同的情况下，压缩性越小。

图 4-9 为天然沉积土层不同应力历史的示意。对于 A 类土层，在地面下任一深度 h 处，土的现有固结应力就是有效应力 $p_1 = \gamma' h$，且与历史上经受的最大有效应力相等，即 $p_1 = p_c$，OCR = 1（实际工程中考虑到取土、试样、试验仪器等对实验结果的影响，可将 OCR = 1.0 ~ 1.2 的土都视为正常固结土）；对于 B 类土层，在 h 深度处，现有有效应力 $p_1 = \gamma' h$，但先期固结压力 $p_c = \gamma' h_c$，$p_1 < p_c$，OCR > 1。

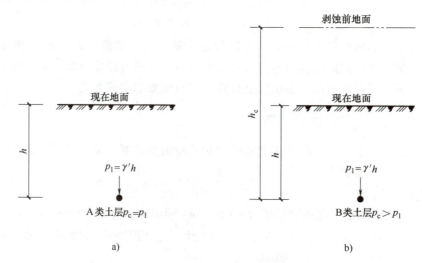

图 4-9 沉积土层按先期固结压力分类
a）正常固结土 b）超固结土

对于在自重作用下尚未完全固结的土，仍以 $p_1 = \gamma' h$ 表示这类土的固结应力，但是这个固结应力尚未完全转化为有效应力，即还有超孔隙水应力没有消散，此时的有效应力为 p_1'。为与上述正常固结土区别，工程中通常将这类土称为欠固结土，它的先期固结压力 p_c 等于现有有效应力 p_1'，但小于固结应力 p_1。

4.2.4 原位压缩曲线和原位再压缩曲线

原位压缩曲线也称为现场原始压缩曲线。图 4-4 ~ 图 4-6 所示的压缩曲线都是通过室内侧限压缩试验获得，由于取样中不可避免的扰动和土样取出后应力释放等原因，室内试验获得的土体压缩曲线并不能完全代表土体的原位压缩曲线。

原位压缩曲线可通过修正室内压缩固结试验的 $e\text{-}\lg p$ 曲线得出。

（1）正常固结土　如图 4-10 所示，假定取样过程中试样不发生体积变化，试样的初始孔隙比 e_0 就是原位孔隙比，则根据 e_0 和 p_c 值，在 $e\text{-}\lg p$ 坐标中定出 b 点，此即原位压缩的起点。然后在纵坐标上 $0.42e_0$ 点（试验证明这是不受土体扰动影响的点）处作一水平线交

室内压缩曲线于 c 点，直线 bc 即原位压缩曲线，曲线的斜率为原位压缩指数。

（2）超固结土　如图 4-11 所示，以纵、横坐标分别为初始孔隙比 e_0 和现场自重压力 p_1，作 b_1 点，然后过 b_1 点作一斜率等于室内回弹曲线与再压缩曲线平均斜率的直线交 p_c 于 b_2 点（b_2 点横坐标为 p_c），b_1b_2 即原位再压曲线，曲线的斜率为原位回弹指数 C_e。然后从室内压缩曲线上找到 $e = 0.42e_0$ 的点 c，连接 b_2c，所得直线即原位压缩曲线，曲线的斜率为原位压缩指数 C_c。

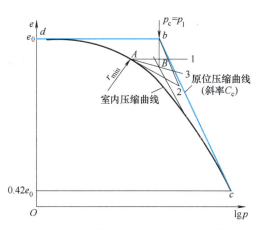

图 4-10　正常固结土的原位压缩曲线　　　　图 4-11　超固结土的原位压缩和再压缩曲线

（3）欠固结土　欠固结土由于在自重作用下的压缩尚未稳定，可近似按正常固结土的方法求得原始压缩曲线。

4.2.5　现场载荷试验与变形模量

测定土的压缩性指标，除了可从上面介绍的室内侧限压缩试验获得，还可以通过原位试验获得。如在浅层土中进行静载荷试验，可得变形模量；进行旁压试验或触探试验，可以间接确定土的模量。现场静载荷试验是一种重要且常用的原位试验方法。

1. 静载荷试验

静载荷试验是通过承压板，把施加的荷载传到地层中，通过试验测得的地基沉降（或土的变形）与压力之间的近似比例关系，再利用地基沉降的弹性力学公式来反算土的变形模量及地基承载力。其试验装置一般包括加荷装置、提供反力装置和沉降量测装置三部分，其中加荷装置包括载荷板、垫块及千斤顶等。根据提供反力装置的不同，载荷试验主要分为地锚反力架法及堆重平台反力法两类（图 4-12），前者将千斤顶的反力通过地锚最终传至地基，后者通过平台上的堆重来平衡千斤顶的反力。沉降量测装置包括百分表、基准短桩和基准梁。

载荷试验一般在坑内进行，《建筑地基基础设计规范》中规定承压的底面积宜为 $0.25 \sim 0.5 \mathrm{m}^2$，对软土及人工填土则不应小于 $0.5 \mathrm{m}^2$（正方形边长 707m×0.707m 或圆形直径 0.798m）。同时，为模拟半空间地基表面的局部荷载，基坑宽度不应小于承压板宽度或直径的 3 倍。

试验时，通过千斤顶逐级给承压板施加荷载，每加一级荷载，观测记录沉降随时间的发

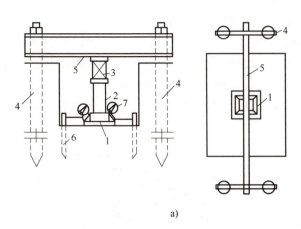
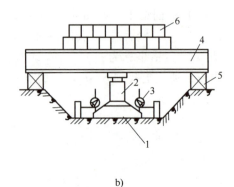

a)   b)

1—承压板 2—垫块 3—千斤顶 4—地锚 5—横梁   1—承压板 2—千斤顶 3—百分表
6—基准桩 7—百分表   4—平台 5—枕木 6—堆重

图 4-12 地基载荷试验装置示意
a）地锚反力架法 b）推重平台反力法

展以及稳定时的沉降量，直至加到终止加载条件满足时为止。载荷试验施加的总荷载，应尽量接近预计地基极限荷载。将上述试验得到的各级荷载 p 与相应的稳定沉降量 s 绘制成 p-s 曲线，如图 4-13 所示。此外通常还进行卸荷试验，并进行沉降观测，得到图中虚线所示的回弹曲线，这样就可以知道卸荷时的回弹变形（弹性变形）和塑性变形。

2. 变形模量

　　土的变形模量是指土体在无侧限条件下的应力与应变的比值，用符号 E_0 表示。E_0 的大小可由载荷试验结果求得，变形模量也是反映土的压缩性的重要指标之一。在 p-s 曲线上，当荷载小于某数值时，荷载与载荷板沉降 s 之间往往呈直线关系，在 p-s 曲线的直线段或于直线段上任选一压力 p 和它对应的沉降 s，利用弹性力学公式可反求出地基的变形模量

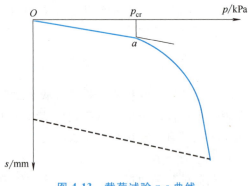

图 4-13 载荷试验 p-s 曲线

$$E_0 = \omega\left(1-\mu^2\right)\frac{pb}{s} \qquad (4\text{-}10)$$

式中　E_0——土的变形模量；

　　　p——直线段的荷载强度；

　　　s——相应于荷载 p 作用下的载荷板下沉量；

　　　b——承压板的宽度或直径；

　　　μ——土的泊松比，砂土可取 0.2～0.25，黏性土可取 0.25～0.45；

　　　ω——沉降影响系数，方形承压板取 0.88，圆形承压板取 0.79。

4.2.6　弹性模量

　　弹性模量是指正应力 σ 与弹性正应变 ε_d 的比值，通常用 E 表示。土的弹性模量是指土

体在无侧限条件下瞬时压缩的正应力 σ 与弹性正应变 ε_d 的比值。

弹性模量的概念在实际工程中有一定的意义。许多土木工程建（构）筑物对地基施加的荷载并不一定都是静止或恒定的，如桥梁或道路地基受行驶车辆荷载的作用，高耸结构物受风荷载作用，建（构）筑物地震时受地震力作用等。在这些动荷载作用下，如计算这些建（构）筑物的地基土的变形时采用压缩模量或变形模量作为计算指标，将会得到与实际情况不符的偏大结果，其原因是这些动荷载每一次作用的时间短暂，在很短的时间内土体中的孔隙水来不及排出或不完全排出，土的体积压缩变形来不及发生，这样荷载作用结束后，发生的大部分变形可以恢复，呈现弹性变形的特征，这就需要有一个能反映土体弹性变形特征的指标，以便使相关计算更合理。

一般采用三轴仪进行三轴重复压缩试验，得到的应力-应变曲线上的初始切线模量 E_i 或再加荷模量 E_r 作为弹性模量。试验方法如下：

1）采用取样质量好的不扰动土样，在三轴仪中进行固结，施加的固结压力 σ_3 各向相等，其值取试样在现场条件下的有效自重应力。固结后在不排水的条件下施加轴向压力 Δp（这样试样所受的轴向压力 $p_1 = \sigma_3 + \Delta p$）。

2）逐渐在不排水条件下增大轴向压力达到现场条件下的压力（$\Delta p = p_z$），然后减压至零。

3）这样重复加荷、卸荷若干次，便可测得初始切线模量 E_i，并测得每一循环在最大轴向压力一半时的切线模量。一般加荷、卸荷 5～6 个循环后这种切线模量趋近于稳定的再加荷模量 E_r。

用再加荷模量 E_r 计算的初始（瞬时）沉降与根据建（构）筑物实测瞬时沉降确定的值较一致。

4.2.7　变形指标间的关系

压缩模量、变形模量和弹性模量是反映土体压缩性的三种模量，它们的关系如下：

1）压缩模量是根据室内压缩试验时土样在侧限条件下得到的，它的定义是土在完全侧限的条件下，竖向正应力与相应的变形稳定情况下正应变的比值。

2）变形模量是土在侧向自由膨胀（无侧限）条件下竖向应力与竖向应变的比值，竖向应变中包含弹性应变和塑性应变。变形模量可以由静载荷试验或旁压试验测定。该参数可用于弹性理论方法对最终沉降量进行估算，但不及压缩模量应用普遍。

3）弹性模量指正应力与弹性正应变的比值，其值测定可通过室内三轴试验获得。该参数常用于用弹性理论公式估算建筑物的初始瞬时沉降。

根据上述三种模量的定义可看出：压缩模量和变形模量的应变为总的应变，既包括可恢复的弹性应变，又包括不可恢复的塑性应变；而弹性模量的应变只包含弹性应变。

根据材料力学理论可得变形模量与压缩模量的关系

$$E_0 = \left(1 - \frac{2\mu^2}{1-\mu}\right)E_s = \beta E_s \qquad (4\text{-}11)$$

式中　β——小于 1.0 的系数，由土的泊松比 μ 确定。

式（4-11）是 E_0 与 E_s 的理论关系，由于受各种试验因素的影响，实际测定的 E_0 与 E_s

往往不能满足这种理论关系。对于硬土，E_0可能较βE_s大数倍，对于软土，二者比较接近。

值得注意的是，土的弹性模量要比变形模量、压缩模量大得多，可能是它们的十几倍或者更大，这也是为什么在计算动荷载引起的地基变形时，用弹性模量计算的结果比用后两者计算的结果小很多的原因，而用变形模量或压缩模量解决此类问题往往会算出比实际变形大得多的结果。

4.3 地基最终沉降实用计算方法

地基最终沉降量是指地基土在建（构）筑物荷载作用下，不断产生压缩，直至压缩稳定时地基表面的沉降量。计算地基沉降的目的，是建（构）筑物设计中，预知该建（构）筑物建成后将产生的最终沉降量、沉降差、倾斜及局部倾斜，并判断这些地基变形是否超出允许的范围，以便在建（构）筑物设计时，为采取相应的工程措施提供科学依据，保证建（构）筑物的安全。

下面介绍国内常用的几种沉降计算方法：分层总和法、应力面积法、弹性理论方法和考虑应力历史影响的沉降计算法。

4.3.1 分层总和法

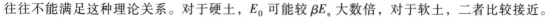

分层总和法

1. 基本假设

在采用分层总和法计算地基最终沉降量时，通常假定：

1）地基是均质、各向同性的半无限线性变形体，可按弹性理论计算土中应力。

2）在压力作用下，地基土侧向变形可以忽略，因此可采用侧限条件下的压缩性指标。

为了弥补忽略地基土侧向变形对计算结果造成的误差，通常取基底中心点下的附加应力进行计算，并以基底中点的沉降代表基础的平均沉降。

2. 单向压缩基本公式

对于图 4-14 所示的薄可压缩层，设基底宽度为 b，可压缩土层厚度为 H（$H \leqslant 0.5b$），由于基础底面和不可压缩层顶面的摩阻力对可压缩土层的限制作用，土层压缩时的侧向变形较少，因而可认为土层受力条件近似于侧限压缩试验中土样受力条件。当竖向压力从自重应力 p_1 增加到总压力 p_2（自重应力与附加应力之和）时，将引起土体的孔隙比从 e_1 减小到 e_2，参照式（4-1）可得

$$s = \frac{e_1 - e_2}{1 + e_1} H \tag{4-12}$$

式中 s——侧限条件下土层的最终压缩量；

　　H——可压缩层厚度；

　　e_1——可压缩层顶面、底面处自重应力的平均值 $\sigma_c = p_1$ 对应的孔隙比，由 e-p 曲线获得；

　　e_2——可压缩层顶面、底面处自重应力平均值 σ_c 与附加应力平均值 σ_z 之和（$p_2 = \sigma_c + \sigma_z = p_1 + \Delta p$）对应的孔隙比，由 e-p 曲线获得。

式（4-12）即单一压缩土层的一维沉降计算公式，根据指标间的换算关系，也可写成

$$s = \frac{a}{1 + e_1}(p_2 - p_1) = \frac{\Delta p}{E_s} H \tag{4-13}$$

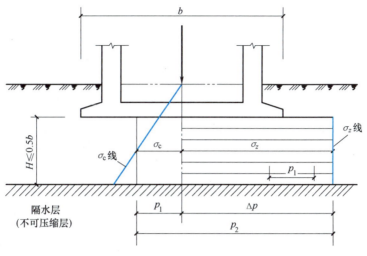

图 4-14　单一土层的沉降计算

式中　a——相应于 p_1 和 p_2 的压缩系数；

E_s——相应的压缩模量；

H——土层厚度；

Δp——可压缩土层的平均附加应力，$\Delta p = p_2 - p_1$。

对于实际工程来说，大多是图 4-15 所示的成层地基，此时可在确定压缩层计算深度的前提下，分别计算每一分层的沉降 Δs_i，然后将其求和，此即分层总和法，即

$$s = \sum_{i=1}^{n} \Delta s_i = \sum_{i=1}^{n} \varepsilon_i H_i \tag{4-14}$$

$$\varepsilon_i = \frac{e_{1i} - e_{2i}}{1 + e_{1i}} = \frac{a_i (p_{2i} - p_{1i})}{1 + e_{1i}} = \frac{\Delta p_i}{E_{si}} \tag{4-15}$$

式中　n——沉降计算深度 z_n 范围内的土层数；

ε_i、H_i——第 i 土层的压缩应变、厚度；

e_{1i}——根据第 i 土层的自重应力均值 $p_{1i} = \dfrac{\sigma_{c(i-1)} + \sigma_{ci}}{2}$ 从土的 e-p 压缩曲线上得到的相应

孔隙比；

e_{2i}——由第 i 土层的自重应力均值 $p_{1i} = \dfrac{\sigma_{c(i-1)} + \sigma_{ci}}{2}$ 与附加应力均值 $\Delta p_i = \dfrac{\sigma_{z(i-1)} + \sigma_{zi}}{2}$ 之和

从土的 e-p 压缩曲线上得到的相应孔隙比；

其余符号意义同前。

采用式（4-14）进行单向压缩分层总和法计算地基沉降的步骤如下：

（1）绘制基础中心点下地基中自重应力和附加应力分布曲线　对于正常固结土，计算自重应力的目的是确定地基土的初始孔隙比，因此应从天然地面起算，而附加应力是使地基土产生新的压缩的应力，应根据基底附加压力按第 3 章所述方法从基础底面起算。

（2）确定地基沉降计算深度　沉降计算深度 z_n 是指由基础底面向下计算压缩变形所要

求的深度，从图 4-15 可见，附加应力随深度递减，自重应力随深度递增，至深度 z_n 后，附加应力与自重应力相比已经很小，由附加应力所引起的压缩变形可忽略不计，因此沉降计算到此深度即可。根据此"应力比法"的思路，一般取附加应力与自重应力的比值为 20% 处对应的距基底的深度为沉降计算深度，即在 z_n 处

$$\sigma_z = 0.2\sigma_c \qquad (4\text{-}16)$$

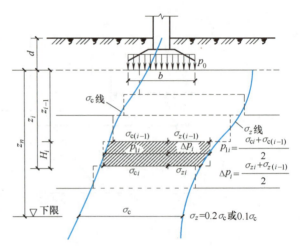

图 4-15　成层地基的沉降计算

如果是软土，需加大沉降计算深度，式（4-16）改为 $\sigma_z = 0.1\sigma_c$。如果在沉降计算深度范围内存在基岩，则 z_n 可取至基岩表面。

（3）确定沉降计算深度范围内的分层界面　沉降计算分层界面可按下述两个原则确定：①不同土层的分界面与地下水位面；②每一分层厚度 H_i 不大于基底宽度的 2/5，即 $H_i \leqslant 0.4b$。

（4）计算各分层沉降量　首先根据自重应力和附加应力分布曲线确定各分层的自重应力平均值 $\overline{\sigma_{ci}}$ 和附加应力平均值 $\overline{\sigma_{zi}}$，然后根据 $p_{1i} = \overline{\sigma_{ci}}$ 和 $p_{2i} = \overline{\sigma_{ci}} + \overline{\sigma_{zi}}$，分别由 e-p 压缩曲线确定相应的初始孔隙比 e_{1i} 和压缩稳定以后的孔隙比 e_{2i}，按下式计算任一分层的沉降量

$$\Delta s_i = \varepsilon_i H_i = \frac{e_{1i} - e_{2i}}{1 + e_{1i}} H_i \qquad (4\text{-}17)$$

（5）计算地基最终沉降　按式（4-14）计算出基础中点的最终沉降 s，将其视为基础的平均沉降。

【例 4-1】　某柱下单独基础，底面尺寸为 4m×4m，埋深 $d = 1.2$m，地基为粉质黏土，地下水位距天然地面 3.6m。已知上部结构传至基础顶面的荷载 $F = 1550$kN，土体重度 $\gamma = 16.5$kN/m³，$\gamma_{sat} = 18.5$kN/m³，其他相关计算资料如图 4-16 所示。试用分层总和法计算基础的最终沉降量。

【解】　1）计算分层厚度。根据每一分层土的厚度 $h_i \leqslant 0.4b = 1.6$m，所以基底至地下水位范围分 2 层，各 1.2m，地下水位以下按 1.6m 进行分层。

2）计算地基土的自重应力。自重应力从天然地面起算，z 的取值从基底面起算

$z = 0$ 　　　　　　　　$\sigma_{c0} = 16.5 \times 1.2 \text{kPa} = 19.8 \text{kPa}$

$z = 1.2$m 　　　　　$\sigma_{c1} = (19.8 + 16.5 \times 1.2) \text{kPa} = 39.6 \text{kPa}$

$z = 2.4$m 　　　　　$\sigma_{c2} = (39.6 + 16.5 \times 1.2) \text{kPa} = 59.4 \text{kPa}$

$z = 4.0$m 　　　　　$\sigma_{c3} = [59.4 + (18.5 - 10) \times 1.6] \text{kPa} = 73.0 \text{kPa}$

$z = 5.6$m 　　　　　$\sigma_{c4} = [73.0 + (18.5 - 10) \times 1.6] \text{kPa} = 86.6 \text{kPa}$

$z = 7.2$m 　　　　　$\sigma_{c5} = [86.6 + (18.5 - 10) \times 1.6] \text{kPa} = 100.2 \text{kPa}$

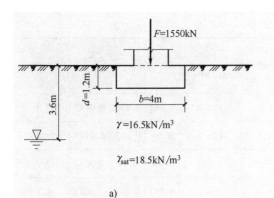

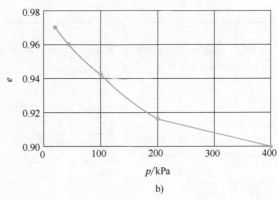

图 4-16　【例 4-1】图 1

3）计算基底压力。

$$G = \gamma_G A d = 20 \times 4 \times 4 \times 1.2 \text{kN} = 384 \text{kN}$$

$$p = \frac{F+G}{A} = \frac{1550+384}{4 \times 4} \text{kPa} = 120.9 \text{kPa}$$

4）计算基底附加压力。

$$p_0 = p - \gamma d = (120.9 - 16.5 \times 1.2) \text{kPa} = 101.1 \text{kPa}$$

5）计算基础中点下地基中的附加应力。采用角点法，过基底中点将荷载面四等分，计算边长 $l = b = 2 \text{m}$，$\sigma_z = 4 a_c p_0$，a_c 由表 3-2 确定，计算结果见表 4-1，自重应力和附加应力分布特征如图 4-17 所示。

表 4-1　附加应力计算

z/m	z/b	a_c	σ_z/kPa	σ_z/kPa	σ_z/σ_c	z_n/m
0	0	0.2500	101.1	19.8		
1.2	0.6	0.2229	90.1	39.6		
2.4	1.2	0.1516	61.3	59.4		
4.0	2	0.0840	34.0	73.0		
5.6	2.8	0.0502	20.3	86.6	0.23	
7.2	3.6	0.0326	13.2	100.2	0.13	7.2

6）确定沉降计算深度 z_n。根据 $\sigma_z = 0.2\sigma_c$ 的确定原则，由表 4-1 的计算结果，可取 $z_n = 7.2 \text{m}$。

7）最终沉降量计算。由如图 4-16b 所示压缩曲线，根据 $s_i = \left(\dfrac{e_{1i}-e_{2i}}{1+e_{1i}} \right) h_i$，首先计算各分层沉降量，然后求其总和，计算结果见表 4-2。

所以，按分层总和法求得的基础最终沉降量为 $s = 58.8 \text{mm}$。

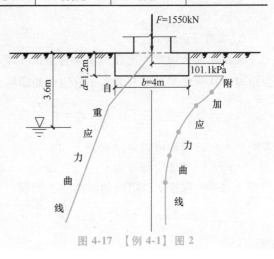

图 4-17　【例 4-1】图 2

表 4-2　沉降计算

z/m	σ_c/kPa	σ_z/kPa	h/mm	p_1/kPa	Δp/kPa	$p_2 = p_1 + \Delta p$/kPa	e_1	e_2	$\dfrac{e_{1i}-e_{2i}}{1+e}$	s_i/mm
0	19.8	101.1	1200	29.7	95.6	125.3	0.967	0.938	0.0147	17.6
1.2	39.6	90.1	1200	49.5	75.7	125.2	0.96	0.937	0.0117	14.1
2.4	59.4	61.3	1600	66.2	47.6	113.8	0.956	0.94	0.0082	13.1
4	73	34	1600	79.8	27.1	106.9	0.951	0.941	0.0051	8.2
5.6	86.6	20.3	1600	93.4	16.7	110.1	0.947	0.94	0.0036	5.8
7.2	100.2	13.2								$\Sigma s_i = 58.8$

4.3.2　应力面积法

《建筑地基基础设计规范》基于各向同性均质线性变形体理论提出分层总和法的修正公式，该方法仍然采用前述分层总和法的假设，但在计算中引入了平均附加应力系数和经验修正系数，使计算成果更接近实际值。平均附加应力系数概念如图 4-18 所示。

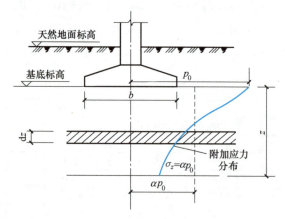

图 4-18　平均附加应力系数

1. 规范修正公式

假设地基土均质，土在侧限条件下的压缩模量 E_s 不随深度而变，则根据前述土的压缩性原理，从基底至地基任意深 z 范围内的压缩总量为

$$s' = \int_0^z \frac{\sigma_z}{E_s}\mathrm{d}z = \frac{1}{E_s}\int_0^z \sigma_z\mathrm{d}z = \frac{A}{E_s} \tag{4-18}$$

式中　σ_z——附加应力 $\sigma_z = \alpha p_0$；

　　　p_0——基底附加压力；

　　　A——深度 z 范围内的附加应力面积，可表示为

$$A = \int_0^z \sigma_z\mathrm{d}z = p_0\int_0^z \alpha\mathrm{d}z$$

即

$$\frac{A}{p_0} = \int_0^z \alpha \mathrm{d}z$$

引入深度 z 范围内的平均附加应力系数 $\overline{\alpha}$

$$\overline{\alpha} = \frac{\int_0^z \alpha \mathrm{d}z}{z} = \frac{A}{p_0 z} \tag{4-19}$$

则如图 4-18 所示，附加应力面积等代值可表示为

$$A = \overline{\alpha} p_0 z \tag{4-20}$$

将式（4-20）代入式（4-18），得

$$s' = \overline{\alpha} p_0 \frac{z}{E_s} \tag{4-21}$$

式（4-21）即以附加应力面积等代值 A 导出的、以平均附加应力系数表达的地基变形计算公式。

对于图 4-19 所示的成层地基，第 i 分层的沉降计算公式可表示为

$$\Delta s' = s_i' - s_{i-1}' = \frac{A_i - A_{i-1}}{E_{si}} = \frac{\Delta A_i}{E_{si}} = \frac{p_0}{E_{si}'} (z_i \overline{\alpha}_i - z_{i-1} \overline{\alpha}_{i-1}) \tag{4-22}$$

式中　z_i、z_{i-1}——基础底面至第 i 层土、第 $i-1$ 层土底面的距离；

E_{si}——基础底面下第 i 层土的压缩模量，取土的自重应力至土的自重应力与附加应力之和的应力段计算；

s_i'、s_{i-1}'——z_i 和 z_{i-1} 范围内的变形量；

$\overline{\alpha}_i$、$\overline{\alpha}_{i-1}$——z_i 和 z_{i-1} 范围内竖向平均附加应力系数；

$p_0 z_i \overline{\alpha}_i$——$z_i$ 范围内附加应力面积 A_i 的等代值（图 4-19 中面积 1234）；

$p_0 z_{i-1} \overline{\alpha}_{i-1}$——$z_{i-1}$ 范围内附加应力面积 A_{i-1} 的等代值（图 4-19 中面积 1256）；

ΔA_i——第 i 分层的竖向附加应力面积（图 4-19 中面积 5634）；

p_0——对应于荷载标准值的基础底面处的附加压力。

根据分层总和法基本原理可得基于平均附加应力系数的地基变形计算公式为

$$s' = \sum_1^n \Delta s' = \sum_{i=1}^n \frac{p_0}{E_{si}} (z_i \overline{\alpha}_i - z_{i-1} \overline{\alpha}_{i-1}) \tag{4-23}$$

2. 沉降计算深度

采用规范修正公式计算地基变形量时，计算深度 z_n 采用"变形比法"确定，即

$$\Delta s_n' \leqslant 0.025 \sum_{i=1}^n \Delta s_i' \tag{4-24}$$

式中　$\Delta s_i'$——在计算深度范围内第 i 层土的计算变形量；

$\Delta s_n'$——在由计算深度处向上取厚度 Δz 土层的计算变形量，Δz 值意义如图 4-16 所示，并按表 4-3 确定。

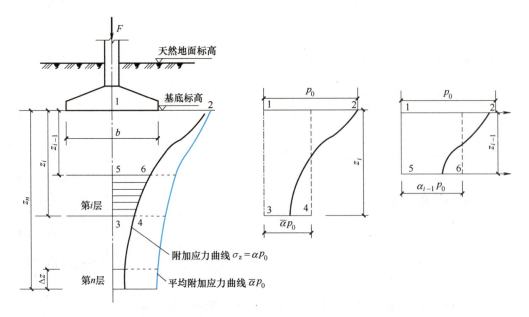

图 4-19　附加应力面积等代值计算

表 4-3　Δz 的确定

b/m	$b \leqslant 2$	$2 < b \leqslant 4$	$4 < b \leqslant 8$	$b > 8$
$\Delta z/\mathrm{m}$	0.3	0.6	0.8	1.0

若确定的计算深度下部仍有软弱土层，则应继续向下计算。

当无相邻荷载影响，基础宽度 b 为 $1 \sim 30\mathrm{m}$ 时，基础中点的地基变形计算深度可简化为

$$z_n = b(0.25 - 0.4\ln b) \tag{4-25}$$

如果在计算深度范围内存在基岩，z_n 可取至基岩表面；如果存在较厚的坚硬黏性土层，其孔隙比小于 0.5，压缩模量大于 50MPa，或存在较厚的密实砂卵石层，其压缩模量大于 80MPa 时，z_n 可取至该土层表面。

3. 经验修正系数

为提高计算的准确性，现行规范引入了沉降计算经验系数 ψ_s 来修正按式（4-22）所得的成层地基最终变形量，即

$$s = \psi_s s' = \psi_s \sum_{i=1}^{n} \frac{p_0}{E_{si}}(z_i \overline{\alpha_i} - z_{i-1}\overline{\alpha_{i-1}}) \tag{4-26}$$

式中　ψ_s——沉降计算经验系数，根据地区沉降观测资料及经验确定，无地区经验时可根据变形计算深度范围内压缩模量的当量值 $\overline{E_s}$，按基底压力确定，取值见表 4-4；

n——地基沉降计算范围内划分的土层数；

$\overline{\alpha_i}$、$\overline{\alpha_{i-1}}$——z_i 和 z_{i-1} 范围内竖向平均附加应力系数，可根据基底压力分布情况，查表 3-2、表 3-3、表 3-5、表 3-6、表 3-7 确定。

表 4-4 沉降计算经验系数 ψ_{s}

基底附加压力 p_0	$E_{\mathrm{s}}/\mathrm{MPa}$				
	2.5	4.0	7.0	15.0	20.0
$p_0 \geqslant f_{\mathrm{ak}}$	1.4	1.3	1.0	0.41	0.2
$p_0 \leqslant 0.75 f_{\mathrm{ak}}$	1.1	1.0	0.7	0.4	0.2

注：1. f_{ak} 为地基承载力标准值。

2. $\overline{E}_{\mathrm{s}}$ 为沉降计算深度范围内 E_{s} 当量值，按下式计算

$$E_{\mathrm{s}} = \frac{1+e_1}{a} = \frac{1+e_1}{e_1-e_2}(p_2-p_1)$$

$$\overline{E}_{\mathrm{s}} = \frac{\sum A_i}{\sum \dfrac{A_i}{E_{\mathrm{s}i}}}$$

式中 e_1——自重应力下的孔隙比；

a——土的自重应力至土的自重应力与附加应力之和的压力段的压缩系数；

A_i——第 i 层土的附加应力面积；

其余符号意义同前。

【例 4-2】 按分层总和法规范修正公式计算【例 4-1】中基础中点的最终沉降量，已知 $f_{\mathrm{ak}}=94\mathrm{kPa}$，其他计算资料不变。

【解】 1）σ_{c}、σ_z 分布及力 p_0 值计算见【例 4-1】步骤 1）~5）。

2）计算 E_{s}。根据已知条件，由式 $E_{\mathrm{s}i} = \dfrac{1+e_{1i}}{e_{1i}-e_{2i}}(p_{2i}-p_{1i})$ 确定各分层 $E_{\mathrm{s}i}$，其中 $p_{2i} = \overline{\sigma}_{\mathrm{c}i}+\overline{\sigma}_{zi}$，$p_{1i} = \overline{\sigma}_{\mathrm{c}i}$。计算结果见表 4-5。

3）计算 $\overline{\alpha}$。根据角点法，过基底中点将荷载面 4 等分，各计算区域边长 $l_i = b_i = 2\mathrm{m}$，由表 3-3 确定 $\overline{\alpha}$。计算结果见表 4-5。

4）确定沉降计算深度 z_n。根据基础条件及基底宽度由式（4-25）计算得

$$z_n = b(0.25-0.4\ln b) = 4\times(0.25-0.4\ln 4)\mathrm{m} = 7.8\mathrm{m}$$

5）计算各分层沉降量 $\Delta s_i'$。

由式 $\Delta s_i' = \dfrac{p_0}{E_{\mathrm{s}i}'}[(4\overline{\alpha}_i)z_i-(4\overline{\alpha}_{i-1})z_{i-1}] = 4\dfrac{p_0}{E_{\mathrm{s}i}'}(\overline{\alpha}_i z_i - \overline{\alpha}_{i-1}z_{i-1})$ 和前述 $\Delta E_{\mathrm{s}i}$、$\overline{\alpha}_i$ 可得计算结果，见表 4-5。

6）确定计算沉降量 s'。由式 $s' = \sum_{i=1}^{n} \Delta s_i'$ 和各分层沉降量计算结果求得 $s' = 58.7\mathrm{mm}$。由表 4-5 结果可知：$\Delta z = 0.6\mathrm{m}$，相应的 $\Delta s_n' = 0.9\mathrm{mm}$，有

$$\frac{\Delta s_n'}{\sum_{i=1}^{n} \Delta s_i'} = \frac{0.9}{58.7} = 0.015 < 0.025$$

满足沉降计算深度要求。

表 4-5 【例 4-2】沉降计算

z/m	l/b	z/b	$\bar{\alpha}$	$\bar{\alpha}z$/m	$\alpha_i z_i - \alpha_{i-1} z_{i-1}$/m	E_{si}/MPa	$\Delta s'$/mm	s'/mm
0		0	0.2500	0				
1.2		0.6	0.2423	0.2908	0.2908	6.5	18.1	
2.4		1.2	0.2149	0.5158	0.2250	6.5	14.0	
4.0	2/2 = 1	2.0	0.1746	0.6984	0.1826	5.9	12.5	
5.6		2.8	0.1433	0.8025	0.1041	5.4	7.8	
7.2		3.6	0.1205	0.8676	0.0651	4.8	5.5	57.9
7.8		3.9	0.1136	0.8861	0.0185	8.0	0.9	58.7

7）确定修正系数 ψ_s。根据式 $\overline{E}_s = \dfrac{\sum \Delta A_i}{\sum \dfrac{\Delta A_i}{E_{si}}}$，求得 $\overline{E}_s = 6.09\text{MPa}$。

由 $p_0 > f_{ak}$ 查表 4-4 得，$\psi_s = 1.09$。

8）计算基础最终沉降。

$$s = \psi_s s' = 1.09 \times 58.7\text{mm} = 63.9\text{mm}$$

所以，由分层总和法规范修正公式求得的基础最终沉降量 $s = 63.9\text{mm}$。

4.3.3 弹性理论法

弹性力学公式法是计算地基沉降的一种近似方法。该方法假定地基为弹性半空间，以弹性半空间表面作用竖向集中力时的布西奈斯克公式为基础，从而求得基础的沉降量。

布西奈斯克给出了一个竖向集中力作用在弹性半空间表面时半空间内任意点 $M(x, y, z)$ 处产生的竖向位移 $\omega(x, y, z)$ 的解答。如取坐标 $z = 0$，则所得的半空间表面任意点的竖向位移 $\omega(x, y, 0)$ 就是地基表面的沉降 s。

地基表面作用一竖向集中力 P 时，计算地面某点（坐标为 $z = 0$，$R = r = \sqrt{x^2 + y^2}$）的沉降为

$$s = \omega(x, y, 0) = \frac{P(1 - \mu^2)}{\pi E_0 \gamma} \tag{4-27}$$

对地基表面作用的分布荷载 $p(x, y)$，可由上式积分得到

$$s(x,y) = \frac{1-\mu^2}{\pi E_0} \iint_A \frac{p(x,y)\,\mathrm{d}A}{\gamma} \tag{4-28}$$

对矩形或圆形均布荷载，求解后可写成

$$s = \frac{p_0 b \omega (1-\mu^2)}{E_0} \tag{4-29}$$

式中　p_0——基底附加压力；

　　　b——矩形基础的宽度或圆形基础的直径；

　　　μ——土的泊松比；

　　　E_0——变形模量；

　　　ω——沉降影响系数，按表4-6采用，表中 ω_c、ω_0、ω_m 分别为完全柔性基础（均布荷载）角点、中点和平均值的沉降影响系数，ω_r 为刚性基础在轴心荷载下（平均应力为 p_0）的沉降影响系数。

表 4-6　沉降影响系数 ω 值

计算位置		圆形	方形	矩形(l/b)										
				1.5	2	3	4	5	6	7	8	9	10	100
柔性基础	ω_j	0.64	0.56	0.68	0.77	0.89	0.98	1.05	1.11	1.16	1.20	1.24	1.27	2.00
	ω_o	1.00	1.12	1.36	1.53	1.78	1.96	2.10	2.23	2.33	2.42	2.49	2.53	4.00
	ω_m	0.85	0.95	1.15	1.30	1.53	1.70	1.83	1.96	2.04	2.12	2.19	2.25	3.69
刚性基础	ω_r	0.79	0.88	1.08	1.22	1.44	1.61	1.72	—	—	—	—	2.12	3.40

显然，用式（4-29）来估算矩形或圆形基础的最终沉降量是很方便的。但应注意到，该式是按均质的线性变形半空间假设得到的，而实际地基通常是非均质的成层土。即使是均质土层，其变形模量 E_0 一般会随深度而增大（在砂土中尤为显著）。因此，上述弹性力学公式只能用于估算基础的最终沉降量，且计算结果往往偏大。在工程实际中，为了使 E_0 值能较好地反映地基变形的真实情况，常常利用既有建筑物的沉降观测资料，以弹性力学公式反算求得 E_0。

4.3.4　考虑应力历史影响的沉降计算法

前述分层总和法采用的压缩性指标是通过 e-p 曲线获得的，所以也称为 e-p 曲线法。考虑应力历史影响的计算法仍然是采用分层总和法的单向压缩公式，与前者不同的是采用的压缩性指标是由 e-$\lg p$ 曲线推求的原位压缩曲线获得，因此也将其称为 e-$\lg p$ 曲线法，该法通过原位压缩曲线考虑了应力历史对沉降的影响。

1. 正常固结土（层）

根据原位压缩曲线确定压缩指数 C_c（图4-20），按下述公式计算固结沉降 s_c

$$s_c = \sum_{i=1}^{n} \varepsilon_i H_i \tag{4-30}$$

式中

$$s_c = \frac{\Delta e_i}{1+e_{0i}} = \frac{1}{1+e_{0i}} C_{ci} \lg \frac{p_{1i}+\Delta p_i}{p_{1i}} \qquad (4\text{-}31)$$

即

$$s_c = \sum_{i=1}^{n} \frac{H_i}{1+e_{0i}} C_{ci} \lg \frac{p_{1i}+\Delta p_i}{p_{1i}} \qquad (4\text{-}32)$$

式中　ε_i——第 i 分层的压缩应变；

　　　H_i——第 i 分层的厚度；

　　　Δe_i——从原位压缩曲线确定的第 i 层的孔隙比变化，e_{0i} 为第 i 层土的初始孔隙比；

p_{1i}、Δp_i——第 i 层土的自重应力均值和附加应力均值；

　　　C_c——原位压缩曲线的斜率。

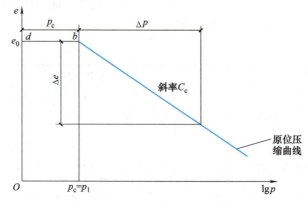

图 4-20　正常固结土沉降计算

2. 超固结土（层）

根据原位压缩曲线和原位再压缩曲线确定土的压缩指数 C_c 和回弹指数 C_e。计算时注意区分两种情况：一是各分层平均固结压力 $\Delta p > p_c - p_1$，二是 $\Delta p \leqslant p_c - p_1$。

$\Delta p > p_c - p_1$ 的情况如图 4-21a 所示，土体在 Δp_i 作用下，孔隙比将先沿原位再压缩曲线 $b_1 b$ 段减少 $\Delta e'$，然后沿原位压缩曲线 bc 段减少 $\Delta e''$，相应于 Δp 的孔隙比变化 Δe 应等于这两部分变形之和，即

$$\Delta e' = C_e \lg(p_c/p_1)$$

$$\Delta e'' = C_c \lg[(p_1+\Delta p)/p_1]$$

$$\Delta e = \Delta e' + \Delta e'' = C_e \lg(p_c/p_1) + C_c \lg[(p_1+\Delta p)/p_1] \qquad (4\text{-}33)$$

由此得各分层的固结沉降量总和为

$$s_c = \sum_{i=1}^{n} \frac{H_i}{1+e_{0i}} \{ C_e \lg(p_c/p_1) + C_c \lg[(p_1+\Delta p)/p_1] \} \qquad (4\text{-}34)$$

式中　n——压缩土层中固结压力 $\Delta p > p_c - p_1$ 的分层数；

C_{ei}、C_{ci}——第 i 层土的回弹指数和压缩指数；

　　　p_{ci}——第 i 层土的先期固结压力。

$\Delta p \leqslant p_c - p_1$ 的情况如图 4-21b 所示，分层土的孔隙比变化 Δe 只沿再压缩曲线 $b_1 b$ 发生

$$\Delta e = C_e \lg [(p_c + \Delta p)/p_1] \tag{4-35}$$

各分层固结沉降量

$$s_c = \sum_{i=1}^{n} \frac{H_i}{1 + e_{0i}} C_{ci} \lg [(p_{1i} + \Delta p_i)/p_{1i}] \tag{4-36}$$

式中　n——压缩土层中 $\Delta p \leqslant p_c - p_1$ 的分层数；

其余符号意义同前。

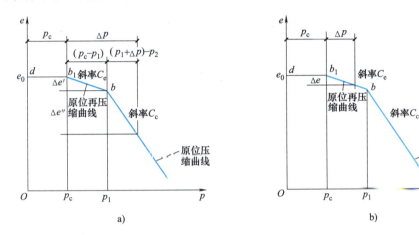

图 4-21　超固结土沉降计算

a）$\Delta p > p_c - p_1$　b）$\Delta p \leqslant p_c - p_1$

3. 欠固结土（层）

欠固结土的沉降计算必须考虑自重应力作用下固结还没有达到稳定的那一部分沉降，孔隙比变化可近似按正常固结土方法求得的原位压缩曲线确定（图 4-22），固结沉降除了附加应力引起的沉降，还包含自重应力作用下土层继续固结引起的沉降，则

$$s_c = \sum_{i=1}^{n} \frac{H_i}{1 + e_{0i}} [C_{ci} \lg (p_{1i} + \Delta p_i)/p_{ci}] \tag{4-37}$$

式中　p_{ci}——第 i 层土的实际有效压力，小于土的自重应力 p。

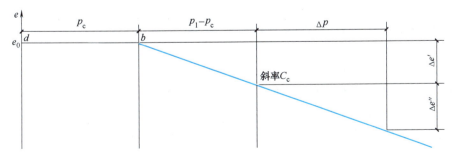

图 4-22　欠固结土沉降计算

4.3.5 沉降计算方法讨论

1. 分层总和法

1）该方法的主要特点是原理简单，应用方便，长期以来积累了较多的经验。但是该方法在计算中假定土体无侧向变形，这只有当基础面积较大，可压缩土层较薄时才比较符合实际情况，而在一般情况下，这一假定会使计算结果偏小。另一方面，计算中采用的基础中心点下土的附加应力一般大于基础底面其他点下的附加应力，因而把基础中心点的沉降作为整个基础的平均沉降时可能又会使计算结果偏大。这两个相反的因素在一定程度上可能会相互抵消一部分，但其精确误差目前还难以估计。再加上许多其他因素造成的误差，如室内固结试验成果对土体实际性状描述的准确性、土层非均匀性对附加应力的影响、上部结构对基础沉降的调整作用等，都会使得分层总和法的计算结果与实际沉降存在差异，规范修正公式中引入的经验系数 ψ_s 可以对各种因素造成的沉降计算误差进行适当修正，以使计算结果更接近实际值。

2）对于欠固结土层，由于土体在自重作用下尚未达到压缩稳定，所以在附加应力考虑中还应包括土体自重应力，即此时的分层总和法中应考虑土体在自重作用下的压缩量。

3）有相邻荷载作用时，应将相邻荷载在沉降计算点各深度处引起的应力叠加到附加应力中去。

4）当基础埋置较深时，应考虑开挖基坑时地基土的回弹，根据现行规范，该部分回弹变形量可按下式计算

$$s_c = \psi_c \sum_{i=1}^{n} \frac{p_c}{E_{ci}} [z_i \alpha_i - z_{i-1} \alpha_{i-1}] \tag{4-38}$$

式中　s_c——地基的回弹变形量；

　　　ψ_c——考虑回弹影响的经验系数，无地区经验时可取 1.0；

　　　p_c——基坑底面以上土的自重压力，地下水位以下应扣除浮力；

　　　E_{ci}——土的回弹模量，通过试验确定。

2. 应力历史法

应力历史法虽然也采用分层总和法的单向压缩公式，但由于土的压缩性指标是基于原位压缩曲线确定的，所以能在一定程度上考虑应力历史对土体变形的影响，其结果优于基于 e-p 曲线的分析结果。应注意的是，推求原位压缩曲线依据的室内 e-$\lg p$ 曲线需在高压固结仪上完成。

4.4　饱和黏性土地基沉降与时间的关系

上节介绍的确定地基沉降量的方法，都是指地基土在荷载作用下压缩稳定后的沉降量，通常称为最终沉降量。饱和黏性土的压缩过程是孔隙中的水逐渐向外排出，孔隙体积缩小所引起的。由于黏性土的渗透性差，使得地基沉降往往需要经过很长时间才能达到最终沉降。在这种情况下，建筑物施工期间沉降可能未全部完成，在正常使用期间还会缓慢地产生沉降。为了建筑物的安全与正常使用，在工程实践和分析研究中就需要掌握沉降与时间的规律，以便控制施工速度或考虑保证建筑物正常使用的安全措施，如考虑预留建筑物相关部分

之间的净空问题、连接方法及施工顺序等。

　　碎石土和砂土压缩性小，渗透性大，变形经历的时间很短，在外荷载施加完毕时，地基沉降已全部或基本完成；黏性土和粉土完成固结需要时间比较长，在厚层的饱和软黏土中，固结变形需要经过几年甚至几十年时间才能完成。因此，工程实践中一般只考虑黏性土和粉土的变形与时间关系。在研究固结时，必须知道黏性土的水排出情况，也就是孔隙水压力有多大，特别是超静孔隙水压力。这两个问题需依赖土体渗流固结理论得以解决。下面首先考察最简单的一维渗流固结情况。

4.4.1　饱和土的渗透固结

　　太沙基（Terzaghi）建立了图 4-23 所示的模型，弹簧代表土骨架，水代表孔隙水，活塞上的小孔代表土的渗透性，活塞与筒壁之间无摩擦。

　　由于模型中只有固液两相介质，则外力 σ_z 的作用只能由水与弹簧共同承担。设弹簧承担的压力为有效应力 σ'，圆筒中的水承担的压力为 u，按照静力平衡条件有

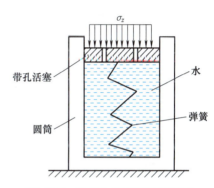

图 4-23　饱和土的渗透固结模型

$$\sigma_z = \sigma' + u \qquad (4\text{-}39)$$

　　式（4-39）表示了土的孔隙水压力 u 与有效应力 σ' 对外力 σ_z 的分担作用，它与时间有关。

　　当 σ_z 施加于带孔活塞的瞬间，上孔细小，水还未来得及排出，容器内水的体积没有减少，活塞不产生竖向位移，所以弹簧也就没有变形，这样弹簧没有受力，而增加的压力就必须由活塞下面的水来承担，此时 $u = \sigma_z$。由于活塞小孔的存在，受到超静水压力的水开始逐渐经活塞小孔排出，结果活塞下降，弹簧逐渐被压缩，而弹簧产生的反力就逐渐增长，因为所受总的外力 σ_z 不变，这样水分担的压力相应减少。水在超静孔隙水压力的作用下通过活塞上的小孔继续渗透，弹簧被压缩，弹簧提供的反力逐渐增加，直至最后 σ_z 完全由弹簧来承担，水不受超静孔隙水压力作用而停止流出。至此，整个渗流固结过程完成。

4.4.2　太沙基一维固结理论

　　为求饱和土层在渗透固结过程中任意时间的变形，通常采用太沙基提出的一维固结理论进行计算。其适用条件为荷载面积远大于压缩土层的厚度，地基中孔隙水主要沿竖向渗流的情况。

太沙基一维
固结模型

1. 基本假定

　　为简化实际问题，方便分析固结过程，太沙基一维固结理论作如下假定：

　　1）土是均质各向同性的、完全饱和的。

　　2）土颗粒和水是不可压缩的。

　　3）土层的压缩和土中水的渗流只沿同一方向发生，是一维的。

　　4）土中水的渗流服从达西定律，且渗透系数 k 保持不变。

5）孔隙比的变化与有效应力的变化成正比，即压缩系数 a 保持不变。

6）外荷载是一次瞬时施加的。

2. 固结微分方程的建立

图 4-24 所示的饱和黏土层，顶面是透水层，底面是不透水和不可压缩层，假设该饱和土层在自重应力作用下的固结已经完成，现在顶面受到一次骤然施加的无限均布荷载 p 作用。由于土层厚度远小于荷载面积，故土中附加应力近似取作矩形分布，且等于外加均布荷载。但是超静孔隙水压力 u 与有效应力符号 σ' 却是坐标 z 和时间 t 的函数。为了找出饱和黏性土在固结过程中超静孔隙水压力的变化规律，在黏土层 z 深度处向下取厚度 dz、面积 1×1 的单元体（图 4-24b）。

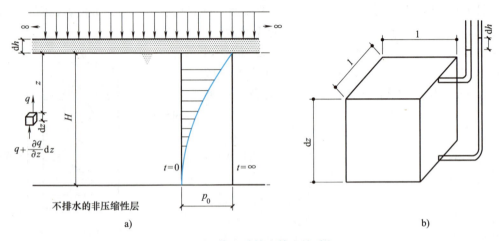

图 4-24 饱和黏性土的固结过程

在加荷之前，单元体顶面和底面的测压管中的水位与地下水位齐平，而在加荷瞬间，即 $t=0$ 时，根据前面的固结模型，测压管中水位都将升高 h_0（$h_0 = u_0/\gamma_w$），在固结过程中的某一时刻 t，测压管中的水位会下降，设此时单元体顶面测压管水位高出地下水位 h_0（$h_0 = u_0/\gamma_w$），而底面测压管水位又比顶面测压管中的水位高 dh。由于单元体顶面和底面存在水位差，因此单元体将产生渗流引起水量和孔隙体积的变化。

设在某个时刻 t 时，从单元体顶面流出的流量为 q，从底面流入的流量为 $q + \dfrac{\partial q}{\partial z}dz$，则在时间增量 dt 内，流出与流入该单元体的水量差，即净流出为

$$dQ = qdt - \left(q + \frac{\partial q}{\partial z}dz\right)dt = -\frac{\partial q}{\partial z}dzdt \tag{4-40}$$

设在同一时间增量 dt 内单元体孔隙体积 V_v 的变化为

$$dV_v = \frac{\partial V_v}{\partial x}dt = \frac{\partial(eV_s)}{\partial t}dt = \frac{1}{1+e_1}\frac{\partial e}{\partial t}dzdt \tag{4-41}$$

式中　V_s——单元体土颗粒体积，不随时间变化，$V_s = \dfrac{1}{1+e_1}dz$；

e_1——渗流固结前初始孔隙比。

由 $dQ = dV_v$，得

$$\frac{1}{1+e_1}\frac{\partial e}{\partial t}=-\frac{\partial q}{\partial z} \tag{4-42}$$

根据达西定律，在 t 时刻通过单元体的流量可以表示为

$$q=ki=k\frac{\partial h}{\partial z}=\frac{k}{\gamma_w}\frac{\partial u}{\partial z} \tag{4-43}$$

根据侧限条件下孔隙比的变化与竖向有效应力变化关系，可得

$$\frac{\partial e}{\partial t}=-a\frac{\partial\sigma'}{\partial z} \tag{4-44}$$

根据有效应力原理，上式可以进一步得到

$$\frac{\partial e}{\partial t}=-a\frac{\partial\sigma'}{\partial z}=-\frac{a\partial(\sigma-u)}{\partial z}=\frac{a\partial u}{\partial z} \tag{4-45}$$

综合上式，可得

$$C_v\frac{\partial^2 u}{\partial z^2}=\frac{\partial u}{\partial t} \tag{4-46}$$

式（4-46）即太沙基一维固结微分方程，其中 C_v 称为土的竖向固结系数，$C_v=\dfrac{k(1+e_1)}{a\gamma_w}$，$k$、$e_1$、$a$ 分别为土的渗透系数、初始孔隙比和压缩系数，γ_w 为水的重度。

3. 固结微分方程求解

上述太沙基一维固结微分方程可以根据土层渗流固结的初始条件与边界条件进行求解。

（1）土层单面排水　土层单面排水时起始超静孔隙水压力沿深度为线性分布，如图4-25所示。

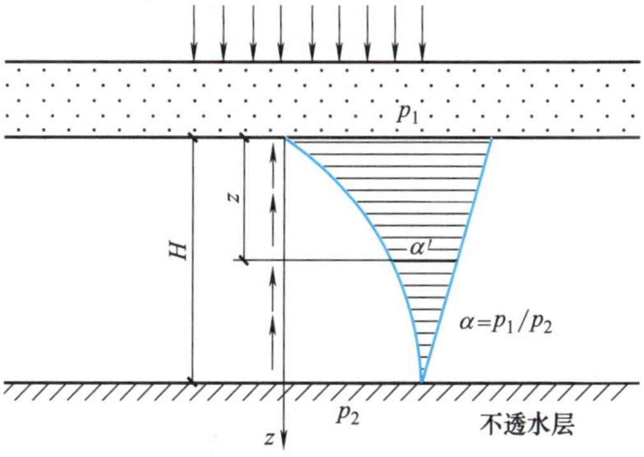

定义土层边界应力　$\alpha=\dfrac{p_1}{p_2}$

式中　p_1——排水面的附加应力；

图 4-25　单面排水条件下超静孔隙水压力的消散

$\quad\quad p_2$——不排水面的附加应力。

初始条件及边界条件如下：

当 $t=0$，$0\leqslant z\leqslant H$ 时 $\quad\quad u=p_2\left[1+(\alpha-1)\dfrac{H-z}{H}\right]$

当 $0<t<\infty$，$z=0$（透水面）时 $\quad u=0$

当 $0<t<\infty$，$z=H$（不透水面）时 $\dfrac{\partial u}{\partial z}=0$

当 $t=\infty$，$0\leqslant z\leqslant H$ 时 $\quad\quad u=0$

用分离变量法得式（4-46）的特解为

$$u(z,t)=\frac{4p_2}{\pi^2}\sum_{m=1}^{\infty}\frac{1}{m^2}\left[m\alpha\pi+2(-1)^{\frac{m-1}{2}}(1-\alpha)\right]\mathrm{e}^{-\frac{m^2\pi^2}{4}T_v}\sin\frac{m\pi z}{2H} \tag{4-47}$$

在实际使用中常取第一项，即 $m=1$ 得

$$u(z,t) = \frac{4p_2}{\pi^2}[\alpha(\pi-2)+2] e^{-\frac{\pi^2}{4}T_v} \sin\frac{\pi z}{2H} \tag{4-48}$$

式中　m——奇正整数，$m=1$，3，5，…；

　　　e——自然对数底，$e=2.7182$；

　　　H——孔隙水的最大渗透路径，在单面排水条件下为土层厚度；

　　　T_v——时间因数，$T_v = \dfrac{C_v t}{H^2}$。

（2）土层双面排水　土层双面排水时起始超静孔隙水压力沿深度为线性分布，如图 4-26 所示。

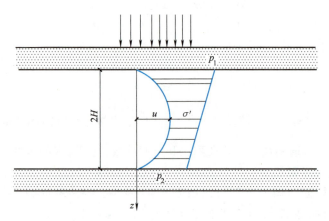

图 4-26　双面排水条件下超静孔隙水压力的消散

令土层厚度为 $2H$，初始条件及边界条件如下

当 $t=0$，$0 \leq z \leq 2H$ 时　　　　　　　　　$u = p_2\left[1+\left(\dfrac{p_1}{p_2}-1\right)\dfrac{2H-z}{2H}\right]$

当 $0<t<\infty$，$z=0$（顶面）时　　　　　$u=0$

当 $0<t<\infty$，$z=2H$（底面）时　　　　$u=0$

用分离变量法得特解为

$$u(z,t) = \frac{p_2}{\pi}\sum_{n=1}^{\infty}\frac{2}{m}\left[1-(-1)^m\frac{p_1}{p_2}\right]e^{-\frac{m^2\pi^2}{4}T_v}\sin\frac{m\pi(2H-z)}{2H} \tag{4-49}$$

式中　H——孔隙水的最大渗透路径，在双面排水条件下为土层厚度的一半；

其他符号意义同前。

在实用中常取第一项，即 $m=1$ 得

$$u(z,t) = \frac{2(p_1+p_2)}{\pi}e^{-\frac{\pi^2}{4}T_v}\sin\frac{\pi(2H-z)}{2H} \tag{4-50}$$

一维固结微分方程的解式（4-48）和式（4-50）反映了土层中超孔隙水压力在加载后随深度和时间变化的规律。

4. 固结度

土层的平均固结度是指地基土在某一压力作用下，经历时间 t 所产生的固结变形（压缩）量 s_t 与最终固结变形（压缩）量 s 之比，土层的平均固结度用 U_t 表示，即

$$U_t = \frac{s_t}{s} \qquad (4\text{-}51)$$

根据有效应力原理，土的变形只取决于有效应力，所以经历时间 t 所产生的固结变形量取决于该时刻的有效应力，结合前面介绍的应力面积法计算沉降量的原理可知

$$U_t = \frac{\dfrac{a}{1+e_1}\displaystyle\int_0^H \sigma'_{z,t}\mathrm{d}z}{\dfrac{a}{1+e_1}\displaystyle\int_0^H \sigma_z\mathrm{d}z} = \frac{\displaystyle\int_0^H \sigma_z\mathrm{d}z - \int_0^H u_{z,t}\mathrm{d}z}{\displaystyle\int_0^H \sigma_z\mathrm{d}z} = 1 - \frac{\displaystyle\int_0^H u_{z,t}\mathrm{d}z}{\displaystyle\int_0^H \sigma_z\mathrm{d}z} \qquad (4\text{-}52)$$

也就是 $\qquad U_t = \dfrac{\text{有效应力}}{\text{起始超静孔隙水压力}} = 1 - \dfrac{t\,\text{时刻超静孔隙水压力图面积}}{\text{起始超静孔隙水压力面积}} \qquad (4\text{-}53)$

式中　$u_{z,t}$——深度 z 处某一时刻 t 的超静孔隙水压力；

$\sigma'_{z,t}$——深度 z 处某一时刻 t 的有效应力；

σ_z——深度 z 的竖向附加应力（$t=0$ 时刻的起始超静孔隙水压力）。

（1）土层单面排水时固结度的计算　将式（4-48）代入式（4-52）得到单面排水情况下，土层任意时刻固结度的近似值

$$U_t = 1 - \frac{\left(\dfrac{\pi}{2}\alpha - \alpha + 1\right)}{1+\alpha}\frac{32}{\pi^3}\mathrm{e}^{\frac{\pi^2}{4}T_v} \qquad (4\text{-}54)$$

起始超静孔隙水压力沿深度线性分布的几种情况如图 4-27 所示，对于实际工程问题，可参照图示的方法由图 4-27a 简化成图 4-27b 的形式，各形式代表的实际工程条件为：

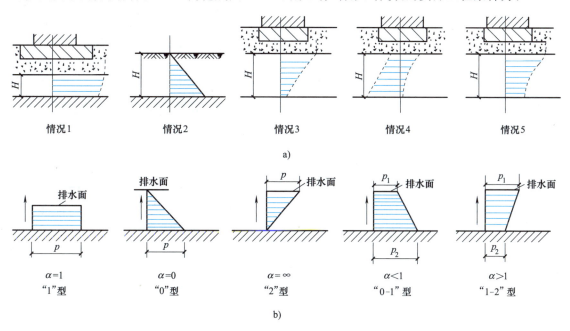

图 4-27　单面排水地基中起始超静孔隙水压力的几种情况

a）实际应力分布　b）简化的应力分布

1）$\alpha = 1$ 时，即"1"型，起始超静孔隙水压力分布图为矩形，代入式（4-54）得

$$U_1 = 1 - \frac{8}{\pi^2} e^{-\frac{\pi^2}{4}T_v} \tag{4-55}$$

2）$\alpha = 0$ 时，即 "0" 型，起始超孔隙水压力分布图为三角形，代入式（4-54）得

$$U_0 = 1 - \frac{32}{\pi^3} e^{-\frac{\pi^2}{4}T_v} \tag{4-56}$$

3）其他 α 值时的固结度可直接按式（4-54）来求，也可利用式（4-55）和式（4-56）得到的 U_1 及 U_0，按下式来计算

$$U_\alpha = \frac{2\alpha U_1 + (1-\alpha) U_0}{1+\alpha} \tag{4-57}$$

为减少平时计算时的工作量，根据式（4-57）分别计算了不同 α 下固结度 U_t 的时间因数 T_v 的值，列于表 4-7，表中数据可以内插，也有文献据式（4-57）绘制成曲线供查用。

表 4-7　单面排水不同 α 下 U_t-T_v 关系表

α	U_t											类型
	0	0.1	0.2	0.3	0.4	0.5	0.6	0.7	0.8	0.9	1	
0	0	0.049	0.1	0.154	0.217	0.29	0.38	0.5	0.66	0.95	∞	"0"
0.2	0	0.027	0.073	0.126	0.186	0.26	0.35	0.46	0.63	0.92	∞	"0-1"
0.4	0	0.016	0.056	0.106	0.164	0.24	0.33	0.44	0.6	0.9	∞	
0.6	0	0.012	0.042	0.092	0.148	0.22	0.31	0.42	0.58	0.88	∞	
0.8	0	0.01	0.036	0.079	0.134	0.2	0.29	0.41	0.57	0.86	∞	
1.5	0	0.008	0.024	0.058	0.107	0.17	0.26	0.38	0.54	0.83	∞	"1-2"
2	0	0.006	0.019	0.05	0.095	0.16	0.24	0.36	0.52	0.81	∞	
3	0	0.005	0.016	0.041	0.082	0.14	0.22	0.34	0.5	0.79	∞	
4	0	0.004	0.014	0.04	0.08	0.13	0.21	0.33	0.49	0.78	∞	
5	0	0.004	0.013	0.034	0.069	0.12	0.2	0.32	0.48	0.77	∞	
7	0	0.003	0.012	0.03	0.065	0.12	0.19	0.31	0.47	0.76	∞	
10	0	0.003	0.011	0.028	0.06	0.11	0.18	0.3	0.46	0.75	∞	
20	0	0.003	0.01	0.026	0.06	0.11	0.17	0.29	0.45	0.74	∞	
∞	0	0.002	0.009	0.024	0.048	0.09	0.16	0.23	0.44	0.73	∞	"2"

（2）土层双面排水时固结度的计算　将式（4-50）代入式（4-52）得到双面排水情况下土层任意时刻固结度的近似值

$$U_t = 1 - \frac{8}{\pi^2} e^{-\frac{\pi^2}{4}T_v} \tag{4-58}$$

从式（4-58）可看出，固结度 U_t 与 p_1/p_2 值无关，且形式上与土层单面排水时的 U_0 相同，需要说明的是式（4-58）中 $T_v = \dfrac{C_v t}{H^2}$ 的 H 是双面排水时的最大渗透距离，即固结土层厚度的一半，而式（4-55）和式（4-56）中 $T_v = \dfrac{C_v t}{H^2}$ 的 H 是单面排水时的最大渗透距离，就是

固结土层厚度。因此，双面排水，起始超静孔隙水压力沿深度线性分布情况下 t 时刻的固结度，可以用式（4-58）来求，但要注意取固结土层厚度的一半作为 H 代入。

【例4-3】　如图4-25a所示的地基土层厚度 $H = 10\text{m}$，压缩模量 $E_s = 0.3\text{MPa}$，渗透系数 $k = 10^{-6}\text{cm/s}$，地表作用的大面积均布荷载 $p = 10\text{kPa}$，荷载瞬时施加，求加载1年后地基的沉降量。

【解】　地基最终的沉降量

$$s = \frac{\sigma_z}{E_s}H = \frac{10}{0.3 \times 10^3} \times 10\text{cm} = 33.33\text{cm}$$

由 $k = 10^{-6}\text{cm/s} = 0.32\text{m/a}$，$\gamma_w = 10\text{kN/m}^3$，$E_s = 0.3\text{MPa}$ 得

$$C_v = \frac{kE_s}{\gamma_w} = \frac{0.32 \times 0.3 \times 10^3}{10}\text{m}^2/\text{a} = 9.6\text{m}^2/\text{a}$$

$$T_v = \frac{C_v t}{H^2} = \frac{9.6 \times 1}{10 \times 10} = 0.096$$

由于土层为单面排水，大面积加载，$\alpha = 1$，则

$$U_t = 1 - \frac{8}{\pi^2}e^{-\frac{\pi^2}{4}T_v} = 1 - \frac{8}{\pi^2}e^{-\frac{\pi^2}{4} \times 0.096} = 35.96\%$$

一年之后的沉降量为

$$s_t = sU_t = 33.33 \times 35.96\%\text{cm} = 11.99\text{cm}$$

【例4-4】　如图4-28所示，受到建筑物传来的荷载，地基中某一饱和黏性土层产生梯形分布的竖向附加应力，该层顶面和底面的附加应力分别为 $p_1 = 240\text{kPa}$ 和 $p_2 = 160\text{kPa}$，顶面和底面都能透水，土的平均渗透系数 $k = 0.2\text{cm/年}$，$e_1 = 0.88$，$a = 0.39\text{MPa}^{-1}$。求：

1）该土层的最终沉降量。

2）达到最终沉降量的一半所需的时间。

3）如果土层底面为不透水层，则达到120mm沉降量所需的时间。

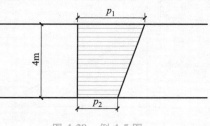

图4-28　例4-5图

【解】　1）土层竖向的平均附加应力

$$\sigma_z = \frac{1}{2}(p_1 + p_2) = \frac{1}{2}(240 + 160)\text{kPa} = 200\text{kPa}$$

最终沉降量

$$s = \frac{\sigma_z}{E_s}H = \frac{a\sigma_z}{1 + e_1}H = \frac{0.39 \times 0.2}{1 + 0.88} \times 4000\text{mm} = 166\text{mm}$$

2）当 $U_t = 50\%$ 时，由式（4-54）可得

$$T_v = -\frac{4}{\pi^2}\ln\left[\frac{\pi^2}{8}(1 - U_t)\right] = -\frac{4}{\pi^2}\ln\left[\frac{\pi^2}{8}(1 - 50\%)\right] = 0.196$$

$$C_v = \frac{k(1+e_1)}{a\gamma_w} = \frac{0.002\times(1+0.88)}{0.00039\times10}\text{m}^2/\text{年} = 0.964\text{m}^2/\text{年}$$

因土层为双面排水，故孔隙水的最大渗透路径 H 为土层厚度的一半，即 $H = 4/2 = 2\text{m}$，则

$$t = \frac{T_v H^2}{C_v} = \frac{0.196\times2^2}{0.964}\text{年} = 0.81\text{ 年}$$

3）如果土层底面为不透水层，则属于单面排水情况，孔隙水的最大渗透路径 H 为土层厚度，即 $H = 4\text{m}$，土层边界应力比为 $\alpha = 240/160 = 1.5$，120mm 沉降对应时刻的固结度为 $U_t = 120/166 = 72.3\%$，查表4-9得，$T_v = 0.41$，于是

$$t = \frac{T_v H^2}{C_v} = \frac{0.41\times4^2}{0.964}\text{年} = 0.68\text{ 年}$$

4.4.3　饱和黏性土地基沉降的三个阶段

在已介绍的沉降计算方法中，土体的指标均是采用室内侧限压缩试验得到的侧限压缩指标。而从机理上来分析，饱和黏性土地基最终的沉降量由三部分组成：瞬时沉降、主固结沉降和次固结沉降，如图 4-29a 所示。地基的总沉降量为

$$s = s_d + s_c + s_s \tag{4-59}$$

式中　s_d——瞬时沉降；

　　　　s_c——主固结沉降；

　　　　s_s——次固结沉降。

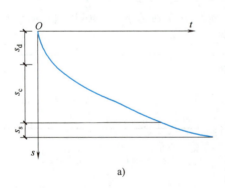
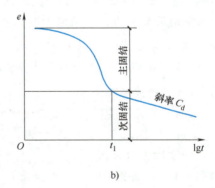

图 4-29　地基沉降

a）地基沉降的组成　　b）次固结沉降 e-$\lg t$ 计算曲线

下面分别介绍这三种沉降产生的主要机理及常用的计算方法。

瞬时沉降是在施加荷载后瞬间发生的沉降。地基土在外荷载作用瞬间，土中孔隙水来不及排出，土体的体积还来不及发生变化，地基土在荷载作用下仅发生剪切变形而引起地基沉降。斯开普顿（Skempton）提出，黏性土层初始不排水变形引起的瞬时沉降可用弹性理论公式进行计算，饱和的及接近饱和的黏性土在受到适当的应力增量的作用时，整个土层的弹性模量可近似地假定为常数。

黏性土地基上基础的瞬时沉降是由剪切变形而产生的附加沉降，不是土体体积压缩产生的沉降，可用弹性理论公式计算，即

$$s = \frac{p_0 b \omega (1 - \mu^2)}{E}$$ (4-60)

式中　E——土的弹性模量；

其余参数意义同式（4-29）。

固结沉降是在荷载作用下，随时间的推移土体超静孔隙水压力逐步消散而产生的体积压缩，通常采用单向压缩分层总和法计算。固结沉降是黏性土地基沉降最主要的组成部分。

次固结沉降是土骨架在持续荷载作用下发生蠕变引起的，它的大小与土性有关，是在固结沉降完成以后继续发生的沉降。次固结沉降的发生是在超静孔隙水压力已经消散、有效应力增长基本不变之后仍随时间而缓慢增长的压缩。在次固结沉降过程中，土的体积变化速率与孔隙水从土中流出速率无关，即次固结沉降的时间与土层厚度无关。

次固结沉降的大小与时间关系在半对数图上接近于一条直线，如图4-29b所示。因而次压缩引起的孔隙比变化可近似表示为

$$\Delta e = C_a \lg \frac{t}{t_1}$$ (4-61)

式中　C_a——半对数坐标系下直线的斜率，称为次固结系数；

　　　t——所求次固结沉降的时间，$t > t_1$；

　　　t_1——次固结开始时间，相当于主固结完成的时间，根据次固结与主固结曲线切线交点求得。

地基次固结沉降可采用下式计算

$$s_s = \sum_{i=1}^{n} \frac{H_i}{1 + e_{0i}} C_{ai} \lg \frac{t}{t_1}$$ (4-62)

式中　C_{ai}——第 i 层土次固结系数；

　　　e_{0i}——第 i 层土初始孔隙比；

　　　H_i——第 i 层土厚度；

　　　t_1——第 i 层土次固结变形开始时间；

　　　t——计算所求次固结沉降 s_s 产生的时间。

次固结系数的影响因素很多，它与黏土矿物成分和物理化学环境有关，也受固结压力和孔隙比的影响。对不同种类的地基土，沉降组成的三个部分在总沉降量中的比例是不同的。对砂性土地基，初始沉降是主要的，土体的剪切变形和排水固结变形在荷载作用后很快完成。对饱和软黏土地基，固结沉降是主要的，总沉降需要很长时间才能完成。而对某些软黏土地基，次固结沉降所占的比例不可忽视，并且其持续时间长，对工程有一定的影响。

在工程实用上，工后沉降的概念很有用，工后沉降过大可能导致与建筑物相连的管线折断、建筑物墙体开裂、桥梁净空减少、路基标高下降及引发桥头跳车等问题。一般情况下，工后沉降包括在施工阶段尚未完成的固结沉降和次固结沉降的大部分。考虑不同变形阶段的沉降计算方法，全面考虑了地基变形发展过程中由三个分量组成，将瞬时沉降、固结沉降及次固结沉降分开来计算，然后叠加，更接近实际的最终沉降。因此，采用式（4-59）来计算

黏性土地基的最终沉降量是合适的，尤其适用于计算饱和黏性土地基。对含有较多有机质的黏土，次固结沉降历时较长，实践中只能进行近似计算。对于砂性土地基，由于透水性好，固结完成快，瞬时沉降与固结沉降已无法区分开来，故不适合于用此方法估算。

拓展阅读

高铁轨道路基沉降

由于高速铁路运行速度快、技术标准高、对路基的要求严格，控制路基变形和沉降成为客运专线路基的最大特点。路基沉降控制是一个涉及因素较多、具有较大不确定性的工程难题。

通常而言，铁路路基工后沉降一般由三部分组成，一是路基填土在自重及上部荷载作用下产生的压密沉降，二是路基基床在动荷载作用下的弹性变形和累积塑性变形，三是路基在轨道、路堤自重及列车作用下的残余沉降。

路基沉降按其组成成分划分为路基填筑部分沉降和地基沉降两部分。因此沉降问题包括填方路堤本身的沉降、回填土地基的压缩变形及回填土地基的湿陷变形。根据对湿陷性黄土地基处理的成功经验分析得出：当湿陷性黄土厚度不大于3m时，灰土垫层是一种经济有效的方法（但一般需要较大的翻挖地，不利于冬、雨期施工）；当深度相对较大（4~6m）且环境影响要求较低时，可选择强夯法，但它的有效性与夯击的最佳击数（9~12击）、夯锤的底面积（锤质量为10~15t，锤底面上静压力宜为20~25kPa），及地基土的含水率（最好为最优含水率附近）有关；更大深度（大于8m）宜选择挤密柱（孔内填以灰土或素土）、搅拌桩或CFG桩。这些方法是处理厚湿陷性黄土地基的经济有效的方法，对调整地基的不均匀性和提高防水抗渗性能也有一定的作用。因此在条件允许的情况下，在试验段进行现场试验和长期观测，能更好地把握地基处理效果和路基变形规律。同时各类变形均包括沉降量与沉降过程两个方面。地基会发生压缩变形是因为土体颗粒之间存在孔隙，在压力的作用下，孔隙减少，因此土体常用压缩系数来反映土压缩性的大小。土的压缩过程通常包括三个部分：①通体土颗粒被压缩；②土中水及封闭气体被压缩；③水和气体从孔隙中挤出。试验研究表明，固体颗粒和水的压缩量是微不足道的，在一般压力（100~600kPa）下，土颗粒和水的压缩量都可以忽略不计，所以土的压缩主要是孔隙中一部分水和空气被挤出，封闭气泡被压缩。与此同时，土颗粒相应发生移动，重新排列，靠拢挤紧，从而使土中孔隙减小。影响土体压缩的因素有：产生压缩的压力、土体的压缩系数、土体的含水率及排水条件、土的应力历史。地基压缩变形和湿陷变形有较成熟的计算方法（固结沉降采用分层总和法），而对路堤本身沉降变形而言，现行公路、铁路规范均没有相关规定，可参照水利土坝设计规范采用分层总和法计算。

对于铁路工程施工路基沉降的控制，有助于提高铁路工程质量、确保行车安全性、增加施工效益。铁路工程施工路基沉降控制的策略有：提前谋划，合理组织施工；重视不良地质处理和实验检测；合理组织路基工程设计和现场施工；合理进行施工过程中和后期的路基检测工作。

本 章 小 结

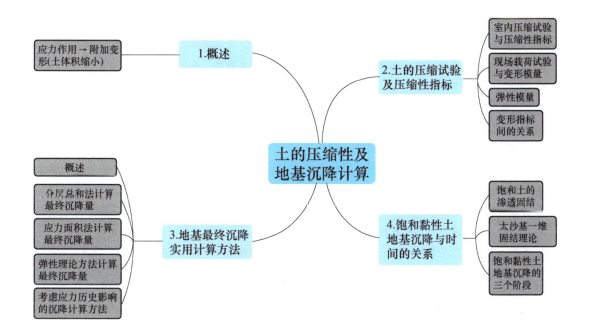

习 题

一、选择题

1. 以 u 表示孔隙水压力，σ 表示总应力，σ' 表示有效应力。在加载的一瞬间，土中的孔隙水压力为（　　）。

A. $u=\sigma-\sigma'$ 　　　B. $u=\sigma'$ 　　　C. $u=-\sigma$ 　　　D. $u=\sigma$

2. 引起建筑物基础沉降的根本原因是（　　）。

A. 基础自重压力　　B. 基底总压应力　　C. 基底附加应力　　D. 建筑物活荷载

3. 土体产生压缩时（　　）。

A. 土中孔隙体积减小，土粒体积不变　　　B. 孔隙体积和土粒体积均明显减少

C. 土粒和水的压缩量均较大　　　　　　　D. 孔隙体积不变

4. 为了方便比较，评价土的压缩性高低的指标是（　　）。

A. a_{1-2} 　　　B. a_{2-3} 　　　C. a_{1-3} 　　　D. a_{2-4}

5. 土的压缩模量越大，表示（　　）。

A. 土的压缩性越高　　B. 土的压缩性越低　　C. e-p 曲线越陡　　D. e-$\lg p$ 曲线越陡

6. 采用分层总和法计算地基最终沉降量时，地基沉降计算深度的确定一般是附加应力与自重应力的比值达到（　　）。

A. 10%　　　　B. 20%　　　　C. 30%　　　　D. 40%

7. 若土的压缩系数 $a_{1-2}=0.1\text{MPa}^{-1}$，则该土属于（　　）。

A. 低压缩性土　　B. 中压缩性土　　C. 高压缩性土　　D. 低灵敏土

8. 在压缩曲线中，压力 p 为（　　　）。

A. 自重应力　　　　　B. 有效应力　　　　C. 总应力　　　　　D. 孔隙水应力

9. 使土体体积减小的主要因素是（　　　）。

A. 土中孔隙体积的减少　　　　　　　B. 土粒的压缩

C. 土中密闭气体的压缩　　　　　　　D. 土中水的压缩

10. 土的固结主要是指（　　　）。

A. 总应力引起超孔隙水应力增长的过程　　　B. 超孔隙水应力消散，有效应力增长的过程

C. 总应力不断增加的过程　　　　　　　　　D. 总应力和有效应力不断增加的过程

二、简答题

1. 引起土体压缩的主要原因是什么？

2. 试述土的各压缩性指标的意义和确定方法。

3. 分层总和法计算基础的沉降量时，若土层较厚，为什么一般应将地基土分层？如果地基土为均质，且地基中附加应力均为（沿高度）均匀分布，是否还有必要将地基分层？

4. 分层总和法和规范法计算基础的沉降量有什么异同？

5. 地下水位上升或下降对建筑物沉降有什么影响？

6. 工程上有一种地基处理方法——堆载预压法。它是在要修建建筑物的地基上堆载，经过一段时间之后，移去堆载，再在该地基上修建筑物。试从沉降控制的角度说明该方法处理地基的作用机理。

7. 土层固结过程中，孔隙水压力和有效应力是如何转换的？它们之间有何关系？

8. 超固结土与正常固结土的压缩性有何不同？为什么？

9. 为何有了压缩系数还要定义压缩模量？

10. 计算地基最终沉降量的分层总和法与应力面积法的主要区别有哪些？两者的实用性如何？

三、计算题

1. 饱和黏土试样在同结压缩仪中进行压缩试验，该土样原始高度为 20mm，横截面积为 $30mm^2$，土样和环刀总重为 1.756N，环刀重 0.586N。当荷载压力由 $p_1 = 100kPa$ 增加到 $p_2 = 200kPa$ 时，在 24h 内土样的高度由 19.31mm 减少到 18.76mm。试验结束后烘干土样，称得干土重量为 0.910N。

（1）计算与 p_1 及 p_2 对应的孔隙比 e_1 及 e_2。

（2）求 a_{1-2} 及 $E_{s(1-2)}$，并判断该土的压缩性。

（答案：（1）0.704；0.655；（2）0.49MPa^{-1}，3.48MPa^{-1}，中压缩性土）

2. 某土样压缩试验结果见表 4-8，试绘制 e-p 曲线，确定 a_{1-2} 并评定该土的压缩性。

表 4-8　某土样压缩试验结果

压力 p/kPa	0	50	100	200	400	800
孔隙比 e	0.655	0.627	0.615	0.601	0.581	0.567

（答案：$a_{1-2} = 0.14MPa^{-1}$，中压缩性土）

3. 试确定上题中相应于压力范围为 200~400kPa 时土的压缩系数和压缩模量。

（答案：$a = 0.1MPa^{-1}$，$E = 16.55MPa$）

4. 某土样的压缩试验结果如下：当荷载由 $p_1 = 100kPa$ 增加至 $p_2 = 200kPa$ 时，24h 后土样的孔隙比由 0.875 减少至 0.813，求土的压缩系数 a_{1-2}，并计算相应的压缩模量 E。

（答案：$E = 3.02MPa$）

5. 某黏土试样压缩试验数据见表 4-9。

表 4-9　室内压缩试验 *e-p* 关系

p/kPa	0	35	87	173	346
e	1.060	1.024	0.989	1.079	0.952
p/kPa	693	1386	2771	5542	11085
e	0.913	0.835	0.725	0.617	0.501

（1）确定前期固结压力。

（2）求压缩指数 C_c。

（3）若该土样是从图 4-30 所示土层在地表下 11m 深处采得，则当地表瞬时施加 100kPa 无穷分布的荷载时，试计算该 4m 厚的黏土层的最终压缩量。

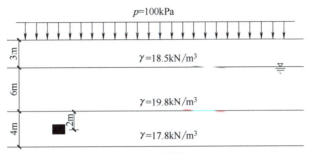

图 4-30　计算题 5

6. 如图 4-31 所示，厚度为 10m 的黏土层，上下层面均为排水砂层，已知黏土层孔隙比 $e_0 = 0.8$，压缩系数 $a = 0.25\text{MPa}^{-1}$，渗透系数 $k = 6.3 \times 10^{-8}\text{cm/s}$，地表瞬时施加一无限分布均布荷载 $p = 180\text{kPa}$。

（1）确定加载半年后地基的沉降。

（2）确定黏土层达到 60% 固结度所需的时间。

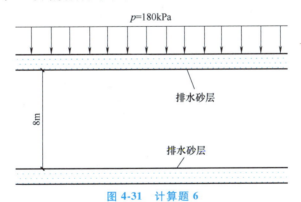

图 4-31　计算题 6

第5章 土的抗剪强度

内容提要

土的抗剪强度理论和极限平衡理论条件；土的剪切试验（直剪、三轴、无侧限）及抗剪强度指标；不同排水条件下抗剪强度指标及孔隙水压力系数的确定；应力路径的概念。

基本要求

掌握土体强度理论及其表述方式；掌握土的抗剪强度指标和确定方法及其应用；了解土体强度性质与应力历史的相关性。

剪切破坏是建筑物地基强度破坏的重要特点，土体抵抗剪切破坏的极限能力就是土的抗剪强度。抗剪强度是土的重要力学性质之一，实际工程中的地基承载力、挡土墙的土压力及土坡稳定性等都受土的抗剪强度控制。当荷载作用使得土体内某一部分的剪应力达到抗剪强度，并随着荷载增加剪切破坏的范围逐渐扩大，最终在土体中形成连续滑动面时，土体的稳定性就会丧失。因此，研究土的抗剪强度及其变化规律对于工程设计、施工、管理等都具有非常重要的意义。

导入案例

案例一：土体滑坡

2008 年 5 月 12 日汶川发生 8.0 级大地震，给中国带来灾难。如图 5-1 所示，唐家山堰塞湖是汶川大地震后山体滑坡形成的最大堰塞湖，位于洞河上游距北川县城约 6km 处，是北川灾区面积最大、危险性最大的一个堰塞湖。库容为 1.45 亿 m^3，顺河长约 803m，横河最大宽度约 611m，顶部面积约 30 万 m^2。山体滑坡的原因是地震时作用于土体的滑动力超过土的抗剪强度。

案例二：挡墙破坏

2008 年 11 月 15 日，正在施工的杭州地铁湘湖站北 2 基坑现场发生大面积坍塌事故，如图 5-2 所示，导致萧山湘湖风情大道 75m 路面坍塌，并下陷 15m，正在路面行驶的约有 11 辆车辆陷入深坑。造成 21 人死亡，24 人受伤，直接经济损失 4961 万元。事故的直接原因是施工单位违规施工、冒险作业、基坑严重超挖；支撑体系存在严重缺陷且钢管支撑架设不及时；垫层未及时浇筑。

图 5-1　汶川地震造成山体滑坡

图 5-2　杭州地铁路面坍塌

案例三：地基破坏

1964 年 6 月 16 日，日本新潟发生 7.5 级地震，引起大面积砂土地基液化后产生很大的侧向变形和沉降，大量的建筑物倒塌或遭到严重损坏，如图 5-3 所示。地基破坏的原因是松砂地基在振动荷载作用下丧失强度，变成一种流动状态。

图 5-3　新潟地震造成地基破坏

5.1　土的抗剪强度理论

5.1.1　库仑定律

库仑定律

法国科学家库仑（Coulomb，1773）通过一系列砂土剪切试验，提出了砂土的抗剪强度表达式为

$$\tau_f = \sigma \tan\varphi \qquad (5-1)$$

以后又通过试验进一步提出了黏性土的抗剪强度表达式为

$$\tau_f = c + \sigma \tan\varphi \tag{5-2}$$

式中　τ_f——土的抗剪强度；

　　　σ——剪切面上的法向应力；

　　　c——土的黏聚力；

　　　φ——土的内摩擦角。

式（5-1）和式（5-2）称为库仑抗剪强度定律，式中 c、φ 称为土的抗剪强度指标，将库仑定律表示在 τ_f-σ 坐标系中为图5-4所示的两条直线。

库仑定律表明，土体的抗剪强度表现为剪切面上法向总应力 σ 的线性函数，对于无黏性土，抗剪强度由粒间摩擦力提供；对于黏性土，抗剪强度由黏聚力和摩擦力两部分构成。

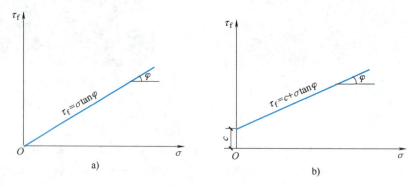

图5-4　抗剪强度与法向应力之间的关系
a）无黏性土　b）黏性土

抗剪强度的摩擦力主要来自两方面：一是滑动摩擦，即剪切面土粒间粗糙的表面产生的摩擦作用；二是咬合摩擦，即粒间互相嵌入产生的咬合力。因此，抗剪强度的摩擦力除了与剪切面上的法向总应力有关，还与土的原始密度、土粒的形状、表面的粗糙程度及级配等因素有关。抗剪强度的黏聚力 c 一般由土粒之间的胶结作用和电分子引力等因素形成。因此，黏聚力通常与土中黏粒含量、矿物成分、含水率、土的结构等因素密切相关。

应当指出，c、φ 是决定土的抗剪强度的两个重要指标，其值的大小与试验方法和排水条件等有关，其中影响最大的是排水条件。根据有效应力原理，土体内的剪应力只能由土的骨架承担，因此，土体的抗剪强度实质上是剪切面上法向有效应力 σ' 的函数，即砂土和黏性土库仑定律的表达式分别为

$$\tau_f = \sigma' \tan\varphi \tag{5-3}$$
$$\tau_f = c' + \sigma' \tan\varphi' \tag{5-4}$$

式中　σ'——剪切破坏面上的法向有效应力，$\sigma' = \sigma - u$；

　　　c'——土的有效黏聚力；

　　　φ'——土的有效内摩擦角。

所以，以库仑定律描述的土的抗剪强度有两种表达方法，一种是式（5-1）和式（5-2）所列的总应力表示方法，相应的 c、φ 称为总应力抗剪强度指标；另一种是式（5-3）和式（5-4）所列的有效应力表示方法，相应的 c'、φ' 称为有效应力抗剪强度指标。有效应力强度

指标可以更真实地反映土的抗剪强度实质，是比较合理的表示方法，但总应力法在应用上比较方便，因此，两种表达式并存至今，目前在工程中存在着两种指标并用的现象。

5.1.2 莫尔-库仑强度理论及土的极限平衡条件

1. 土中某点的应力状态

莫尔（Mohr，1910）提出，材料的抗剪强度是剪切面上法向应力 σ 的函数 $\tau_f = f(\sigma)$，该函数在 τ_f-σ 坐标系中是一条曲线，称为莫尔包络线或抗剪强度包线，如图 5-5 中实线所示。如果用库仑定律所示的直线来近似地表示莫尔包络线，可得到图 5-5 中的虚线。莫尔-库仑强度理论就是用库仑公式表示莫尔包络线的强度理论。

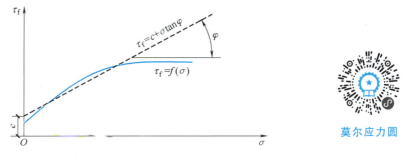

图 5-5 莫尔-库仑包络线

莫尔应力圆

当土中任意一点在某一方向的剪应力 τ 达到抗剪强度 τ_f 时，该点便处于极限平衡状态。因此，若已知土体的抗剪强度 τ_f，则只要求得土中某点各个面上的剪应力 τ 和法向应力 σ，便可判断土体所处的状态。

以平面问题为例。从土体中任取一个图 5-6a 所示的单元体，设作用在该单元体上的最大、最小主应力分别是 σ_1 和 σ_3，在单元体内与 σ_1 作用面成任意角 α 的 mn 平面上有正应力 σ、剪应力 τ。为建立 σ 与 σ_1、σ_3 之间的关系，取楔形脱离体 abc 如图 5-6b 所示。

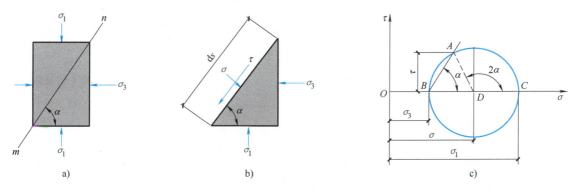

图 5-6 土体中任意点的应力状态

a）单元体上的应力　b）脱离体上的应力　c）莫尔应力圆

根据楔体静力平衡条件可得

$$\sigma_3 \mathrm{d}s \sin\alpha - \sigma \mathrm{d}s \sin\alpha + \tau \mathrm{d}s \cos\alpha = 0$$

$$\sigma_1 \mathrm{d}s \cos\alpha - \sigma \mathrm{d}s \cos\alpha - \tau \mathrm{d}s \sin\alpha = 0$$

联立求解以上方程得 mn 平面上的应力为

$$\sigma = \frac{1}{2}(\sigma_1 + \sigma_3) + \frac{1}{2}(\sigma_1 - \sigma_3)\cos 2\alpha$$

$$\tau = \frac{1}{2}(\sigma_1 - \sigma_3)\sin 2\alpha \tag{5-5}$$

根据材料力学公式，微分单元上最大、最小主应力值与 xOz 坐标上 σ_z、σ_x 和 τ_{xz} 间的相互转换关系为

$$\left.\begin{matrix}\sigma_1\\\sigma_3\end{matrix}\right\} = \frac{\sigma_z + \sigma_x}{2} \pm \sqrt{\frac{(\sigma_z - \sigma_x)^2}{4} + \tau_{xz}^2} \tag{5-6}$$

由材料力学可知，土中某点应力状态既可由式（5-5）和式（5-6）表示，也可用图 5-6c 所示的莫尔应力圆描述。在 $\sigma - \tau$ 坐标系中，按一定比例沿 σ 轴截取 $OB = \sigma_3$、$OC = \sigma_1$，以 D 点 $\left(\dfrac{\sigma_1 + \sigma_3}{2}, 0\right)$ 为圆心、$\dfrac{\sigma_1 - \sigma_3}{2}$ 为半径作圆，从 DC 开始逆时针方向旋转 2α，得 DA 线与圆周交于 A 点。可以证明，A 点的横坐标即斜面 mn 上的正应力 σ，纵坐标即 mn 面上的剪应力 τ，即莫尔应力圆圆周上某点的坐标表示土中该点在这一平面的正应力和剪应力，该面与最大主应力作用面的夹角，等于弧 CA 所对应圆心角的一半。图 5-6c 还表明最大剪应力 $\tau_{max} = \dfrac{1}{2}(\sigma_1 - \sigma_3)$，作用面与最大主应力 σ_1 作用面的夹角 $\alpha = 45°$。

2. 土的极限平衡条件

为判断土体中某点的应力状态，可将上述莫尔-库仑抗剪强度包线与描述土体中某点的莫尔应力圆绘于同一坐标系中，如图 5-7 所示，然后按其相对位置判断该点所处的应力状态。

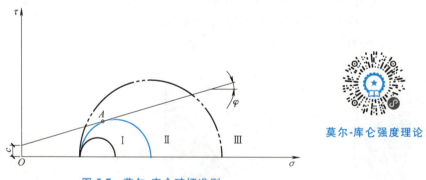

图 5-7 莫尔-库仑破坏准则

莫尔-库仑强度理论

1）莫尔应力圆 I 位于抗剪强度包线的下方，表明通过该点的任何平面上的剪应力都小于抗剪强度，即 $\tau < \tau_f$，所以该点处于弹性平衡状态。

2）莫尔应力圆 II 与抗剪强度包线在 A 点相切，表明切点 A 代表的平面上的剪应力等于抗剪强度，即 $\tau = \tau_f$，该点处于极限平衡状态。

3）莫尔应力圆 III 与抗剪强度包线相割，表示过该点的相应于割线所对应弧段代表的平面上的剪应力已"超过"土的抗剪强度，即"$\tau > \tau_f$"，该点已被剪破。实际上，圆 III 的应力状态是不可能存在的，因为在任何条件下产生的任何应力都不可能超过其强度。

土的极限平衡条件是指 $\tau = \tau_f$ 时的应力关系，故莫尔应力圆 II 被称为极限应力圆。图 5-8 表

示了极限应力圆与抗剪强度包线之间的几何关系，由此几何关系可得极限平衡条件的数学表达式为

$$\sin\varphi = \frac{\overline{AD}}{\overline{RD}} = \frac{\dfrac{1}{2}(\sigma_1 - \sigma_3)}{c\cot\varphi + \dfrac{1}{2}(\sigma_1 + \sigma_3)} \tag{5-7}$$

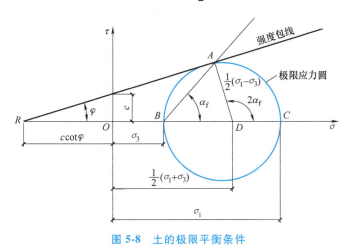

图 5-8　土的极限平衡条件

利用三角函数关系转换后可得

$$\sigma_1 = \sigma_3 \tan^2\left(45° + \frac{\varphi}{2}\right) + 2c\tan\left(45° + \frac{\varphi}{2}\right) \tag{5-8}$$

或

$$\sigma_3 = \sigma_1 \tan^2\left(45° - \frac{\varphi}{2}\right) - 2c\tan\left(45° - \frac{\varphi}{2}\right) \tag{5-9}$$

土处于极限平衡状态时破坏面与大主应力作用面间的夹角为 α_{f}，由图 5-8 中的几何关系可得

$$\alpha_{\mathrm{f}} = \frac{1}{2}(90° + \varphi) = 45° + \frac{\varphi}{2} \tag{5-10}$$

式（5-7）~式（5-10）即土的极限平衡条件。对于无黏性土，由于 $c=0$，则由式（5-8）、式（5-9）可得其极限平衡条件为

$$\sigma_1 = \sigma_3 \tan^2\left(45° + \frac{\varphi}{2}\right) \tag{5-11}$$

$$\sigma_3 = \sigma_1 \tan^2\left(45° - \frac{\varphi}{2}\right) \tag{5-12}$$

式（5-7）~式（5-12）统称为莫尔-库仑强度理论。由该理论描述的土体极限平衡状态可知，土的剪切破坏并不是由最大剪应力 $\tau_{\max} = \dfrac{\sigma_1 - \sigma_3}{2}$ 所控制，即剪破面并不产生于最大剪应力面，而是与最大剪应力面呈 $\dfrac{\varphi}{2}$ 夹角的面。

【例5-1】 如图5-9所示，地基中某点应力状态为 $\sigma_1 = 350\text{kPa}$，$\sigma_3 = 100\text{kPa}$，已知该土体的抗剪强度指标 $c = 20\text{kPa}$，$\varphi = 18°$。试问该点是否会出现剪切破坏？

【解】 已知 $\sigma_1 = 350\text{kPa}$，$\sigma_3 = 100\text{kPa}$，$c = 20\text{kPa}$，$\varphi = 18°$。

（1）该点所处应力状态判断 利用极限平衡条件式判断：设达到极限平衡状态时所需大主应力为 σ_{1f}，则由式（5-8）可得

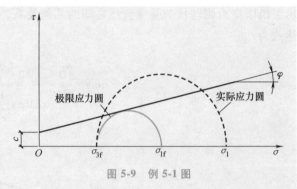

图 5-9 例 5-1 图

$$\sigma_{1f} = \sigma_3 \tan^2\left(45° + \frac{\varphi}{2}\right) + 2c\tan\left(45° + \frac{\varphi}{2}\right)$$

$$= 100\text{kPa} \times \tan^2\left(45° + \frac{18°}{2}\right) + 2 \times 20\text{kPa} \times \tan\left(45° + \frac{18°}{2}\right)$$

$$= 244.5\text{kPa}$$

因为 σ_{1f} 小于该点实际最大主应力 σ_1，即实际应力圆半径大于极限应力圆半径，如图5-9所示，所以该点土体处于剪切破坏状态。

也可采用式（5-9）计算达到极限平衡状态时所需最小主应力 σ_{3f}，即

$$\sigma_{3f} = \sigma_1 \tan^2\left(45° - \frac{\varphi}{2}\right) - 2c\tan\left(45° - \frac{\varphi}{2}\right) = \left(350\tan^2 36° - 2 \times 20\tan 36°\right)\text{kPa}$$

$$= 155.7\text{kPa}$$

计算结果表明，σ_{3f} 大于该点实际最小主应力 σ_3，即实际应力圆半径大于极限应力圆半径，同样可得出上述结论。

（2）该题另一种解法是利用剪切面上剪应力 τ 与抗剪强度 τ_f 进行判断 剪切面与最大主应力作用面夹角 $\alpha_f = 45° + \frac{\varphi}{2} = 54°$

剪切面上法向应力 $\sigma = \frac{1}{2}(\sigma_1 + \sigma_3) + \frac{1}{2}(\sigma_1 - \sigma_3)\cos 2\alpha_f$

$$= \frac{1}{2} \times (350 + 100)\text{kPa} + \frac{1}{2} \times (350 - 100) \times \cos 108° \text{kPa} = 186.4\text{kPa}$$

剪切面上剪应力 $\tau = \frac{1}{2}(\sigma_1 - \sigma_3)\sin 2\alpha_f$

$$= \frac{1}{2} \times (350 - 100) \times \sin 108° \text{kPa} = 118.9\text{kPa}$$

由库仑定律 $\tau_f = c + \sigma\tan\varphi = (20 + 186.4 \times \tan 18°)\text{kPa} = 80.5\text{kPa}$

由于 $\tau > \tau_f$，所以该点处于剪切破坏状态。

5.2　土的抗剪强度试验

　　确定土的抗剪强度指标的试验称为剪切试验。剪切试验方法有多种，本节仅介绍室内常用的直接剪切试验、三轴压缩试验和无侧限抗压强度试验，以及现场原位测试的十字板剪切试验。

5.2.1　直接剪切试验

　　直接剪切试验是测定土的抗剪强度指标的最常用和最简便方法，使用的仪器称为直剪仪，分应变控制式和应力控制式两种，前者以等应变速率使土样产生剪切位移直至剪破，后者是分级施加水平剪应力并测定相应的剪切位移。目前我国用得较多的是应变控制式直剪仪，主要工作部分如图 5-10 所示。

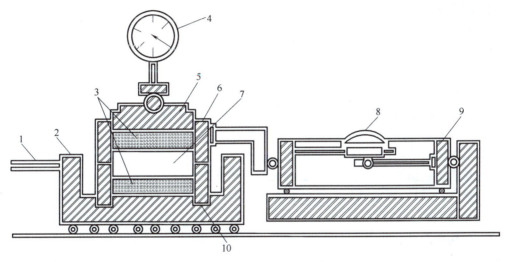

图 5-10　应变控制式直剪仪结构

1—轮轴　2—底座　3—透水石　4—量表　5—加压上盖　6—上盒　7—土样　8—量表　9—量力环　10—下盒

　　试验时，首先将剪切盒的上、下盒对正，插入固定销，然后用环刀切取土样，并将其推入由上、下盒构成的剪切盒中（根据试验排水要求土样上下有透水石或不透水板）。通过杠杆对土样施加竖向压力 p 后，拔除固定销，由推动座匀速推进对下盒施加剪应力，使土样沿上下盒水平接触面产生剪切变形，直至破坏。剪切面上相应的剪应力值由与上盒接触的量力环的变形值推算。

　　剪切过程中，每隔一固定时间间隔记录量力环中百分表读数，直至土样剪破。根据计算的剪应力 τ 与剪切位移 Δl 的值可绘制出相应于某一法向应力 σ 的剪应力-剪切位移关系曲线，如图 5-11 所示。

　　对于较密实的黏土及密砂土，τ-Δl 曲线具有明显峰值，如图 5-11 所示中的曲线 1，其峰

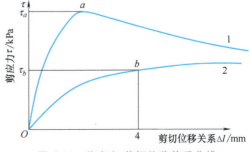

图 5-11　剪应力-剪切位移关系曲线

值 τ_a 即破坏强度 τ_f；对于软黏土和松砂，其 τ-Δl 曲线如图 5-11 所示中的曲线 2，一般不出现峰值。此时可按某一剪切变形量作为控制破坏标准，GB/T 50123—1999《土工试验方法标准》规定以剪切位移 $\Delta l=4mm$ 对应的剪应力 τ_b 作为抗剪强度 τ_f。

图 5-11 所示中的曲线 1 表明出现峰值后，强度随应变增大而降低，此为应变软化特征。曲线 2 无峰值在再现，强度随应变增大而趋于某一稳定值，称为应变硬化特征。

通过直接剪切试验确定某种土的抗剪强度时，通常取四个土样，分别施加不同的竖向压力，如 $\sigma = 100kPa$、$200kPa$、$300kPa$、$400kPa$，进行剪切，求得相应的抗剪强度 τ_f。将 τ_f 与 σ 绘于直角坐标系中，即得该土的抗剪强度包线，如图 5-12 所示。强度包线与 σ 轴的夹角即内摩擦角 φ，在 τ_f 轴上的截距即土的黏聚力 c。

绘制图 5-12 所示的抗剪强度与竖向压力的关系曲线时，必须注意纵横坐标的比例一致。

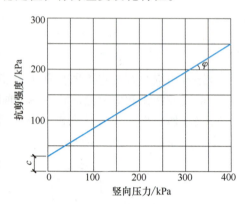

图 5-12　抗剪强度与竖向压力的关系曲线

为了近似模拟土体在现场的剪切排水条件，直接剪切试验可分为快剪（quick shear test）、固结快剪（consolidated quick shear test）和慢剪（slow shear test）三种，基本方法为：

1）快剪。在土样的上、下面与透水石之间用不透水板隔开，给试样施加竖向压应力 σ 后，立即施加水平剪力，并在 3~5min 内将土样剪损。

2）固结快剪。给试样施加竖向压应力 σ 后，允许试样在竖向压力下充分排水固结，待完全固结后再快速施加水平剪应力使试样剪切，尽量使土样在剪切过程中不再排水。

3）慢剪。给试样施加竖向压应力 σ 后待试样固结稳定，再以缓慢的速率施加水平剪切力，直至试样剪破。

直剪仪构造简单、操作方便，因而在工程中被广泛采用。但该试验存在着下述不足：

1）不能严格控制排水条件，不能测量试验过程中土样的孔隙水压力，因而对于抗剪强度受排水条件影响显著的饱和黏性土，慢剪试验成果不够准确。

2）试验中限定了上、下盒的接触面为剪切面，而不是沿土样最薄弱的面剪切破坏。

3）剪切过程中剪切面上的剪应力分布不均匀，土样剪切破坏时先从边缘开始，在边缘处发生应力集中现象。

4）剪切面积随剪切位移的增加而减小，而在计算抗剪强度时却没有考虑面积的这一变化。

5.2.2　三轴压缩试验

三轴压缩试验也称为三轴剪切试验，使用的仪器为三轴仪，有应变控制式和应力控制式两种，其中前者使用较广泛，图 5-13 所示为主要工作部分，包括反压力控制系统、周围压力控制系统、压力室、孔隙水压力测量系统、试验机等。

三轴试验采用正圆柱形土样（图 5-14a）。试验的主要步骤为：

1）将制备好的土样套在橡皮膜内并置于压力室底座上，装上压力室外罩并密封。

2）向压力室充水使周围压力达到所需的 σ_3。

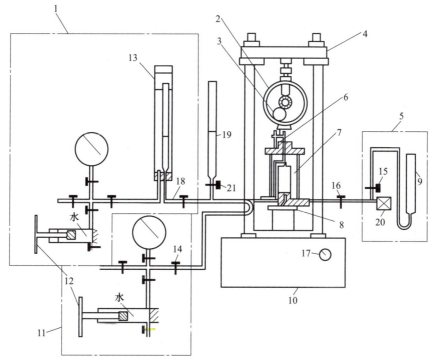

图 5-13 三轴仪组成

1—反压力控制系统 2—轴向测力计 3—轴向位移计 4—试验机横梁 5—孔隙水压力测量系统
6—活塞 7—压力室 8—升降台 9—量水管 10—试验机 11—周围压力控制系统 12—压力源
13、18—体变管 14—周围压力阀 15—两管阀 16—孔隙压力阀 17—手轮
19—排水管 20—孔隙压力传感器 21—排水管阀

3）按照试验要求关闭或开启各阀门，开动马达使压力按选定的速率匀速上升，活塞即对土样施加轴向压力增量 $\Delta\sigma$，$\sigma_1 = \sigma_3 + \Delta\sigma$。

假定土样上下端所受约束的影响忽略不计，则轴向即最大主应力方向，试样破坏面方向与最大主应力作用平面的夹角为 $\tau_f = 45° + \dfrac{\varphi}{2}$（图 5-14b）。按土样剪破时的 σ_1 和 σ_3 作极限应力圆，它必与抗剪强度包线切于 A 点，如图 5-14c 所示。A 点的坐标值即剪破面 mn 上的法向应力 σ_f 与极限剪应力 τ_f。

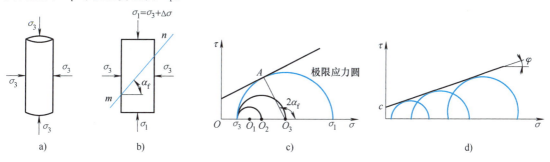

图 5-14 三轴剪切试验原理

a）试样 b）破坏面方向 c）剪切过程中应力圆变化 d）试验成果

试验时一般采用 3~4 个土样，在不同的 σ_3 作用下进行剪切，得出 3~4 个不同的破坏应力圆，绘出各应力圆的公切线，即抗剪强度包线，通常近似取一直线，由此求得抗剪强度指标 c、φ 值（图 5-14d）。

测量试验过程中的孔隙水压力，可以通过调压筒调整零位指示器的水银面，使其始终保持原来位置，孔隙水压力表中读数就是孔隙水压力值。测量试验过程中的排水量，可打开排水阀，让土样中的水排入量水管，根据水管中水位变化可算出试验过程中的排水量。

根据试验中的排水条件，三轴压缩试验可分为不固结不排水剪（unconsolidated undrained test，UU）、固结不排水剪（consolidated undrained test，CU）、固结排水剪（consolidated drained test，CD），分别对应于直接剪切试验的快剪、固结快剪、慢剪，基本方法如下：

1）不固结不排水剪（UU），简称不排水剪。土样在施加围压 σ_3 后和施加竖向压力增量 $\Delta\sigma$ 后都不允许排水，直至土样剪切破坏，即试验自始至终关闭排水阀，整个试验过程土样的含水量不变。

2）固结不排水剪（CU）。试验在施加围压 σ_3 时打开排水阀，允许土样排水固结，即让土样中的孔隙水压力 $u_1 = 0$，待固结稳定后关闭排水阀门，再施加竖向压力增量 $\Delta\sigma$ 至土样剪切破坏，使土样在不排水的条件下剪切破坏。

3）固结排水剪（CD），简称排水剪。试验在施加围压 σ_3 时打开排水阀，允许土样排水固结，待固结稳定后在充分排水条件下缓慢施加轴向压力增量 $\Delta\sigma$ 至土样剪切破坏，整个试验过程中试样的孔隙水压力始终为零。

三轴试验的突出优点是能较严格地控制土样的排水条件，从而可以测量土样中的孔隙水压力，以定量获得土中有效应力的变化情况。此外，试验中土样的应力状态比较明确，破裂面可以发生在应力薄弱处（除了薄弱面在上下固定端的情况）。所以，三轴试验成果较直接剪切试验成果更加可靠、准确。但三轴仪器较复杂，操作技术要求高，且土样制备也比较麻烦。此外，试验是在轴对称情况下进行的，即 $\sigma_2 = \sigma_3$，这与一般土体实际受力还是有差异的。要克服这一缺陷只有采用 $\sigma_1 \neq \sigma_2 \neq \sigma_3$ 的真三轴仪等仪器，才能更准确地测定不同应力状态下土的强度。

5.2.3 无侧限抗压强度试验

无侧限抗压强度试验是三轴剪切试验的一种特例，即对正圆柱形试样不施加周围压力（$\sigma_3 = 0$），而只对它施加垂直的轴向压力 σ_1，由此测出试样在无侧向压力的条件下抵抗轴向压力的极限强度，称为无侧限抗压强度。

图 5-15a 所示为应变控制式无侧限压缩仪，试样受力情况如图 5-15b 所示。因为试样的 $\sigma_3 = 0$，所以试验成果只能绘出一个极限应力圆，对于一般黏性土很难绘出莫尔-库仑强度包线。

对于饱和软黏土，根据三轴不排水剪试验成果，其强度包线近似于一水平线，即 $\varphi_u = 0$。所以在 $\sigma-\tau$ 坐标系中，以无侧限抗压强度 q_u 为直径，通过 $\sigma_3 = 0$、$\sigma_1 = q$ 作极限应力圆，其水平切线就是强度包线，如图 5-15c 所示。该线在 τ 轴上的截距 c_u 为抗剪强度 τ_f，即

$$\tau_f = c_u = \frac{q_u}{2} \tag{5-13}$$

式中　c_u——饱和软黏土的不排水强度。

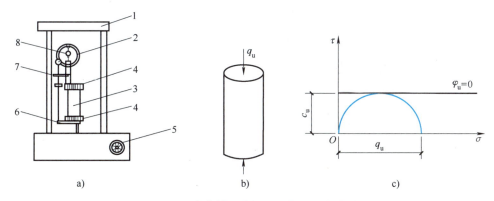

图 5-15　应变控制式无侧限抗压强度试验

1—轴向加压架　2—轴向测力计　3—试样　4—上、下传压板　5—手轮或电动转轮

6—升降板　7—轴向位移计　8—量表

故无侧限抗压强度试验适用于测定饱和软黏土的不排水强度。另外，饱和软黏土的强度与土的结构有关，当土的结构遭受破坏时，其强度会迅速降低，工程上常用灵敏度 S_t 来反映土的结构性的强弱，其表达式为

$$S_t = \frac{q_u}{q_0} \tag{5-14}$$

式中　q_u——原状土的无侧限抗压强度；

q_0——重塑土（在含水率不变的条件下使土的天然结构彻底破坏再重新制备的土）的无侧限抗压强度。

根据灵敏度的值可将饱和黏性土分为三类：低灵敏度 $1 < S_t \leqslant 2$；中灵敏度 $2 < S_t \leqslant 4$；高灵敏度 $S_t > 4$。

土的灵敏度越高，其结构性越强，受扰动后土的强度降低就越多。所以在高灵敏度土上修建建筑物时，应尽量减少对土的扰动。

5.2.4　十字板剪切试验

在土的抗剪强度现场原位测试方法中，最常用的是十字板剪切试验。它无须钻孔取得原状土样，使土少受扰动，且试验时土的排水条件、受力状态等与实际条件十分接近，因而十字板剪切试验特别适用于难取样和高灵敏度的饱和软黏土。

十字板剪切仪的构造如图 5-16 所示，其主要部件为十字板头、轴杆、扭矩施加设备和测力装置。近年来出现了用自动记录显示和数据处理的微机代替旧有测力装置的十字板剪切仪。十字板剪切试验的工作原理是将十字板头插入土中待测土层的标高处，然后在地面上对轴杆施加扭矩，带动十字板旋转。十字板头的四翼矩形片旋转时与土体间形成圆柱体表面形状的剪切面，如图 5-17 所示。通过测力设备测出最大扭矩 M，据此可推算出土的抗剪强度。

推算抗剪强度时假定：

1）土体破坏面为圆柱面，圆柱面的直径与高度分别等于十字板板头的宽度 D 和高度 H。

2）圆柱面侧面和上、下端面上的抗剪强度 τ_f 均匀分布，不仅大小相等而且同时发挥，如图 5-17 所示。

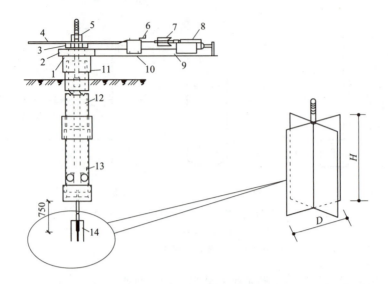

图 5-16　十字板剪切仪示意

1—幅圈　2、5、11—固定螺钉　3—平弹子盘　4—转盘　6—摇柄

7—滑轮　8—弹簧秤　9—槽钢　10—施力盒　12—套管　13—导轮　14—十字板

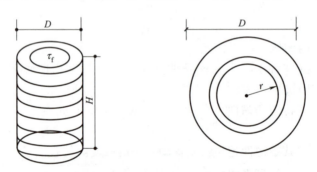

图 5-17　圆柱形破坏面上强度分布假设

根据力矩平衡条件，外力产生的最大扭矩 M_{max} 等于圆柱侧面上抗剪力对轴心的抵抗力矩 M_1 和上、下两端面上抗剪力对轴心的抵抗力矩 M_2 之和，即

$$M_{max} = M_1 + M_2 \tag{5-15}$$

侧面上抵抗力矩

$$M_1 = \pi D H \frac{D}{2} \tau_f \tag{5-16}$$

上下断面上抵抗力矩

$$M_2 = 2 \times \frac{\pi D^2}{4} \times \frac{D}{3} \times \tau_f \tag{5-17}$$

将式（5-16）和式（5-17）代入式（5-15）中得到

$$M_{max} = \pi D H \frac{D}{2} \tau_f + \frac{\pi D^2}{2} \times \frac{D}{3} \times \tau_f \tag{5-18}$$

$$\tau_f = \frac{2}{\pi D^2 H \left(1 + \dfrac{D}{3H}\right)} M_{max} \tag{5-19}$$

　　十字板剪切试验对土体的扰动较小，适用于饱和软黏土。对饱和软黏土，与室内无侧限抗压强度试验一样，十字板剪切试验所得成果即不排水抗剪强度 c_u，且主要反映土体竖向面上的强度。由于天然土层的抗剪强度是非等向的，水平面上的固结压力往往大于侧向固结压力，因而水平面上的抗剪强度略大于竖向面上的抗剪强度。十字板剪切试验结果理论上应与无侧限抗压强度试验相当（甚至略小），但事实上十字板剪切试验结果往往比无侧限抗压强度值高，这可能与土样扰动较少有关。除了土的各向异性，土的成层性，十字板的尺寸、形状、高径比、旋转速率等因素对十字板剪切试验结果均有影响。此外，十字板剪切面上的应力条件十分复杂，有学者曾利用衍射成像技术，发现十字板周围土体存在因受剪影响使颗粒重新定向排列的区域，这表明十字板剪切不是简单地沿着一个面产生，而是存在着一个具有一定厚度的剪切区域。因此，十字板剪切试验所得的 c_u 值与原状土室内不排水剪切试验结果有一定的差别。

5.2.5　三轴压缩试验中的孔隙压力系数

　　斯开普顿通过对非饱和土体在三轴不排水和不排气条件下的孔隙压力研究，提出了孔隙压力系数（pore pressure coefficient）A、B 的概念。

　　在非饱和土的孔隙中既有气又有水，由于水气界面上的表面张力和弯液面的存在，孔隙气压力 u_a 和孔隙水压力 u_w 不相等，且 $u_a > u_w$。当土的饱和度达到 95% 以上时，表面张力较小，$u_a \approx u_w$。为简单起见，下面的讨论中不再区分 u_a 和 u_w，统称为孔隙压力并用 u 表示。

　　在常规三轴压缩试验中，试样先承受周围压力 σ_c 固结稳定，以模拟土层的原位应力（自重应力）状态。试样在 σ_c 作用下固结稳定后，它产生的孔隙压力 u_0 消散为零。用 $\Delta\sigma_1$ 和 $\Delta\sigma_3$ 模拟附加应力，三轴压缩试验时将它们分为两步施加：首先使试样承受周围压力增量 $\Delta\sigma_3$，由 $\Delta\sigma_3$ 产生的孔隙压力记为 Δu_1；再在周围压力 $\sigma_3 = \sigma_c + \Delta\sigma_3$ 不变的条件下，沿轴向给试样施加主应力增量 $(\Delta\sigma_1 - \Delta\sigma_3)$（轴向应力增量 q），设由 $(\Delta\sigma_1 - \Delta\sigma_3)$ 产生的孔隙压力为 Δu_2。如图 5-18 所示，若试验是在不排水条件下进行，则在剪切过程中任一时刻的孔隙压力 u 是由 $\Delta\sigma_3$ 和 $(\Delta\sigma_1 - \Delta\sigma_3)$ 作用产生的孔隙压力 Δu_1 与 Δu_2 之和，即

$$\Delta u = \Delta u_1 + \Delta u_2 \tag{5-20}$$

　　下面根据三轴试验过程中施加 $\Delta\sigma_3$ 和 $\Delta\sigma_1 - \Delta\sigma_3$ 两个阶段产生的孔隙水压力来定义孔隙压力系数。

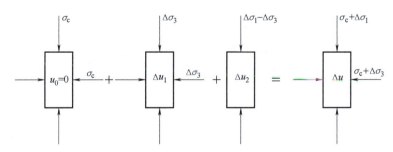

图 5-18　三轴不排水剪试验中的孔隙水压力

1. 孔隙压力系数 B

把试样在不固结条件下受到各向相等应力增量 $\Delta\sigma_3$ 作用时产生的孔隙压力增量 Δu_1 与

$\Delta\sigma_3$ 之比定义为孔隙压力系数 B，即

$$B = \frac{\Delta u_1}{\Delta\sigma_3} \tag{5-21}$$

式中　B——三轴试验过程中施加各向相等的应力增量条件下的孔隙压力系数，它是反映土体承受各向相等的应力作用时孔隙压力增长的指标。

对于饱和土，由于孔隙水和土粒都被认为是不可压缩的，各向相等的 $\Delta\sigma_3$ 作用既不会使试样发生体积改变，也不会使试样发生形状改变，因此 $\Delta\sigma_3$ 将完全由孔隙水承担，即 $\Delta u_1 = \Delta\sigma_3$，所以 $B=1$；对于干土，由于孔隙气的压缩性要比土骨架的压缩性高得多，这时周围压力增量 $\Delta\sigma_3$ 将完全由土骨架承担，基本不产生孔隙压力，于是 $\Delta u_1 = 0$，即 $B=0$；在非饱和土中，$\Delta\sigma_3$ 作用将使土体孔隙中流体和土骨架都产生压缩。因此，孔隙压力将增长，以承担部分围压增量 $\Delta\sigma_3$，这时 $0 < \Delta u_1 < \Delta\sigma_3$，因此 B 介于 0 与 1 之间。试样的饱和度越大，B 越接近 1，因此 B 也是反映土体饱和程度的指标。

2. 孔隙压力系数 A、$\overline{B}$

试样受到轴向应力增量 q（主应力差 $\Delta\sigma_1 - \Delta\sigma_3$）作用时，不排水条件产生的孔隙压力为 Δu_2，定义另一孔隙压力系数 A 如下

$$A = \frac{\Delta u_2}{B(\Delta\sigma_1 - \Delta\sigma_3)} \tag{5-22}$$

式中　A——三轴试验过程中，向试样施加轴向应力增量 $q = \Delta\sigma_1 - \Delta\sigma_3$ 时产生的孔隙压力系数，可通过测定 Δu_2 和 B 计算出它的大小，其值与土的种类、干密度、饱和度和应力历史等有关。

对与正常固结的饱和黏土和饱和松砂，$0 < A < 1$；对于超固结的饱和黏土和饱和紧砂，一般 $A < 0$。

在三轴压缩试验的剪切过程中，$\Delta\sigma_3$ 和 $\Delta\sigma_1 - \Delta\sigma_3$ 共同产生的孔隙压力为

$$\Delta u = \Delta u_1 + \Delta u_2 = B\Delta\sigma_3 + BA(\Delta\sigma_1 - \Delta\sigma_3) \tag{5-23}$$

或 $$\Delta u = B[\Delta\sigma_3 + A(\Delta\sigma_1 - \Delta\sigma_3)] \tag{5-24}$$

式（5-24）还可改写成

$$\Delta u = B[\Delta\sigma_1 - (1-A)(\Delta\sigma_1 - \Delta\sigma_3)] = B\Delta\sigma_1\left[1 - (1-A)\left(1 - \frac{\Delta\sigma_3}{\Delta\sigma_1}\right)\right] \tag{5-25}$$

定义

$$\overline{B} = \frac{\Delta u}{\Delta\sigma_1} = B\left[1 - (1-A)\left(1 - \frac{\Delta\sigma_3}{\Delta\sigma_1}\right)\right] \tag{5-26}$$

式中　$\overline{B}$——孔隙压力系数，它表示在一定周围应力增量作用下，由主应力增量 $\Delta\sigma_1 = \Delta\sigma_3 + q$ 引起的孔隙压力的变化。

参数 $\overline{B}$ 可用等应力比三轴不排水剪试验测定，在堤坝稳定分析中很重要，用于估算堤坝填筑期的初始孔隙压力。

在饱和土的不固结不排水剪试验中，孔隙压力的总增量为

$$\Delta u = \Delta\sigma_3 + A(\Delta\sigma_1 - \Delta\sigma_3) \tag{5-27}$$

在固结不排水剪试验中，由于允许试样在 $\Delta\sigma_3$ 下固结稳定，所以，试样受剪前 Δu_1 已

消散为零。于是剪切过程中

$$\Delta u = \Delta u_2 = A(\Delta \sigma_1 - \Delta \sigma_3) \tag{5-28}$$

在固结排水剪试验中，恒有 $\Delta u = 0$。

假定各向同性的线弹性土体内某点处于轴对称的应力状态，则可以将它分解为图 5-19 所示的各向等压的球应力状态和偏压应力状态。

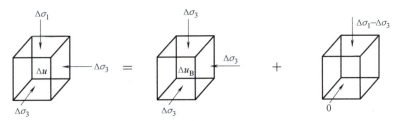

图 5-19　土体中的应力状态

3. 各向等压作用下的孔隙压力系数 B

在各向等压应力增量 $\Delta \sigma_1 = \Delta \sigma_2 = \Delta \sigma_3$ 作用下，土体中产生的孔隙压力为 Δu_B。根据有效应力原理，土体单元中的有效应力增量 $\Delta \sigma_3' = \Delta \sigma_3 - \Delta u_B$。由弹性力学理论可知，在各向等压条件下，有效应力引起的土骨架的体积压缩为

$$\Delta V = \frac{3(1-2\mu)}{E} \Delta \sigma_3' V = C_s (\Delta \sigma_3 - \Delta u_B) V \tag{5-29}$$

式中　E——材料的弹性模量；

μ——材料的泊松比；

C_s——土骨架的体积压缩系数，表征有效应力作用下土骨架的体积应变，$C_s = \dfrac{3(1-2\mu)}{E}$；

V——土样体积。

在土中孔隙压力的作用下，孔隙体积的压缩量为

$$\Delta V_v = C_v \Delta u_B nV \tag{5-30}$$

式中　C_v——孔隙的体积压缩系数；

n——孔隙率。

如果忽略土颗粒本身的压缩量，则土骨架体积的变化应等于孔隙体积的变化，即有 $\Delta V = \Delta V_v$。于是根据式中（5-29）和式（5-30）相等的条件，有

$$C_s (\Delta \sigma_3 - \Delta u_B) V = C_v \Delta u_B nV \tag{5-31}$$

或

$$\Delta u_B = \frac{1}{1 + \dfrac{nC_v}{C_s}} \Delta \sigma_3 = B \Delta \sigma_3 \tag{5-32}$$

即

$$B = \frac{1}{1 + \dfrac{nC_v}{C_s}}$$

对于孔隙中充满水的完全饱和土，由于孔隙水的体积压缩与土骨架的体积压缩相比可以

忽略，即 $C_v/C_s \to 0$，故有 $B = 1.0$，此时周围压力增量完全由孔隙水来承担。对于孔隙中充满气体的干土，孔隙中气体的压缩是很大的，即 $C_v/C_s \to \infty$，故有 $B = 0$。对于一般非饱和土，有 $B = 0 \sim 1.0$，而且饱和度越大，B 值越大。所以，B 值可以作为反映土体饱和程度的指标，一般可通过三轴试验来确定。图 5-20 给出了典型土类的孔隙压力系数 B 与饱和度 S_r 的变化关系，可供参考。

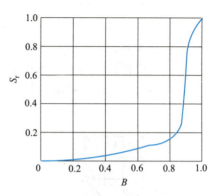

图 5-20　孔隙压力系数 B 与饱和度 S_r 的关系

4. 偏压应力作用下的孔隙压力系数 A

假定土样偏压应力增量（$\Delta\sigma_1 - \Delta\sigma_3$）作用下的孔隙压力增量 Δu_A，则轴向和侧向有效应力增量分别为 $\Delta\sigma_1' = \Delta\sigma_1 - \Delta\sigma_3 - \Delta u_A$ 和 $\Delta\sigma_2' = \Delta\sigma_3' = -\Delta u_A$，根据弹性理论，土体的体积变化为

$$\Delta V = C_s \cdot \frac{1}{3}(\Delta\sigma_1' + \Delta\sigma_2' + \Delta\sigma_3') \cdot V$$

$$= \frac{1}{3}C_s V(\Delta\sigma_1 - \Delta\sigma_3 - 3\Delta u_A) \tag{5-33}$$

在孔隙压力 Δu_A 作用下，孔隙体积的变化为

$$\Delta V_v = C_v \Delta u_A n V \tag{5-34}$$

同样，土体体积的变化应等于孔隙体积的变化，则有

$$C_v \Delta u_A n V = \frac{1}{3}C_s V(\Delta\sigma_1 - \Delta\sigma_3 - 3\Delta u_A) \tag{5-35}$$

于是可得

$$\Delta u_A = \frac{1}{1 + \dfrac{nC_v}{C_s}} \cdot \frac{1}{3}(\Delta\sigma_1 - \Delta\sigma_3) = B \cdot \frac{1}{3}(\Delta\sigma_1 - \Delta\sigma_3) \tag{5-36}$$

将式（5-32）和式中（5-36）叠加，可得轴对称三向应力状态下孔隙压力为

$$\Delta u = \Delta u_B + \Delta u_A = B\left[\Delta\sigma_3 + \frac{1}{3}(\Delta\sigma_1 - \Delta\sigma_3)\right] \tag{5-37}$$

由于土并不是理想的弹性体，为此可将式（5-37）中的系数 1/3 用一个更具有普遍意义的系数 A 来代替，则式中（5-37）可以写成

$$\Delta u = B\left[\Delta\sigma_3 + A(\Delta\sigma_1 - \Delta\sigma_3)\right] \tag{5-38}$$

可以看出，土体的孔隙压力是平均正应力增量和偏应力增量的综合函数。研究表明，饱和土的 B 值完全可以视为 1.0，而孔隙压力系数 A 的大小则受许多因素的影响，它随偏应力（$\Delta\sigma_1 - \Delta\sigma_3$）的变化而呈非线性变化。

对于高压缩性的土，A 值比较大。对于超固结土，当其受到剪切作用时会发生剪胀现象并产生负的孔隙压力，此时 $A < 0$。实际上，即使对于同一种土，A 值也并不是常数，而与土样所受应变的大小、初始应力状态、应力历史及应力路径等诸多因素有关。斯肯普顿（Skempton）根据大量的三轴试验结果，给出其经验参考值，见表 5-1。

表 5-1　孔隙压力系数 A 参考值

土类	A 值	土类	A 值
松的细砂	2 ~ 3	轻微超固结黏土	0.2 ~ 0.5
高灵敏度软黏土	0.75 ~ 1.5	一般超固结黏土	0 ~ 0.2
正常固结黏土	0.5 ~ 1	重超固结黏土	-0.5 ~ 0
压实砂质黏土	0.25 ~ 0.75		

对于非轴对称的三向应力状态的情形，主力之间满足关系 $\Delta\sigma_1 > \Delta\sigma_2 > \Delta\sigma_3$。为此亨可尔（Henkel）考虑了中主应力的影响，并引入应力不变量和八面体应力，提出了确定饱和土体孔隙压力的计算公式，即

$$\Delta u = \frac{1}{3}\left(\Delta\sigma_1 + \Delta\sigma_2 + \Delta\sigma_3\right) + \frac{a}{3}\sqrt{\left(\Delta\sigma_1 - \Delta\sigma_2\right)^2 + \left(\Delta\sigma_2 - \Delta\sigma_3\right)^2 + \left(\Delta\sigma_3 - \Delta\sigma_1\right)^2} \tag{5-39}$$

$$= \Delta\upsilon_{oct} + 3a\Delta\tau_{oct}$$

式中　a——亨克尔孔隙压力系数。

对于三轴压缩试验，将 $\Delta\sigma_2 = \Delta\sigma_3$ 代入式（5-39），可得

$$\Delta u = \Delta\sigma_3 + \left(\frac{1+\sqrt{2}\,a}{3}\right)\left(\Delta\sigma_1 - \Delta\sigma_3\right) \tag{5-40}$$

可见 Skempton 孔隙压力系数 A 与 Henkel 孔隙压力系数 a 的关系为

$$A = \frac{1+\sqrt{2}\,a}{3}$$

一般认为，Henkel 孔隙压力计算公式可以更好地反映剪切应力对孔隙压力影响的物理本质，因而具有更加普遍的意义。

5.3　饱和黏性土的剪切性状

5.3.1　不同排水条件下的剪切试验成果表达方法

前述三种排水条件下的直接剪切试验和三轴剪切试验成果，均可用总应力强度指标来表达，其表示方法是在 c、φ 符号右下角分别标以表示不同排水条件的符号，见表 5-2。

表 5-2　剪切试验成果表达

直接剪切		三轴剪切	
试验方法	成果表达	试验方法	成果表达
快剪	c_q、φ_q	不排水剪	c_u、φ_u
固结快剪	c_{cq}、φ_{cq}	固结不排水剪	c_{cu}、φ_{cu}
慢剪	c_s、φ_s	排水剪	c_d、φ_d

对于三轴试验成果，除用总应力强度指标表达，还可用有效应力指标 c'、φ' 表示，且对同一种土，UU、CU 及 CD 试验所获得 c'、φ' 都是相同的，即土体的有效应力强度指标不随试验方法而变。

5.3.2 不固结不排水强度

图 5-21 表示一饱和黏性土的三轴不排水剪切试验结果，图中三个实线圆 A、B、C 表示三个试样在不同 σ_3 作用下剪切破坏时的总应力圆，虚线圆为有效应力圆。

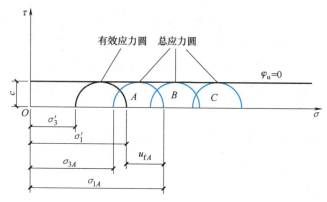

图 5-21　饱和黏性土的三轴不排水剪切试验结果

试验结果表明，虽然三个试样的周围压力 σ_3 不同，但剪切破坏时的主应力差相等，因而三个极限应力圆的直径相同，由此而得强度包线是一条水平线，即

$$\varphi_u = 0$$

$$\tau_f = c_u = \frac{1}{2}(\sigma_1 - \sigma_3) \tag{5-41}$$

试验中分别是量测试样破坏时的孔隙水压力 u_f，可根据有效应力原理获得以有效应力表示的极限应力圆。结果表明，三个试样只有同一有效应力圆，即

$$\sigma_1' - \sigma_3' = (\sigma_1 - \sigma_3)_A = (\sigma_1 - \sigma_3)_B = (\sigma_1 - \sigma_3)_C \tag{5-42}$$

出现上述现象的原因是在不排水条件下，试样在剪切过程中始终不能排水固结而使试样的含水率不变，体积也不变，增加的周围压力只能引起孔隙水压力的增加，并不能增加试样的有效应力，因此土体的抗剪强度不会改变。如果剪切前的固结压力较高，也不会改变这一现象，只是会得出较大的不排水强度 c_u。

饱和黏性土在不排水剪切试验中的这一剪切性状表明，随着 σ_3 的增加，试样存在含水率-体积-有效应力唯一性的特征，导致剪切过程中强度不变。

由于一组饱和黏性土的三轴不排水剪切试验的有效应力圆只有一个，所以该方法不能得到有效应力破坏包线和有效应力强度指标 c'、φ'。

5.3.3 固结不排水抗剪强度

饱和黏性土的固结不排水抗剪强度在一定程度上受应力历史的影响，因此，在研究黏性土的固结不排水强度时，要区别试样是正常固结还是超固结（图 5-22a）。

饱和黏性土在固结不排水剪切试验时，试样在 σ_3 作用下充分排水固结，$\Delta u_3 = 0$；在不排水条件下施加偏应力剪切时，试样中的孔隙水压力随偏应力的增加不断变化，$\Delta u_1 = A(\Delta \sigma_1 - \Delta \sigma_3)$，正常固结试样剪切时其体积有减少的趋势（剪缩），但由于不允许排水，故

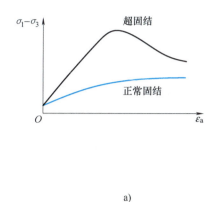 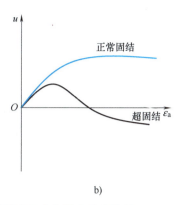

a)   b)

图 5-22 固结不排水剪切试验的主应力差及孔隙水压力与轴向应变的关系

a) $(\sigma_1 - \sigma_3)$-ε_a 关系曲线   b) u-ε_a 关系曲线

产生正的孔隙水压力，由试验得出孔隙压力系数都大于零，而超固结试样在剪切时其体积有增加的趋势（剪胀），在剪切初期产生正的孔隙水压力，以后转为负的孔隙水压力，如图 5-22b 所示。

正常固结饱和黏性土固结不排水剪切试验结果如图 5-23 所示，图中以实线表示总应力圆和总应力破坏包线，虚线表示有效应力圆和有效应力破坏包线，u_f 为剪切破坏时的孔隙水压力，由于 $\sigma_1' = \sigma_1 - u_f$，$\sigma_3' = \sigma_3 - u_f$，所以有效应力圆与总应力圆直径相等，但位置向坐标原点移动 u_f 距离。总应力破坏包线和有效应力破坏包线都通过原点，说明未受任何固结压力的土（如泥浆状土）不会有抗剪强度。总应力破坏

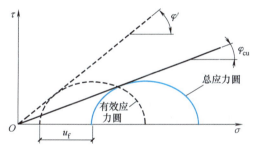

图 5-23 正常固结饱和黏性土固结不排水剪切试验结果

包线的倾角用 φ_{cu} 表示，有效应力破坏包线的倾角 φ' 称为有效内摩擦角，$\varphi' > \varphi_{cu}$。

超固结土的固结不排水剪切试验总应力破坏包线（图 5-24a）是一条略平缓的曲线，可近似用直线 ab 代替，与正常固结破坏包线 bc 相交，bc 线的延长线仍通过原点。实际使用时将 abc 折线取为图 5-24b 所示的一条直线，总应力强度指标 c_{cu} 和 φ_{cu}。于是，固结不排水剪切的总应力破坏包线可表达为

$$\tau_f = c_{cu} + \sigma \tan\varphi_{cu} \tag{5-43}$$

如以有效应力表示，有效应力圆和有效应力破坏包线如图 5-24 中虚线所示，由于超固结土在剪切破坏时产生负的孔隙水压力，故有效应力圆向坐标原点方向移动 $-U_{f_I}$ 距离，图 5-24b 中圆 A，正常固结试样产生正的孔隙水压力，故有效应力圆向坐标原点方向移动 $U_{f_{II}}$ 距离，图 5-24b 中圆 B，有效应力强度包线可表示为

$$\tau_f = c' + \sigma' \tan\varphi' \tag{5-44}$$

式中 c'、φ'——固结不排水试验得出的有效应力强度参数，通常 $c' < c_{cu}$，$\varphi' > \varphi_{cu}$。

由固结不排水剪切试验所得的总应力破坏莫尔圆（图 5-25 中各实线图）向坐标原点平移一破坏时的 u_f 值距离，圆的半径保持不变，就可绘出有效应力破坏莫尔圆（图 5-25 中各

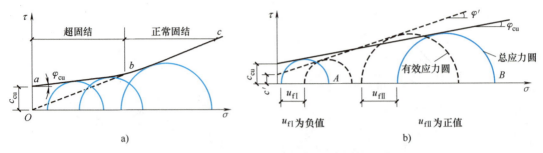

图 5-24　超固结土的固结不排水剪切试验结果

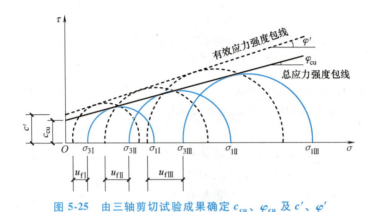

图 5-25　由三轴剪切试验成果确定 c_{cu}、φ_{cu} 及 c'、φ'

虚线）。按各实线圆求得的公切线为该土的总应力抗剪强度包线，据此可确定 c_{cu} 和 φ_{cu}；按各虚线圆求得的公切线即该土的有效应力抗剪强度包线，据此可确定 c' 和 φ'。

5.3.4　固结排水抗剪强度

固结排水试验在整个试验过程中超孔隙水压力始终为零，总应力最后全部转化为有效应力，所以总应力圆就是有效应力圆，总应力破坏包线就是有效应力破坏包线。图 5-26a、b 分别为固结排水试验的应力-应变关系曲线和体积变化-应变关系曲线，在剪切过程中，正常固结黏土发生剪缩，而超固结土则是先剪缩，继而主要呈剪胀的特性。

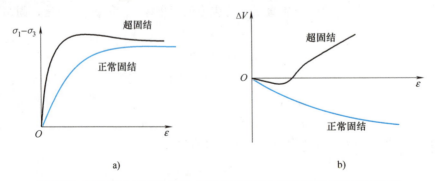

图 5-26　固结排水试验的应力-应变关系曲线和体积变化-应变关系曲线

图 5-27 为固结排水试验结果，正常固结图的破坏包线通过原点，如图 5-27a 所示，黏聚力 $c_d = 0$，φ_d 可达 20°以上。超固结土的破坏包线存在拐点，实际使用时近似用一条直线代

替，如图 5-27b 中实线所示，$c_d > 0$，φ_d 比正常固结土的内摩擦角要小。

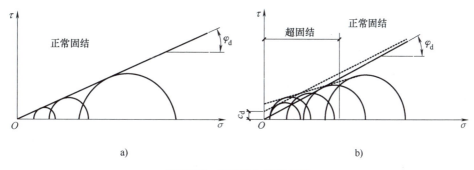

图 5-27　固结排水试验结果

a）正常固结　b）超固结

试验结果表明，c_d、φ_d 与固结不排水试验得到的 c'、φ' 很接近，由于固结排水试验所需的时间太长，故实际使用时常以 c'、φ' 代替 c_d 和 φ_d，但要注意两者的试验条件是不同的，固结不排水试验在剪切过程中试样体积保持不变，而固结排水试验在剪切过程中试样的体积一般要发生变化。

图 5-28 表示同一种黏性土分别在三种不同排水条件下的试验结果。由图可见，如果以总应力表示，将得出不同的试验结果，而以有效应力表示时，不论何种试验方法，都得到几乎相同的有效应力破坏包线，即抗剪强度与有效应力有唯一对应的关系。

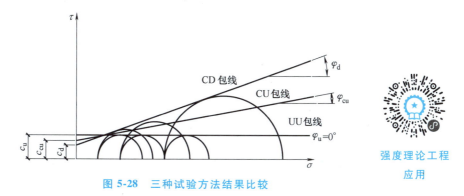

图 5-28　三种试验方法结果比较

强度理论工程
应用

5.3.5　抗剪强度指标的选用

如前所述，土的抗剪强度指标随试验方法、排水条件的不同而异，因而在实际工程中应该尽可能按照现场条件选择适当的实验室试验方法，以获得与实际场地最为接近的抗剪强度指标。

一般认为，由三轴固结不排水剪切试验确定的有效应力强度参数 c' 和 φ' 宜用于分析地基的长期稳定性，如土坡的长期稳定分析、挡土结构物的长期土压力计算、软土地基上结构物的地基长期稳定分析等。而对于饱和软黏土的短期稳定问题，则宜采用不排水剪的强度指标。但在进行不排水剪试验时，宜在土的有效自重应力下预固结，以避免试验得出的指标过低。

采用总应力分析法时，不同工程的计算测试方法和指标的选用可参考表 5-3。

表 5-3　地基土抗剪强度指标的选择

试验方法	适用条件
不排水剪或快剪	建筑物施工速度较快,地基土的透水性和排水条件不良
排水剪或慢剪	建筑物施工速度较慢,地基土的透水性较好、排水条件较佳
固结不排水剪或固结快剪	介于以上两种情况之间,或建筑物竣工以后较久荷载又突然增加(如房屋增层、水库突然蓄水、水库水位降落期等)

实际加荷情况和土的性质是复杂的,而且建筑物在施工和使用过程中要经历不同的固结状态,因此,确定强度指标时还应结合工程经验。

【例 5-2】　对某种饱和黏性土分别进行快剪、固结快剪和慢剪,试验成果列于表 5-4 中,试用作图方法求该种土在三种排水条件和剪切方法中的抗剪强度指标。

表 5-4　直剪试验结果

σ/kPa		100	200	300	400
τ_f/kPa	快剪	62	66	70	73
	固结快剪	70	94	117	141
	慢剪	81	130	176	225

【解】　据表 5-4 所列数据,依次绘制三种试验方法所得的抗剪强度包线,如图 5-29 所示,并由此确定抗剪强度指标如下

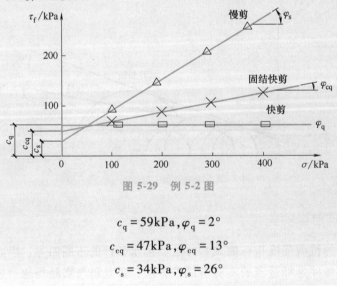

图 5-29　例 5-2 图

$$c_q = 59\text{kPa}, \varphi_q = 2°$$

$$c_{cq} = 47\text{kPa}, \varphi_{cq} = 13°$$

$$c_s = 34\text{kPa}, \varphi_s = 26°$$

5.4　砂土的剪切性状

5.4.1　砂土的内摩擦角

砂土是透水性很强的土类,现场的受剪过程大多相当于固结排水剪情况,试验求得的抗剪强度包线一般为过原点的直线,抗剪强度表达式为

$$\tau_f = \sigma \tan \varphi'$$

式中 φ'——固结排水剪试验求得的内摩擦角。

影响砂土内摩擦角的主要因素是土体的初始孔隙比、土粒表面粗糙度及颗粒级配，初始孔隙比小、土粒表面粗糙、级配良好的砂土内摩擦角较大。土体的饱和度也对内摩擦角有一定影响，研究表明，具有同一初始孔隙比的同一种砂土在饱和时的内摩擦角比干燥时一般小2°左右。

5.4.2 砂土的剪切特性

砂土在剪切过程中的性状与初始孔隙比有关，图 5-30 为同一种砂土具有不同初始孔隙比时在相同周围压力 σ_3 下受剪时的性状。图 5-30 表明，松砂受剪时强度随轴向应变的增大而增大，应力-应变关系呈应变硬化型，受剪过程中体积减小（剪缩）。密砂受剪时应力-应变关系有明显峰值，但过峰值后随着轴向应变的增加，强度逐渐降低，呈应变软化型，最后趋于松砂的强度，这一不变的强度值称为残余强度。体积变化是开始稍有减少，而后不断增加（剪胀），超过了初始体积，这是由于土粒间的咬合作用，受剪时砂粒之间产生相对滚动，位置重新排列，使得体积增加。密砂的剪胀趋势会随着围压的增大、颗粒的破碎而逐渐消失。图 5-30 还表明，在高的周围压力下，不论砂土的密实程度如何，受剪都将压缩。

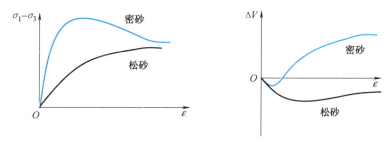

图 5-30 砂土受剪时的应力-应变关系曲线及体变变化-应变关系曲线

砂土在低周围压力受剪时体积是缩小还是增大取决于初始孔隙比，将具有不同初始孔隙比 e_0 的试样在同一压力下进行剪切试验，可以得到图 5-30 所示的 e_0 与体积变化率 $\Delta V/V$ 之间的关系曲线，相应于体积变化率为零的初始孔隙比被定义为临界孔隙比 e_{cr}，即砂土在这一初始孔隙比下受剪，剪破时的体积等于其初始体积。砂土的临界孔隙比与周围压力有关，在三轴试验中，可以通过施加不同围压 σ_3 得出不同的 e_{cr}，如图 5-31 所示，随着围压的增加临界孔隙比降低。

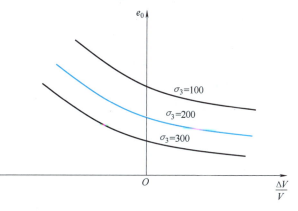

图 5-31 砂土的临界孔隙比

在低围压下，当饱和砂土的初始孔隙比 e_0 大于临界孔隙比 e_{cr}（松砂）时，如果剪切过程中不允许体积发生变化，即进行固结不排水剪，则剪应力作用下的剪缩趋势将产生正的孔隙水压力，使有效周围压力降低，以保持试样在受剪阶段体积不变，从而使土体的抗剪强度降低。当饱和砂土的初始孔隙比 e_0 小于临界孔隙比 e_{cr}（密砂）时，如果进行固结不排水剪切试验，则剪胀趋势将通过土体内部的应力调整，产生负孔隙水压力，使有效周围压力增加，以保持试样在受剪阶段体积不变。所以，在相同的初始围压下，松砂由固结不排水剪试验获得的抗剪强度小于固结排水剪，密砂由固结不排水剪试验获得的强度高于固结排水剪。

另外，当饱和松砂受到动荷载作用（如地震作用），由于孔隙水来不及排出，导致孔隙水压力不断上升，就有可能使得有效应力降低到零，此时砂土会像流体那样完全失去抗剪强度，这种现象称为砂土液化。

拓展阅读

南京水科所岩土本构模型和后勤工程学院岩土本构模型

土的抗剪强度离不开岩土的本构关系，本构关系即岩土的应力-应变关系。岩土材料本构模型是通过实验来确定各类岩土的屈服条件，再引用塑性力学的基本理论去建立起模型。

1. 南京水科所岩土本构模型

沈珠江提出双屈服曲面塑性模型，该模型可以反映土体的剪胀剪缩特性（土在剪切过程中，体积膨胀和缩小的性质），也可反映土体低围压时剪胀变形，高围压时剪缩变形。该模型印证了软黏土（砂土）的体积压缩面积曲线可用半对数拟合。

图 5-32 说明土的孔隙比越小，颗粒越紧密，咬合摩擦力越大，此时的抗剪能力大，受剪破坏时所需的能量也越大。

合理运用软黏土（砂土）的抗剪强度，在防洪工程中可采用砂石混合料作为筑坝材料，避免均质土堤坝对附近耕地和植被的损害，具有生态保护意义，实现工程建设与环境保护的双赢。

2. 后勤工程学院岩土本构模型

该模型基于广义塑性理论，采用分量塑性势面与分量屈服面。通过做常规的三轴试验，经验拟合获得屈服条件，证明该模型可用于体积压缩型土，也可用于压缩剪胀型土。

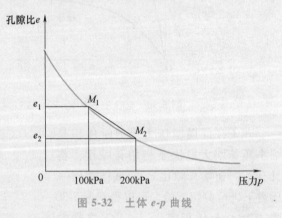

图 5-32 土体 e-p 曲线

该模型针对特殊土和非饱和土进行研究。以特殊土中分布最广的黄土为例，湿陷性是对黄土的重要指标，水会使黄土的结构软化，力会使黄土的结构破坏，从而导致土样承受作用力的能力减小，而低含水率下的非饱和黄土由于水的作用不是很强，土的结构稳定性好，抵抗破坏的能力强，提高了土的抗剪强度。对于它的地基处理，主要是破坏湿陷性黄土的大孔隙结构，以便全部或部分消除地基的湿陷性。

该研究致力于重庆等西南地区的地质环境保护，此地区长期多雨且土质较为松散，常发生山体滑坡。山体滑坡与土体的抗剪强度有着密切的关系，抗剪强度越大，土体越稳定。而大量的雨水会使土体内的含水率增加，使得其内摩擦角减小，随着抗剪强度减小，导致山体失稳发生滑坡。为解决此问题，研究人员从土质下手，模拟实验处体积压缩型土，通过压缩体积去减少土体中的孔隙，从而使土体内颗粒更加紧密，抗剪强度增大，山体稳定性增强。

山体滑坡、大坝溃堤都与土体的抗剪强度有着密不可分的关系，而抗剪强度往往由内摩擦角和黏聚力决定，这两个模型从土体的体积开展研究，得出压缩体积后的土比压缩前的抗剪强度更大，合理运用在实际工程中，能防止很多地质灾害，因此土体的抗剪强度对人类生命安全方面有着一定的重要性。

本 章 小 结

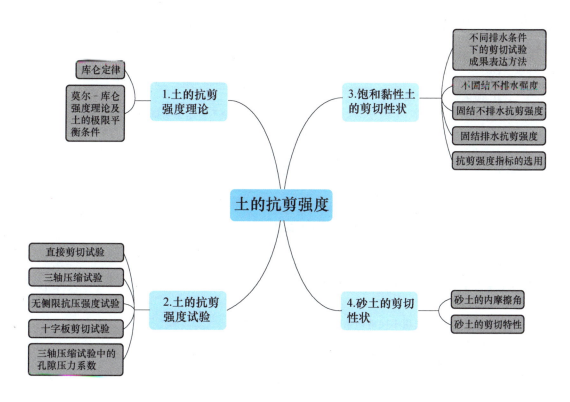

习 题

一、选择题

1. 土中一点发生剪切破坏时，破裂面与小主应力作用面的夹角为（　　）。

A. $\dfrac{\varphi}{2}$　　　　B. $45°+\dfrac{\varphi}{2}$　　　　C. $45°$　　　　D. $45°-\dfrac{\varphi}{2}$

2. 下面说法中正确的是（　　）。

A. 当抗剪强度包线与摩尔应力圆相离时，土体处于极限平衡状态

B. 当抗剪强度包线与摩尔应力圆相切时，土体处于弹性平衡状态

C. 当抗剪强度包线与摩尔应力圆相割时，说明土体中某些平面上的剪应力超过了相应面的抗剪强度

D. 当抗剪强度包线与摩尔应力圆相离时，土体处于剪坏状态

3. 十字板剪切试验是一种现场测定（　　　）的抗剪强度的原位试验方法。

A. 砂土 　　　　　B. 黏土 　　　　　C. 饱和软黏土 　　　D. 砾石

4. 已知土中某点 $\sigma_1 = 30\text{kPa}$，$\sigma_3 = 10\text{kPa}$，该点最大剪应力为（　　　）。

A. 45kPa 　　　　B. 10kPa 　　　　C. 30kPa 　　　　D. 20kPa

5. 当剪切破坏面与最大剪应力作用面一致时，土的内摩擦角为（　　　）。

A. 0° 　　　　　　B. 30° 　　　　　C. 45° 　　　　　D. 90°

6. 若代表土中某点应力状态的莫尔应力圆与抗剪强度包线相切，则表明土中该点（　　　）。

A. 任一平面上的剪应力都小于土的抗剪强度

B. 某一平面上的剪应力超过了土的抗剪强度

C. 在相切点所代表的平面上，剪应力正好等于抗剪强度

D. 在最大剪应力作用面上，剪应力正好等于抗剪强度

7. 在下列影响土的抗剪强度的因素中，最重要的因素是试验时的（　　　）。

A. 排水条件 　　　B. 剪切速率 　　　C. 应力状态 　　　　D. 应力历史

8. 软黏土的灵敏度可用（　　　）测定。

A. 直接剪切试验 　B. 室内压缩试验 　C. 标准贯入试验 　　D. 十字板剪切试验

9. 三轴压缩试验的主要优点之一是（　　　）。

A. 能严格控制排水条件 　　　　　　B. 能进行不固结不排水剪切试验

C. 仪器设备简单 　　　　　　　　　D. 试验操作简单

10. 饱和黏性土的不固结不排水强度主要取决于（　　　）。

A. 围压大小 　　　B. 土的原有强度 　C. 孔隙压力系数大小 　D. 偏应力大小

二、简答题

1. 试用库仑定律说明土的抗剪强度与哪些因素有关？

2. 根据土中应力状态推导土中一点的极限平衡条件。

3. 简述直接剪切试验和三轴压缩试验的优缺点。

4. 简述三轴压缩试验中 UU、CU、CD 试验的排水条件。

5. 土体中发生剪切破坏的平面是否为最大剪应力作用面？一般情况下，破坏面与大主应力面间的夹角如何计算？

6. 实际工程中应如何选用不同剪切条件下的抗剪强度指标？

7. 简述孔隙水压力系数 A、B 的物理意义。

8. 饱和黏性土不固结不排水剪切试验的强度包线有何特点？解释其原因。

9. 正常固结饱和黏性土的固结不排水抗剪强度试验中，总应力和有效应力强度包线均通过原点，是否表明该土样的黏聚力为零？

10. 简述密实砂土的固结不排水剪性状。

三、计算题

1. 某土样压缩试验结果见表 5-5，试绘制 e-p 曲线，确定 $a_{1\text{-}2}$ 并评定该土的压缩性。

表 5-5　某土样压缩试验结果

压力 p/kPa	0	50	100	200	400	800
孔隙比 e	0.655	0.627	0.615	0.601	0.581	0.567

（答案：$a_{1-2}=0.14\text{MPa}^{-1}$，中压缩性土）

2. 试确定上题中相应于压力范围为 200~400kPa 时土的压缩系数和压缩模量。

（答案：$a=0.1\text{MPa}^{-1}$，$E=16.55\text{MPa}$）

3. 某饱和黏性土试样做三轴固结不排水剪切试验，试验结果见表 5-6。试用作图法求该土样的总应力和有效应力强度指标 c_{cu}、φ_{cu} 和 c'、φ'。

表 5-6　某土样三轴固结不排水剪切试验结果

固结压力 σ_3/kPa	剪破时 σ_1/kPa	剪破时 u_f/kPa
100	205	63
200	385	110
300	570	150

（答案：8.3kPa、17°；16.2kPa、25°）

4. 某土样的压缩试验结果如下：当荷载 p 由 100kPa 增加至 200kPa 时，土样的孔隙比由 0.875 减少至 0.813，求土的压缩系数 a_{12} 及压缩模量 E，并评价土的压缩性。

（答案：$E=3.02\text{MPa}$）

5. 某饱和黏性土无侧限抗压强度试验测得个排水抗剪强度 $c_u=65\text{kPa}$，若对同一土样进行三轴不固结不排水剪切试验，施加的周围压力 $\sigma_3=120\text{kPa}$，试问在多大的轴向压力作用下土样会发生剪切破坏？

（答案：250kPa）

第6章 挡土墙上的土压力

内容提要

本章的主要内容有：土压力的概念，静止土压力计算，朗肯主动土压力和被动土压力计算，库仑主动土压力和被动土压力计算；重力式挡土墙设计。

基本要求

了解挡土墙和土压力的关系；熟悉朗肯和库仑土压力的计算原理；掌握静止土压力、主动土压力和被动土压力计算；掌握重力式挡土墙的设计。

导入案例

案例一：自嵌式挡墙在小区水岸的应用（图 6-1）

挡土墙是指支撑路基填土或山坡土体、防止填土或土体变形失稳的构造物。近年来，新式柔性结构挡土体系广泛用于园林景观、高速公路、立交桥和护坡、小区水岸等，比传统的混凝土和砂浆砌块片石挡墙更容易施工，并且美观、耐久。按照结构形式，挡土墙分为重力式挡土墙、锚定式挡土墙、薄壁式挡土墙、加筋土挡土墙等。按照墙体材料，挡土墙分为石砌挡土墙、混凝土挡土墙、钢筋混凝土挡土墙、钢板挡土墙等。传统模块式挡墙是指挡土仅通过自重和挡墙模块单元的黏结来抵御外部不稳定力的结构。加筋土挡墙是指多层土工合成材料通过大量加筋土加固成模块式挡墙的模块，由单元组合而成。自嵌式挡墙主要在河流水利工程中应用，从结构上来讲，属于加筋土挡土墙，按照材料分类，属于混凝土挡土墙。总的来说，垒块是由混凝土材料建造的，土工格栅网分担应力，配合锚固棒，令自嵌式挡墙整体十分稳定。

案例二：生态网格挡土墙在公路中的应用（图 6-2）

目前在公路中应用较多的挡土墙类型之一是生态网格挡土墙，这种挡土墙内的干垒石料随着时间的推移，石料之间的空隙会被泥土充填，植被根系深深扎入石块之间的泥土中，形成一个紧密结合的柔性结构，与传统的浆砌片石及混凝土防护相比，更具有"生态型""景观性"，对基础要求低等许多优点，更符合现今的公路设计新理念。

图 6-1 自嵌式挡墙在小区水岸的应用

图 6-2 生态网格挡土墙在某公路的应用

6.1 土压力的类型

6.1.1 挡土结构

在工程中常遇到各种挡土结构物，如山区和丘陵地区防止土坡坍塌的挡土墙（图6-3a）、江河的岸堤（图6-3b）、房屋地下室的侧墙（图6-3c）、公（铁）路桥梁的桥台（图6-3d）等。

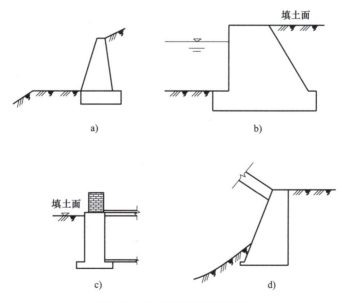

图 6-3 挡土结构物应用举例

a）挡土墙 b）河堤 c）地下室侧墙 d）桥台

对于不同类型的挡土结构物，其上作用的土压力大小及变化趋势是不同的。挡土墙在土压力的作用下产生背离填土方向的位移，作用在墙体上的土压力逐渐减小；桥台受到桥梁局部传来荷载的作用，产生靠近填土方向的位移，桥台受到的土压力逐渐增大；对于地下室的侧墙，如果它与主体结构连接牢固，主体结构的自重又足够大，那么较小的土压力就无法使墙体产生位移，这时作用在墙体上的土压力就不产生变化。因此，需对土压力进行分类研究。

6.1.2 土压力的类型

土压力

根据挡土结构物的位移情况和墙后填土所处的应力状态，土压力可分为以下三种。

1. 静止土压力

当挡土墙静止，土体处于弹性平衡状态时，作用在墙背上的土压力称为静止土压力，以 E_0 表示，如图 6-4a 所示。

2. 主动土压力

当挡土墙向离开土体方向偏移至土体达到极限平衡状态时，作用在墙背上的土压力称为主动土压力，用 E_a 表示，如图 6-4b 所示。

3. 被动土压力

当挡土墙向土体方向偏移至土体达到极限平衡状态时，作用在墙背上的土压力称为被动土压力，用 E_p 表示，如图 6-4c 所示。

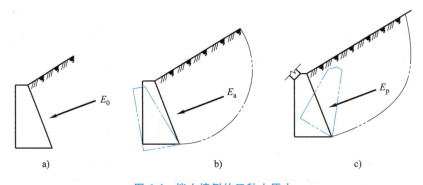

a)   b)   c)

图 6-4 挡土墙侧的三种土压力

a）静止土压力 b）主动土压力 c）被动土压力

4. 三种土压力的比较

土压力的计算理论主要有古典的朗肯（W. J. M. Rankine，1857）理论和库仑（Cou-Lomb，1773）理论。自从库仑理论发表以来，人们进行过多次不同类型的挡土结构模型实验、原型观测和理论研究。实验表明：在相同条件下，主动土压力小于静止土压力，而静止土压力又小于被动土压力，即 $E_a < E_0 < E_p$，而且产生被动土压力所需的位移 Δ_p 大大超过产生主动土压力所需的位移 Δ_a，如图 6-5 所示。

6.1.3 土压力的影响因素

土压力的计算是个比较复杂的问题，影响土压力大小及分布规律的因素很多，归纳起来主要有以下三个方面：

1）挡土墙的位移，包括挡土墙的位移（或转动）方向和位移量的大小。

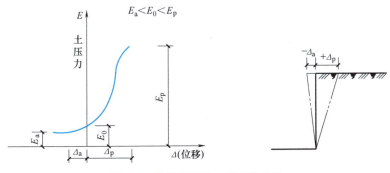

图 6-5　墙身位移和土压力的关系

2）挡土墙的性质，包括挡土墙的墙高、形状、材料类型、结构形式、墙背的光滑程度等。

3）填土的性质，包括填土的重度、含水率、内摩擦角和黏聚力的大小及填土面的倾斜程度等。

其中挡土墙的位移方向和位移量的大小、挡土墙的墙高、填土的抗剪强度指标（内摩擦角和黏聚力）的大小是最主要的因素。

6.2　静止土压力

6.2.1　静止土压力产生的条件

静止土压力产生的条件是：挡土墙静止不动，即位移 $\Delta = 0°$，转角 $\theta = 0°$。

如修筑在坚硬土质或岩石地基上、断面很大的挡土墙，由于墙体自重大，不会发生位移；地基坚硬，不会产生不均匀沉降，挡土墙与墙后填土之间没有发生相对位移。此时，作用在墙背上的土压力即静止土压力。

6.2.2　静止土压力的计算

1. 静止土压力计算公式

在挡土墙后水平填土表面以下、任意深度 z 处取一微小单元体（图6-6），此单元上作用的竖向力为土的自重应力 γz，该处作用的水平向应力即静止土压力强度，可按下式计算

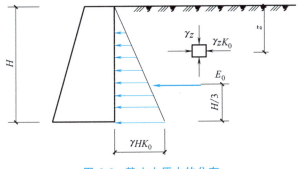

图 6-6　静止土压力的分布

$$\sigma_0 = K_0 \gamma z \tag{6-1}$$

式中　σ_0——静止土压力强度；

　　　K_0——静止土压力系数；

　　　γ——填土的重度，地下水位以下取有效重度；

　　　z——计算点深度。

静止土压力系数可按下列方法确定：

1）取经验值，查表 6-1 确定。

2）按半经验公式确定。

$$K_0 = 1 - \sin\varphi' \tag{6-2}$$

式中　φ'——土的有效内摩擦角。

表 6-1　K_0 的经验值

土的种类和状态	K_0	土的种类和状态		K_0	土的种类和状态		K_0
砂石土	0.18~0.25		坚硬状态	0.33		坚硬状态	0.33
砂土	0.25~0.33	粉质黏土	可塑状态	0.43	黏土	可塑状态	0.53
粉土	0.33		软塑状态	0.53		软塑状态	0.72

2. 静止土压力强度分布及大小

由式（6-1）可知，式中 K_0 与 γ 均为常数，静止土压力强度 σ_0 与深度 z 成正比，σ_0 沿墙高呈三角形分布，如图 6-5 所示。如取挡土墙长度方向 1 延米计算，则作用在墙体上的土压力大小为三角形分布图形的面积，即

$$E_0 = \frac{1}{2}\gamma H^2 K_0 \tag{6-3}$$

式中　E_0——单位墙长上的静止土压力；

　　　H——挡土墙的高度。

静止土压力 E_0 的作用点在距墙底 $H/3$ 处，即三角形的形心。

6.3　朗肯土压力

朗肯土压力理论是土压力计算中两个著名的古典土压力理论之一，由英国科学家朗肯于 1857 年提出。它是根据墙后填土处于极限平衡状态时，应用极限平衡理论条件，推导出主动土压力和被动土压力的计算公式。

6.3.1　基本理论

1. 假设条件

1）挡土墙背垂直。

2）墙后填土表面水平。

3）挡土墙背面光滑，即不考虑墙与土之间的摩擦力。

2. 分析方法

由图 6-7 可知：

1）图 6-7a 中，当土体静止不动时，深度 x 处土单元体的应力为 $\sigma_z = \gamma z$，$\sigma_x = K_0 \gamma z$。

2）当代表土墙墙背的竖直光滑面 AB 向外（向左）平移时，右侧土体的水平应力 σ_x 逐渐减小，而 σ_z 保持不变。当土推墙向前位移，墙背和土体接触面处于放松状态时，应力圆与土体的抗剪强度包络线相交——土体达到主动极限平衡状态，如图 6-7d 中应力圆 O_2 所示，此时称为朗肯主动状态。此时，σ_x 达到最小值，即作用在墙背上的土压力强度达到最小值，该值即主动土压力强度 σ_a。土中产生的两组滑动面与水平面的夹角如图 6-7b 所示。

3）当代表土墙墙背的竖直光滑面 AB 在外力作用下向填土方向（向右）移动挤压土时，右侧土体的水平应力 σ_x 将逐渐增大，直至剪应力增加到土的抗剪强度时，应力圆又与强度包络线相切，达到被动极限平衡状态，如图 6-7d 中的圆 O_3 所示，此时称为朗肯被动状态。此时，σ_x 达到最大值，即作用在墙背上的土压力强度达到最大值，该值即被动土压力强度 σ_p。土中产生的两组滑动面与水平面的夹角如图 6-7c 所示。

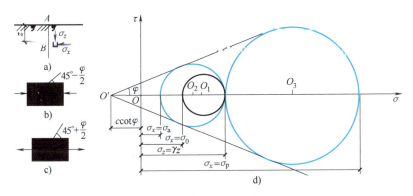

图 6-7 朗肯主动及被动状态

6.3.2 无黏性土的土压力

1. 主动土压力

半空间内单元微体如图 6-8a 所示，表面水平，向下和向左右无限延伸的半无限空间弹性体中，在深度 z 处取一微小单元体，设土体单一、均质，其重度为 γ，则作用在单元体顶面的法向应力即该处的自重应力，即 $\sigma_z = \gamma z$，而单元体垂直面上的法向应力为 $\sigma_x = K_0 \gamma z$。

由于土体内每个竖直截面均为对称平面，因此，竖直截面上的法向应力均为主应力，此时应力状态可用莫尔圆表示，如图 6-8b 中的应力圆 I，因该点处于弹性平衡状态，故莫尔圆不与抗剪强度包线相切。

假设由于外力作用使半无限空间土体在水平方向均匀地伸展，则单元体上的水平截面 σ_z 不变，单元体竖直截面上的法向应力 σ_x 逐渐减小，直至土体达到极限平衡状态，此时土体所处的状态称为主动朗肯状态，水平面为大主应力面，故剪切破坏面与垂直面成 $\left(45° - \dfrac{\varphi}{2}\right)$ 的夹角，如图 6-8c 所示，应力状态如图 6-8b 中莫尔应力圆 II，此时莫尔应力圆与抗剪强度包线相切于 τ_1 点，σ_z 为大主应力，σ_x 为小主应力，此小主应力即朗肯主动土压力强度 σ_a。

由极限平衡条件公式得

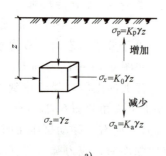
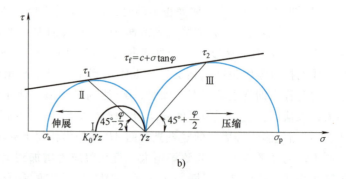

a)

b)

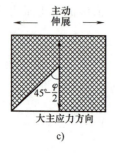
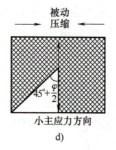

c)   d)

图 6-8　半无限空间土体的平衡状态

a）半空间内单元微体　b）用莫尔圆表示主动和被动朗肯状态
c）半空间的主动朗肯状态　d）半空间的被动朗肯状态

$$\sigma_{min} = \sigma_{max} \tan^2\left(45° - \frac{\varphi}{2}\right)$$

则无黏性土的主动土压力强度计算公式为

$$\sigma_a = \sigma_{min} = K_a \gamma z$$

其中
$$K_a = \tan^2\left(45° - \frac{\varphi}{2}\right) \qquad (6\text{-}4)$$

式中　σ_a——主动土压力强度；

　　　K_a——主动土压力系数；

　　　γ——墙后填土的重度；

　　　z——计算点距离填土表面的深度。

由式（6-4）可知，无黏性土的主动土压力强度与深度 z 成正比，沿墙高呈三角形分布，墙高为 H 的挡土墙底部土压力强度为 $\sigma_a = K_a \gamma H$，如果取挡土墙长度方向 1m 计算，则作用在墙体上的总主动土压力为

$$E_a = \frac{1}{2}\gamma H^2 K_a \qquad (6\text{-}5)$$

土压力合力作用点在距离墙底 $\frac{1}{3}H$ 处，如图 6-9 所示。

2. 被动土压力

假设由于某种作用力使半无限土体在水平方向被压缩，则作用在微小单元体水平面上的法向应力 σ_z 大小保持不变，而竖直面上的法向应力 σ_z 而后再达到极限平衡状态，此时土体

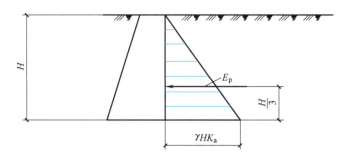

图 6-9　无黏性土主动土压力强度分布

处于朗肯被动土压力状态，垂直面是大主应力作用面，故剪切破坏面与水平面成 $\left(45°-\dfrac{\varphi}{2}\right)$ 的夹角，如图 6-8d 所示，应力状态如图 6-8b 中的莫尔应力圆Ⅲ所示，该应力圆与抗剪强度包线相切于 τ_2 点。此时 σ_z 成为小主应力，σ_x 达到极限应力为大主应力，此时大主应力即被动土压力强度 σ_p。

由极限平衡条件公式

$$\sigma_{\max} = \sigma_{\min}\tan^2\left(45°+\frac{\varphi}{2}\right)$$

则无黏性土的被动土压力强度计算公式为

$$\sigma_p = \sigma_{\max} = K_p\gamma z \qquad (6\text{-}6)$$

$$K_p = \tan^2\left(45°+\frac{\varphi}{2}\right)$$

式中　σ_p——被动土压力强度；

　　　K_p——被动土压力系数。

无黏性土的被动土压力强度沿着墙高分布呈三角形，挡土墙底部土压力强度为 $\sigma_p = K_p\gamma H$。如果取挡土墙长度方向 1m 计算，则作用在墙体上的总被动土压力为

$$E_p = \frac{1}{2}\gamma H^2 K_p \qquad (6\text{-}7)$$

土压力合力作用点在距离墙底 $\dfrac{1}{3}H$ 处，如图 6-10 所示。

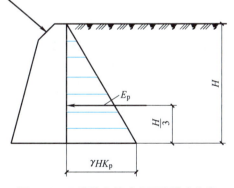

图 6-10　无黏性土被动土压力强度分布

【例 6-1】　已知某挡土墙高度 8m，墙背垂直、光滑，填土表面水平，墙后填土为中砂，重度 $\gamma = 18.0\text{kN/m}^3$，内摩擦角 $\varphi = 30°$，试计算总静止土压力 E_0 和总主动土压力 E_a。

【解】　（1）静止土压力情况　因墙后填土为中砂，取静止土压力系数 $K_0 = 0.4$，则总静止土压力为

$$E_0 = \frac{1}{2}\gamma H^2 K_0 = \frac{1}{2}\times18\times8^2\times0.4\text{kN/m} = 230.4\text{kN/m}$$

合力 E_0 作用点在距离墙底 $\frac{1}{3}H = 2.67\text{m}$ 处。

（2）总主动土压力　因墙背垂直、光滑、填土水平，适用于朗肯土压力理论，由公式得

$$E_a = \frac{1}{2}\gamma H^2 K_a = \frac{1}{2}\times 18\times 8^2\times \tan^2\left(45°-\frac{30°}{2}\right)\text{kN/m} = 576\times 0.577^2\text{kN/m}\approx 192\text{kN/m}$$

合力 E_a 作用点在距离墙底 $\frac{1}{3}H = 2.67\text{m}$ 处。

6.3.3　黏性土的土压力

1. 主动土压力

当墙后填土达到主动极限平衡状态时，由极限平衡条件公式

$$\sigma_{\min} = \sigma_{\max}\tan^2\left(45°-\frac{\varphi}{2}\right) - 2c\tan\left(45°-\frac{\varphi}{2}\right)$$

可得
$$\sigma_a = \gamma z K_a - 2c\sqrt{K_a} \tag{6-8}$$

式中　c——黏性土的黏聚力；

其余符号同前。

由式（6-8）可知，黏性土的主动土压力强度由两部分组成，一部分 $\gamma z K_a$ 与无黏性土相同，是由土的自重产生，与深度成正比；另一部分 $-2c\sqrt{K_a}$ 由黏性土的黏聚力产生，沿深度是一常数，两部分叠加的结果如图 6-11 所示。顶部力三角形对墙顶作用力为拉力，实际上土与墙不是一个整体，在很小的力作用下就已分离开，即挡土墙不承受拉力，可以认为作用力为零，黏性土的主动土压力分布只有下部三角形部分。令 σ_a 等于零，可求得土压力为零的深度 z_0，即

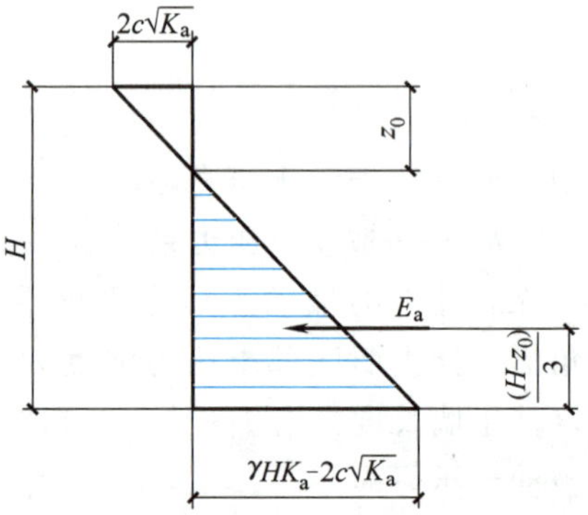

图 6-11　黏性土的主动土压力强度分布

$$\sigma_a = \gamma z_0 K_a - 2c\sqrt{K_a} = 0$$

得
$$z_0 = \frac{2c}{\gamma\sqrt{K_a}} \tag{6-9}$$

式中　z_0——临界深度。

若深度取 $z=H$ 时，$\sigma_a = \gamma H K_a - 2c\sqrt{K_a}$，如果取挡土墙长度方向 1m 计算，则作用在墙体上的总主动土压力为

$$E_a = \frac{1}{2}(H-z_0)\left(\gamma H K_a - 2c\sqrt{K_a}\right)$$

将式（6-9）代入后得

$$E_a = \frac{1}{2}\gamma H^2 K_a - 2cH\sqrt{K_a} + \frac{2c^2}{\gamma} \tag{6-10}$$

土压力合力作用点在距墙底 $\frac{1}{3}(H-z_0)$ 处。

2. 被动土压力

同样，当土体达到被动极限平衡状态时，由极限平衡条件公式

$$\sigma_{\max} = \sigma_{\min}\tan^2\left(45°+\frac{\varphi}{2}\right) + 2c\tan\left(45°+\frac{\varphi}{2}\right)$$

得

$$\sigma_p = \gamma z K_p + 2c\sqrt{K_p} \tag{6-11}$$

黏性土的被动土压力也由两部分组成，一部分 $\gamma z K_p$ 与无黏性土主动土压力相同呈三角形分布；另一部分 $2c\sqrt{K_p}$ 为矩形分布，两部分叠加结果即总被动土压力，呈梯形分布，如图 6-12 所示。如果取挡土墙长度方向 1m 计算，则作用在墙体上的总被动土压力为

$$E_p = \frac{1}{2}\gamma H^2 K_p + 2cH\sqrt{K_p} \tag{6-12}$$

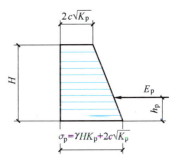

图 6-12 黏性土的被动土压力
强度分布

土压力的合力作用点通过梯形 $ABCD$ 的形心。合力作用点与墙底的距离 h_p 为

$$h_p = \frac{H(2\sigma_{p0}+\sigma_{ph})}{3(\sigma_{p0}+\sigma_{ph})} \tag{6-13}$$

式中　h_p——黏性土产生的被动土压力的合力点至墙底的距离；

σ_{p0}——作用于墙背顶的被动土压力强度；

σ_{ph}——作用于墙底处的被动土压力强度。

如图 6-12 所示，有

$$\sigma_{p0} = 2c\sqrt{K_p}, \quad \sigma_{ph} = \gamma H K_p + 2c\sqrt{K_p}$$

6.3.4 几种特殊情况下土压力的计算

工程中遇到的墙后土体条件，可能要比朗肯理论假定的条件复杂得多，如填土面上有荷载，填土本身可能是性质不同的成层土，墙后填土有地下水等。对于这些情况，可在朗肯理论的基础上做近似修正。下面介绍几种特殊情况下主动土压力的计算方法。

1. 填土表面有连续均布荷载

（1）计算公式　当挡土墙后有连续均布荷载 q 作用时，墙背面 z 深度处土单元所受的大主应力 $\sigma_1 = \sigma_z = q + \gamma z$，$\sigma_3 = \sigma_a = \sigma_1 K_a - 2c\sqrt{K_a}$，即

黏性土　　　　　　　　　　$\sigma_a = (q+\gamma z)K_a - 2c\sqrt{K_a} \tag{6-14}$

无黏性土　　　　　　　　　$\sigma_a = (q+\gamma z)K_a \tag{6-15}$

（2）土压力强度分布　以无黏性土为例，由式（6-15）可以看出主动土压力强度由两部分组成：

1）由均布荷载 q 引起，其分布与深度 z 无关，是常数。

2）由土重引起，与深度 z 成正比。

σ_a 沿墙高呈梯形分布（图 6-13），E_a 为土压力强度分布图形的面积，作用点在梯形的形心处。

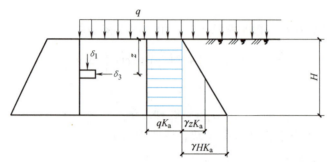

图 6-13　填土面有连续均布荷载的土压力强度分布

2. 墙后填土分层

当墙后填土是由多层不同种类的水平分布的土层组成时，填土面下任意深度 z 处土单元的大主应力为其上覆土的自重应力之和，即 $\sigma_1 = \sigma_z = \sum \gamma_i h_i$（$\gamma_i h_i$ 为第 i 层土的重度和厚度），因此

黏性土
$$\sigma_a = K_{ai} \sum \gamma_i h_i - 2c_i \sqrt{K_{ai}} \qquad (6\text{-}16)$$

无黏性土
$$\sigma_a = K_{ai} \sum \gamma_i h_i \qquad (6\text{-}17)$$

式中　K_{ai}——第 i 层土的主动土压力系数。

图 6-14 为墙后填土为三层不同性质无黏性土时，墙背土压力强度 σ_a 的分布情况：

第一层土，顶面 $\sigma_{aA} = 0$；底面 $\sigma_{aB}^{\perp} = \gamma_1 h_1 K_{a1}$。

第二层土，顶面 $\sigma_{aB}^{\top} = \gamma_1 h_1 K_{a2}$，底面 $\sigma_{aB}^{\perp} = (\gamma_1 h_1 + \gamma_2 h_2) K_{a2}$。

第三层土，顶面 $\sigma_{aC}^{\top} = (\gamma_1 h_1 + \gamma_2 h_2) K_{a3}$，底面 $\sigma_{aD} = (\gamma_1 h_1 + \gamma_2 h_2 + \gamma_3 h_3) K_{a3}$。

由于各层土土质不同，主动土压力系数 K_a 也不同，因此在土层分界面处，土压力强度有两个值。图 6-14 所示为 $\varphi_2 > \varphi_1$、$\varphi_3 > \varphi_1$ 时的土压力强度分布图。

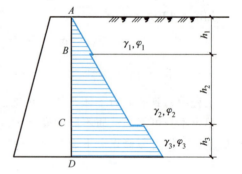

图 6-14　成层填土的土压力强度分布

3. 墙后填土有地下水

（1）地下水影响　挡土墙后的填土常会部分或全部处于地下水位以下，此时应考虑地下水位对土压力的影响，具体表现在：

1）填土重力因受到水的浮力而减小，计算土压力采用有效重度 γ'。

2）土的含水率增加，抗剪强度降低，土压力增大。

3）对墙背产生静水压力。

（2）计算公式　当墙后填土有地下水时，作用在墙背上的侧压力由土压力和水压力两部分组成。计算土压力时，假设水位上、下土的内摩擦角和黏聚力都相同（忽略抗剪强度指标降低的影响），水位以下取有效重度计算。

以图 6-15 所示的挡土墙为例，若墙后填土为无黏性土，地下水位在填土表面下 H_1 处，则土压力强度可按下式计算：

地下水位处 $\qquad\qquad\qquad\qquad\sigma_a = \gamma_1 h_1 K_a$

墙底处 $\qquad\qquad\qquad\qquad\sigma_a = (\gamma_1 H_1 + \gamma' H_2) K_a$

作用在墙背上的水压力按静水压力计算

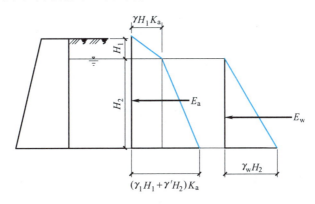

图 6-15　墙后有地下水时土压力计算

$$E_w = \frac{1}{2}\gamma_w H_2^{\,2} \qquad\qquad\qquad (6\text{-}18)$$

式中　γ_w——水的重度；

$\quad\ \ H_2$——水位以下的墙高。

作用在挡土墙上的总压力为主动土压力 E_a 和水压力 E_w 之和。

【例6-2】　某挡土墙高5m，墙背竖直、光滑，墙后填土面水平，并作用有均布荷载 $q = 10\mathrm{kPa}$。填土分两层，上层 $\gamma_1 = 18\mathrm{kN/m^3}$，$\varphi_1 = 15°$，$h_1 = 3\mathrm{m}$；下层 $\gamma_2 = 17.5\mathrm{kN/m^3}$，$\varphi_2 = 25°$，$c_2 = 8\mathrm{kPa}$，$h_2 = 2\mathrm{m}$。试求墙背主动土压力 E_a，并绘制土压力强度分布图。

【解】　墙背竖直光滑，填土面水平，符合朗肯理论条件，故

$$K_{a1} = \tan^2(45° - \varphi_1/2) = \tan^2(45° - 15°/2) = 0.589$$

$$K_{a2} = \tan^2(45° - \varphi_2/2) = \tan^2(45° - 25°/2) = 0.406$$

第一层土主动土压力强度

$$\sigma_{aA} = (\gamma_z + q) K_{a1} = (18 \times 0 + 10) \times 0.589\mathrm{kPa} = 5.89\mathrm{kPa}$$

$$\sigma_{aB}^{\perp} = (\gamma_z + q) K_{a1} = (18 \times 3 + 10) \times 0.589\mathrm{kPa} = 37.70\mathrm{kPa}$$

第二层土主动土压力强度

$$\sigma_{aB}^{\perp} = (q + \gamma_z) K_{a2} - 2c_2\sqrt{K_{a2}} = (18 \times 3 + 10) \times 0.406 - 2 \times 8 \times \sqrt{0.406}\,\mathrm{kPa}$$

$$= 15.79\mathrm{kPa}$$

$$\sigma_{aC} = (q + \gamma_z) K_{a2} - 2c_2\sqrt{K_{a2}}$$

$$= (18 \times 3 + 2 \times 17.5 + 10) \times 0.406\mathrm{kPa} - 2 \times 8 \times \sqrt{0.406}\,\mathrm{kPa} = 30.00\mathrm{kPa}$$

各点土压力强度绘于图6-16中，主动土压力为土压力强度分布图的面积，即

$$E_a = \frac{1}{2} \times (5.89 + 37.7) \times 3\mathrm{kN/m} + \frac{1}{2} \times (15.79 + 30.70) \times 2\mathrm{kN/m} = 111.18\mathrm{kN/m}$$

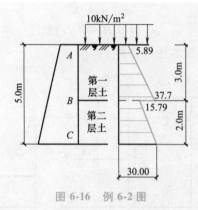

图 6-16　例 6-2 图

【例 6-3】　某重力挡土墙高 5m，墙背竖直、光滑，墙后填土面水平，填土的物理力学性质如下：$\gamma_1 = 17.5 \text{kN/m}^3$，$\varphi = 30°$，$c = 0\text{kPa}$，$\gamma_{sat} = 18.5 \text{kN/m}^3$，地下水位于墙顶面以下 2m 处。试求墙背作用总侧压力。

【解】　先求主动土压力系数

$$K_a = \tan^2(45° - \varphi/2) = \tan^2(45° - 30°/2) = 0.333$$

地下水位以上填土用天然重度

$$\sigma_{aA} = 0\text{kPa}$$

$$\sigma_{aB} = \gamma h_1 K_{a1} = 17.5 \times 2 \times 0.333 \text{kPa} = 11.66\text{kPa}$$

地下水位以下填土采用有效重度

$$\sigma_{aC} = (\gamma h_1 + \gamma' h_2) K_a = [17.5 \times 2 + (18.5 - 10) \times 3] \times 0.333 \text{kPa} = 20.15\text{kPa}$$

主动土压力

$$E_a = \frac{1}{2} \times 11.66 \times 2\text{kN/m} + \frac{1}{2} \times (11.66 + 20.15) \times 2\text{kN/m} = 59.38\text{kN/m}$$

水压力强度

$$\sigma_w = \gamma_w h_w = \gamma_w h_2 = 10 \times 3\text{kPa} = 30\text{kPa}$$

水压力

$$E_w = \frac{1}{2} \times 30 \times 2\text{kN/m} = 45\text{kN/m}$$

总侧压力

$$E = E_a + E_w = (59.38 + 45)\text{kN/m} = 104.38\text{kN/m}$$

水、土压力强度分布如图 6-17 所示。

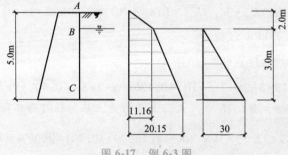

图 6-17　例 6-3 图

6.4　库仑土压力理论

法国库仑（Coulomb）用静力平衡方程解出了挡土墙后滑动楔体达到极限平衡状态时作用于墙背的土压力，于1776年提出了著名的库仑土压力理论。与朗肯土压力理论相比，库仑土压力理论更有普遍、实用意义。

6.4.1　库仑理论研究课题

1. 库仑理论的适用条件

1）墙背倾斜，倾角为 α，俯斜时为正，仰斜时为负（图6-18a）。

2）墙背粗糙，与填土外摩擦角为 δ。

3）墙后填土为无黏性土，即 $c=0$。

4）填土表面倾斜，坡角为 β。

2. 库仑理论的基本假定

1）墙后填土沿着墙背 AB 和一个通过墙踵的平面 BC 滑动，形成滑动楔体 ABC。

2）挡土墙和楔体 ABC 是刚性的，不计其本身压缩变形。

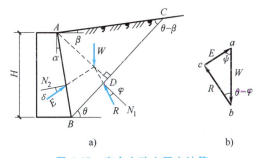

图 6-18　库仑主动土压力计算

a）楔体 ABC 上的作用力　b）力矢三角形

6.4.2　主动土压力计算

1. 计算原理

当墙背 AB 在土压力作用下向前移动或转动时，取滑动楔体 ABC 为脱离体，其受到 3 个力的作用。

1）重力 W：楔体 ABC 的自重。当滑动面 BC 确定时，$W=\gamma V_{ABC}$ 为已知。

2）土压力 E：AB 面上正压力及向上摩擦力引起的合力，位于 AB 面法线下方，与法线成 δ 角。

3）反力 R：BC 面上正压力及向上摩擦力引起的合力，位于 BC 面法线下方，与法线成 φ 角。

楔体 ABC 在重力、土压力和反力的作用下处于静力平衡状态，组成力矢三角形（图6-18b），由三角形正弦定理可得

$$E = W \frac{\sin(\theta - \varphi)}{\sin(\theta - \varphi + \psi)} \tag{6-19}$$

式中，$\psi = 90° - \alpha - \delta$。

由上式可知，不同的 θ 可求出不同土压力 E，即 E 是滑动面倾角 θ 的函数，找出 E_{max} 即真正的主动土压力 E_a。

2. 计算公式

令 $\dfrac{\mathrm{d}E}{\mathrm{d}\theta} = 0$，可求出 E_{max} 对应的破裂角 θ_{cr}，将求出的破裂角 θ_{cr} 及 $W=\gamma V_{ABC}$ 代入式（6-19），即墙高为 H 的主动土压力 E_a。计算公式为

$$E_a = \frac{1}{2}\gamma H^2 \frac{\cos^2(\varphi-\alpha)}{\cos^2\alpha\cos(\alpha+\delta)\left[1+\sqrt{\dfrac{\sin(\varphi+\delta)\sin(\varphi-\beta)}{\cos(\alpha+\delta)\cos(\alpha-\beta)}}\right]^2} \tag{6-20}$$

令

$$K_a = \frac{\cos^2(\varphi-\alpha)}{\cos^2\alpha\cos(\alpha+\delta)\left[1+\sqrt{\dfrac{\sin(\varphi+\delta)\sin(\varphi-\beta)}{\cos(\alpha+\delta)\cos(\alpha-\beta)}}\right]^2} \tag{6-21}$$

则式（6-20）可变为

$$E_a = \frac{1}{2}\gamma H^2 K_a \tag{6-22}$$

式中 K_a——库仑主动土压力系数，按式（6-21）确定或查表6-2确定；

$\quad\quad \alpha$——墙背倾斜角俯斜时为正，仰斜时为负；

$\quad\quad \delta$——挡土墙背与填土的摩擦角，可查表6-3确定；

$\quad\quad \beta$——墙后填土面倾角。

当墙背竖直（$\alpha=0°$）、光滑（$\delta=0°$）、填土面水平（$\beta=0°$）时，式（6-20）变为

$$E_a = \frac{1}{2}\gamma H^2 \tan^2(45°-\varphi/2)$$

由此可见，朗肯公式只是库仑公式的一个特例。

3. 土压力强度分布

为求得主动土压力强度 σ_a 沿墙高的变化，可将主动土压力 E_a 对深度 z 求导

$$\sigma_a = \frac{\mathrm{d}E_a}{\mathrm{d}z} = \frac{\mathrm{d}}{\mathrm{d}z}\left(\frac{1}{2}\gamma z^2 K_a\right) \tag{6-23}$$

由上式可知，σ_a 沿墙高呈三角形分布（图6-19），E_a 为土压力强度分布图形的面积，作用点在三角形的形心处，作用方向与墙背法线顺时针成 δ 角，即与水平线成（$\alpha+\delta$）角。

表6-2 库仑主动土压力系数 K_a 值

δ	α	β	φ							
			15°	20°	25°	30°	35°	40°	45°	50°
0°	−20°	0°	0.497	0.38	0.287	0.212	0.153	0.106	0.07	0.043
		10°	0.595	0.439	0.323	0.234	0.166	0.114	0.074	0.045
		20°	—	0.707	0.401	0.274	0.188	0.125	0.08	0.047
		30°	—	—	0.498	0.239	0.147	0.09	0.051	
	−10°	0°	0.54	0.433	0.344	0.27	0.209	0.158	0.117	0.083
		10°	0.644	0.5	0.389	0.301	0.229	0.171	0.125	0.088
		20°	—	0.785	0.482	0.353	0.261	0.19	0.136	0.094
		30°	—	—	—	0.614	0.331	0.226	0.155	0.104
	0°	0°	0.589	0.49	0.406	0.333	0.271	0.217	0.172	0.132
		10°	0.704	0.569	0.462	0.374	0.3	0.238	0.186	0.142
		20°	—	0.883	0.573	0.441	0.344	0.267	0.204	0.154
		30°	—	—	—	0.75	0.436	0.318	0.235	0.172

（续）

δ	α	β	φ							
			15°	20°	25°	30°	35°	40°	45°	50°
0°	10°	0°	0.562	0.56	0.478	0.407	0.343	0.288	0.238	0.194
		10°	0.784	0.655	0.55	0.461	0.384	0.318	0.261	0.211
		20°	—	1.015	0.685	0.548	0.444	0.36	0.291	0.231
		30°	—	—	—	0.925	0.566	0.433	0.337	0.262
	20°	0°	0.736	0.648	0.569	0.498	0.434	0.375	0.322	0.274
		10°	0.896	0.768	0.663	0.572	0.492	0.421	0.358	0.302
		20°	—	1.205	0.834	0.688	0.576	0.484	0.405	0.337
		30°	—	—	—	1.169	0.74	0.586	0.474	0.385
10°	-20°	0°	0.427	0.33	0.252	0.188	0.137	0.096	0.064	0.039
		10°	0.529	0.388	0.286	0.209	0.149	0.103	0.068	0.041
		20°	—	0.675	0.364	0.248	0.17	0.114	0.073	0.044
		30°	—	—	—	0.475	0.22	0.135	0.082	0.047
	-10°	0°	0.477	0.385	0.309	0.245	0.191	0.146	0.109	0.078
		10°	0.59	0.455	0.354	0.275	0.211	0.159	0.116	0.082
		20°	—	0.773	0.45	0.328	0.242	0.177	0.127	0.088
		30°	—	—	—	0.605	0.313	0.212	0.146	0.098
	0°	0°	0.533	0.447	0.373	0.309	0.253	0.204	0.163	0.127
		10°	0.664	0.531	0.431	0.35	0.282	0.225	0.177	0.136
		20°	—	0.897	0.549	0.42	0.326	0.254	0.195	0.148
		30°	—	—	—	0.762	0.423	0.306	0.226	0.166
	10°	0°	0.603	0.52	0.448	0.384	0.326	0.275	0.23	0.189
		10°	0.759	0.626	0.524	0.44	0.369	0.307	0.253	0.206
		20°	—	1.064	0.674	0.534	0.432	0.351	0.284	0.227
		30°	—	—	—	0.969	0.564	0.427	0.332	0.258
	20°	0°	0.695	0.615	0.543	0.478	0.419	0.365	0.316	0.271
		10°	0.89	0.752	0.646	0.558	0.482	0.414	0.354	0.3
		20°	—	1.308	0.844	0.687	0.573	0.481	0.403	0.337
		30°	—	—	—	1.268	0.758	0.594	0.478	0.388
15°	-20°	0°	0.405	0.314	0.18	0.24	0.132	0.093	0.062	0.038
		10°	0.509	0.372	0.201	0.201	0.144	0.1	0.066	0.04
		20°	—	0.667	0.352	0.239	0.164	0.11	0.071	0.042
		30°	—	—	—	0.47	0.214	0.131	0.08	0.046
	-10°	0°	0.458	0.371	0.298	0.237	0.186	0.142	0.106	0.076
		10°	0.576	0.442	0.344	0.267	0.205	0.155	0.114	0.081
		20°	—	0.776	0.441	0.32	0.237	0.174	0.125	0.087
		30°	—	—	—	0.607	0.308	0.209	0.143	0.097

（续）

δ	α	β	φ							
			15°	20°	25°	30°	35°	40°	45°	50°
15°	0°	0°	0.518	0.434	0.363	0.301	0.248	0.201	0.16	0.125
		10°	0.656	0.522	0.423	0.343	0.277	0.222	0.174	0.135
		20°	—	0.914	0.546	0.415	0.323	0.251	0.194	0.147
		30°	—	—	—	0.777	0.422	0.305	0.225	0.165
	10°	0°	0.592	0.511	0.441	0.378	0.323	0.273	0.228	0.189
		10°	0.76	0.623	0.52	0.437	0.366	0.305	0.252	0.206
		20°	—	1.103	0.679	0.535	0.432	0.351	0.284	0.228
		30°	—	—	—	1.005	0.571	0.430	0.334	0.26
	20°	0°	0.69	0.611	0.54	0.476	0.419	0.366	0.317	0.273
		10°	0.904	0.757	0.649	0.56	0.484	0.416	0.357	0.303
		20°	—	1.383	0.862	0.697	0.579	0.486	0.408	0.341
		30°	—	—	—	1.341	0.778	0.606	0.487	0.395
20°	−20°	0°	—	—	0.231	0.174	0.128	0.09	0.061	0.038
		10°	—	—	0.266	0.195	0.14	0.097	0.064	0.039
		20°	—	—	0.344	0.233	0.16	0.108	0.069	0.042
		30°	—	—	—	0.468	0.21	0.129	0.079	0.045
	−10°	0°	—	—	0.291	0.232	0.182	0.14	0.105	0.076
		10°	—	—	0.337	0.262	0.202	0.153	0.113	0.08
		20°	—	—	0.437	0.316	0.233	0.171	0.124	0.086
		30°	—	—	—	0.614	0.306	0.207	0.142	0.096
	0°	0°	—	—	0.357	0.297	0.245	0.199	0.16	0.125
		10°	—	—	0.419	0.34	0.275	0.22	0.174	0.135
		20°	—	—	0.547	0.414	0.322	0.251	0.193	0.147
		30°	—	—	—	0.798	0.425	0.306	0.225	0.166
	10°	0°	—	—	0.438	0.377	0.322	0.273	0.229	0.19
		10°	—	—	0.521	0.438	0.367	0.306	0.254	0.208
		20°	—	—	0.69	0.54	0.436	0.354	0.286	0.23
		30°	—	—	—	1.051	0.582	0.437	0.338	0.264
	20°	0°	—	—	0.543	0.479	0.422	0.37	0.321	0.277
		10°	—	—	0.659	0.568	0.49	0.423	0.363	0.309
		20°	—	—	0.891	0.715	0.592	0.496	0.417	0.349
		30°	—	—	—	1.434	0.807	0.624	0.501	0.406

表6-3　土对挡土墙背的摩擦角

挡土墙情况	摩擦角 δ	挡土墙情况	摩擦角 δ
墙背平滑,排水不良	$(0 \sim 0.33)\varphi$	墙背很粗糙,排水良好	$(0.5 \sim 0.67)\varphi$
墙背粗糙,排水良好	$(0.33 \sim 0.5)\varphi$	墙背与填土间不可能滑动	$(0.67 \sim 1.0)\varphi$

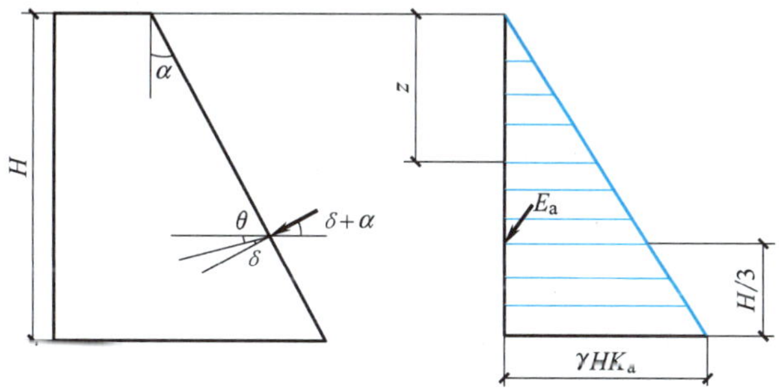

图6-19　库仑主动土压力强度分布

6.4.3　被动土压力计算

1. 计算原理及计算公式

墙背 AB 受到外力向填土方向移动或转动时（图6-20），使土体体积收缩。当达到极限平衡状态时，出现破裂面 BC，楔体 ABC 在重力 W、反力 R 和被动土压力 E_p 作用下平衡，E_p 和 R 的方向分别在 AB 和 AC 法线的上方，与法线分别成 δ 和 φ 角。

按上述求主动土压力 E_a 的方法，可求得库仑理论的被动土压力公式为

$$E_p = \frac{1}{2}\gamma H^2 K_p \qquad (6\text{-}24)$$

式中　K_p——库仑被动土压力系数，按式（6-25）确定

$$K_p = \frac{\cos^2(\varphi + \alpha)}{\cos^2\alpha\cos(\alpha - \beta)\left[1 - \sqrt{\dfrac{\sin(\varphi + \delta)\sin(\varphi + \beta)}{\cos(\varphi - \delta)\cos(\varphi - \beta)}}\right]^2} \qquad (6\text{-}25)$$

其余符号同前。

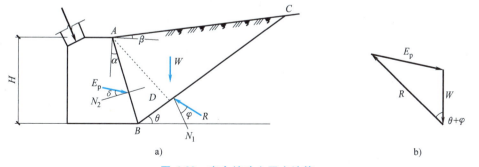

图6-20　库仑被动土压力计算

a）楔体 ABC 上的作用力　b）力矢三角形

当墙背竖直（$\alpha = 0$）、光滑（$\delta = 0$）、填土面水平（$\beta = 0$）时，式（6-24）变为

$$E_\mathrm{p} = \frac{1}{2}\gamma H^2 \tan(45° + \varphi/2)$$

显然，满足朗肯理论条件时，库仑理论与朗肯理论的被动土压力计算公式也相同。

2. 被动土压力分布

与主动土压力相同，被动土压力强度 σ_p 沿墙高的变化为

$$\sigma_\mathrm{p} = \frac{\mathrm{d}E_\mathrm{p}}{\mathrm{d}z} = \frac{\mathrm{d}}{\mathrm{d}z}\left(\frac{1}{2}\gamma z^2 K_\mathrm{p}\right) = \gamma z K_\mathrm{p} \tag{6-26}$$

由上式可知，σ_p 沿墙高也呈三角形分布（图6-21），E_p 为被动土压力强度分布图的面积，作用点在距墙底 $H/3$ 处，作用方向与墙背法线逆时针成 δ 角。

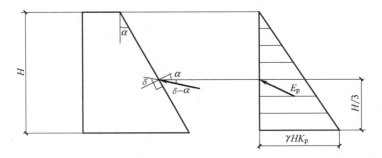

图6-21 库仑被动土压力强度分布

【例6-4】 某挡土墙高 $H = 5\mathrm{m}$，$\alpha = 10°$，$\beta = 20°$，墙后填土为砂土，$\gamma = 18\mathrm{kN/m^3}$，$\varphi = 30°$，$c = 0\mathrm{kPa}$。试分别求出 $\delta = 15°$、$\delta = 0°$ 时，作用于墙背主动土压力 E_a 的大小、方向及作用点，并绘制主动土压力强度分布图。

【解】 用库仑土压力理论计算。

（1）求 $\delta = 15°$ 时的主动土压力 E_a1

$$K_\mathrm{a1} = \frac{\cos^2(\varphi - \alpha)}{\cos^2\alpha\cos(\alpha + \delta)\left[1 + \sqrt{\dfrac{\sin(\varphi + \delta)\sin(\varphi - \beta)}{\cos(\alpha + \delta)\cos(\alpha - \beta)}}\right]^2}$$

$$= \frac{\cos^2(30° - 10°)}{\cos^2 10°\cos(10° + 15°)\left[1 + \sqrt{\dfrac{\sin(30° + 15°)\sin(30° - 20°)}{\cos(10° + 15°)\cos(10° - 20°)}}\right]} = 0.5345 \approx 0.535$$

也可查表6-2得 $K_\mathrm{a1} = 0.535$。则

$$E_\mathrm{a1} = \frac{1}{2}\gamma H^2 K_\mathrm{a1} = \frac{1}{2}\times 18\times 25\times 0.535\mathrm{kN/m} = 120.4\mathrm{kN/m}$$

当 $z = 5\mathrm{m}$ 时，$\sigma_\mathrm{a1} = \gamma H K_\mathrm{a1} = 18\times 5\times 0.535\mathrm{kPa} = 48.2\mathrm{kPa}$

K_a1 的作用方向与墙背法线角度 $\delta = 15°$，作用点在距墙脚 $H/3 = 1.67\mathrm{m}$ 处（图6-22a）。

（2）求 $\delta = 0°$ 时的主动土压力 E_a2

$$K_{a2} = \frac{\cos^2(\varphi - \alpha)}{\cos^2\alpha\cos(\alpha + \delta)\left[1 + \sqrt{\dfrac{\sin(\varphi + \delta)\sin(\varphi - \beta)}{\cos(\alpha + \delta)\cos(\alpha - \beta)}}\right]^2}$$

$$= \frac{\cos(30° - 10°)}{\cos^2 10°\cos(10° + 0°)\left[1 + \sqrt{\dfrac{\sin(30° + 0°)\sin(30° - 20°)}{\cos(10° + 0°)\cos(10° - 20°)}}\right]^2} = 0.5477 \approx 0.548$$

也可查表 6-2 得 $K_{a2} = 0.548$。则

$$E_{a2} = \frac{1}{2}\gamma H^2 K_{a2} = \frac{1}{2} \times 18 \times 25 \times 0.548 \text{kN/m} = 123.3 \text{kN/m}$$

当 $z = 5\text{m}$ 时，$\sigma_{a2} = \gamma H K_{a2} = 18 \times 5 \times 0.548 \text{kPa} = 49.3 \text{kPa}$。

E_{a2} 的作用方向与墙背垂直，作用点同 E_{a1}（图 6-22b）。

（3）由上述计算可知，当墙背与填土之间的外摩擦角 δ 减小时，主动土压力 E_a 将增大。因此，朗肯土压力理论忽略墙背与填土之间摩擦，用于计算主动土压力 E_a 是偏于安全的。

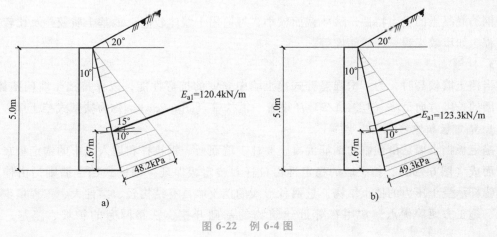

图 6-22 例 6-4 图

6.5 挡土墙设计

6.5.1 挡土墙的类型

1. 重力式挡土墙

重力式挡土墙（图 6-23a）是以墙身自重来维持墙体在土压力作用下的稳定，多用砖、石或混凝土材料建成，其截面尺寸较大。重力式挡土墙适用于高度小于 5m、地层稳定的地段，因结构简单，施工方便，取材容易，在土建工程中应用极为广泛。

2. 悬臂式挡土墙

悬臂式挡土墙（图 6-23b）采用钢筋混凝土建造，挡土墙的截面尺寸较小，重量较轻，墙身的稳定靠墙踵板上土重来维持，墙身内配钢筋来承担拉力。这类挡土墙的优点是能充分

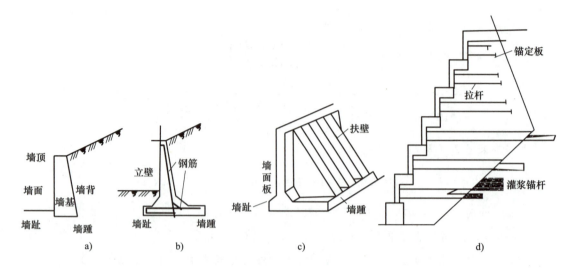

图 6-23　挡土墙主要类型

a）重力式挡土墙　b）悬臂式挡土墙　c）扶壁式挡土墙　d）锚定板与锚杆式挡土墙

利用钢筋混凝土的受力特性，墙体截面较小，可适用于墙体较高、地基土质较差及比较重要的工程，如市政工程、厂矿储库等。

3. 扶壁式挡土墙

当挡土墙较高时，为了增强悬臂式挡土墙中立壁的抗弯性能，以保持挡土墙的整体性，可沿墙的长度方向每隔（1/3～1/2）H 设置一道扶壁（图 6-23c），称为扶壁式挡土墙。

4. 锚定板与锚杆式挡土墙

锚定板挡土墙是由预制的钢筋混凝土立柱、墙面板、钢拉杆和埋入土中的锚定板在现场拼装而成（图 6-23d），挡土墙的稳定性由拉杆和锚定板保证。锚杆式挡土墙则是由伸入岩层的锚杆承受土压力的挡土结构。这两种形式的挡土墙具有结构轻、柔性大、工程量少、造价低、施工方便等优点，常用在邻近建筑物的基础开挖、铁路两旁的护坡、路基、桥台等处。

5. 其他形式挡土墙

除上述几种，挡土墙形式还有加筋土挡土墙、混合式挡土墙、板桩墙及土工合成材料挡土墙等。

挡土墙的选型原则：①挡土墙的用途、高度与重要性；②建筑场地的地形与地质条件；③尽量就地取材，因地制宜；④安全而经济。

6.5.2　重力式挡土墙的计算

1. 截面尺寸的初步确定

设计挡土墙时，一般先根据经验初步拟定挡土墙的尺寸，然后进行各项验算；若不满足，则修改截面尺寸或采取其他措施，直至满足要求为止。

2. 作用在挡土墙上的力

1）墙身自重 G。

2）土压力。主要指墙背作用的主动土压力 E_a；若挡土墙基础有一定埋深，则埋深部分墙趾因挡土墙前移而受到被动土压力 E_p，但挡土墙设计中被动土压力常因基坑开挖松动而忽略不计，使结构偏于安全。

3）基底反力。

以上三种力为作用在挡土墙上的基本荷载。此外，如挡土墙的填土表面有堆放物、建筑物或公路等荷载时，应考虑荷载附加的压力；若墙体排水不良，填土积水，则需计算水压力；对地震区还要考虑地震荷载。

3. 挡土墙计算内容

1）稳定性验算。包括抗滑移稳定性验算和抗倾覆稳定性验算。

2）地基承载力验算。要求和方法可参阅相关书籍。

3）墙身强度验算：执行 GB 50010—2010《混凝土结构设计规范》和 GB 50003—2011《砌体结构设计规范》等现行标准的相应规定。

4. 抗滑移稳定性验算

在土压力作用下，挡土墙有可能沿着底面发生滑动（图6-24a）。这时，将土压力 E_a 和墙重力 G 各分解成平行和垂直于基础底面的力，即 E_{at}、E_{an} 和 G_t、G_n，要求基底的抗滑移力 F_1（E_{an}、G_n 产生的摩擦力）大于滑移力 F_2（E_{at}、G_t 的合力），即

$$K_s = \frac{F_1}{F_2} = \frac{(E_{an}+G_n)\mu}{E_{at}-G_t} \geqslant 1.3 \tag{6-27}$$

式中　K_s——抗滑移安全系数；

$\quad\quad G_n$——挡土墙每延米自重垂直于墙底的分力，$G_n = G\cos\alpha_0$；

$\quad\quad G_t$——挡土墙每延米自重平行于墙底的分力，$G_t = G\sin\alpha_0$；

$\quad\quad E_{an}$——土压力 E_a 垂直于墙底的分力，$E_{an} = E_a\cos(\alpha-\alpha_0-\delta)$；

$\quad\quad E_{at}$——土压力 E_a 平行于墙底的分力，$E_{at} = E_a\sin(\alpha-\alpha_0-\delta)$；

$\quad\quad \alpha$——挡土墙墙背对水平面的倾角；

$\quad\quad \alpha_0$——挡土墙基底倾角；

$\quad\quad \mu$——土对挡土墙基底摩擦系数，由试验测定或参考表6-4选用。

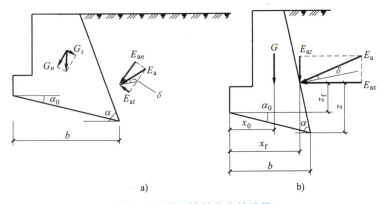

图 6-24　挡土墙的稳定性验算

a）滑动稳定验算　b）倾覆稳定验算

表 6-4　土对挡土墙基底的摩擦系数

土的类别		摩擦系数 μ	土的类别	摩擦系数 μ
黏性土	可塑	$0.25 \sim 0.30$	中砂、粗砂、砾砂	$0.40 \sim 0.50$
	硬塑	$0.30 \sim 0.35$	碎石土	$0.40 \sim 0.60$
	坚硬	$0.35 \sim 0.45$	软质岩石	$0.40 \sim 0.60$
粉土 $(S_r \le 0.5)$		$0.30 \sim 0.40$	表面粗糙的硬质岩石	$0.65 \sim 0.75$

当验算结果不满足式（6-27）时，可采取以下措施：

1）修改挡土墙断面尺寸以加大 G 值，增大抗滑力。

2）挡土墙基底面做成砂、石垫层，以提高 μ 值，增大抗滑力。

3）墙底做成逆坡，利用滑动面上部分反力来抗滑，如图 6-24a 所示。

4）在软土地基，其他方法无效或不经济时，可在墙踵后加拖板（图 6-25），利用拖板上的土重来抗滑。拖板与挡土墙之间应用钢筋连接。由于扩大了基底宽度，对墙体抗倾覆也是有利的。

5. 抗倾覆稳定性验算

挡土墙在土压力作用下有可能绕墙趾 O 点向外转动而发生倾覆破坏（图 6-24b），丧失稳定性，因此要求绕 O 点的抗倾覆力矩 M_1 大于倾覆力矩 M_2，即

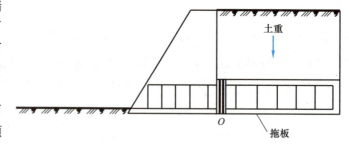

图 6-25　墙踵后加拖板抗滑稳定措施

$$K_t = \frac{M_1}{M_2} = \frac{Gx_0 + E_{az}x_f}{E_{ax}z_f} \ge 1.6 \qquad (6-28)$$

式中　K_t——抗倾覆安全系数；

　　　G——挡土墙每延米自重；

　　E_{az}——土压力 E_a 的竖向分力，$E_{az} = E_a\cos(\alpha-\delta)$；

　　E_{ax}——土压力 E_a 的水平分力，$E_{ax} = E_a\sin(\alpha-\delta)$；

　　　x_0——挡土墙重心距墙趾的水平距离；

　　　z_f——土压力作用点距离 O 点的高度，$z_f = z - b\tan\alpha_0$；

　　　z——土压力作用点距离墙踵的高度；

　　　x_f——土压力作用点距墙趾的水平距离，$x_f = b - z\cot\alpha$；

　　　b——基底的水平投影宽度。

当验算结果不满足式（6-27）时，可采取以下措施：

1）加大挡土墙断面尺寸，使重力 G 增大，但工程量也相应增大。

2）加大 x_0 伸长墙趾，当墙趾过长，若厚度不够，则需配置钢筋。

3）墙背做成仰斜，可减小土压力。

4）在挡土墙垂直墙背上做卸荷台，形状如牛腿，则平台以上土压力不能传到平台以下，总土压力减小，故抗倾覆稳定性增大。

在软弱地基上倾覆时，墙趾可能陷入土中，使力矩中心点内移，导致抗倾覆安全系数降低，有时甚至会沿圆弧滑动发生整体破坏，因此验算时应注意土的压缩性。

6.5.3 重力式挡土墙的构造

1. 墙背的倾斜形式

一般的重力式挡土墙按墙背倾斜方向可分为仰斜、直立和俯斜三种形式，如图 6-26 所示。仰斜式主动土压力最小，而俯斜式主动土压力最大。从挖、填方角度来说，边坡是挖方，仰斜较合理；反之，填方时俯斜和墙背直立比较合理。

2. 基础埋置深度

挡土墙的埋置深度（如基底倾斜，基础埋置深度应从最浅处的墙趾处计算）应根据持力层土的承载力、水流冲刷、岩石裂隙发育及风化程度等因素确定。在土质地基中，基础埋置深度不宜小于 0.5m；在软质岩地基中，基础埋置深度不宜小于 0.3m。

1）墙面坡度。当墙前地面较陡时，一般取 1:0.05~1:0.2；当墙高较小时，也可采用直立形式。当墙前地面较平坦时，对于中、高挡土墙，坡度可较缓，但不宜缓于 1:0.4。

2）墙背坡度。对于仰斜式墙背，坡度越缓，主动土压力越

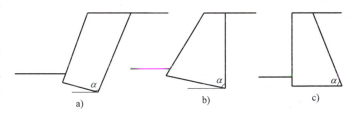

图 6-26 重力式挡土墙类型
a）仰斜式　b）直立式　c）俯斜式

小，但为了避免施工困难，倾斜度不宜小于 1:0.35，墙面坡应尽量与背坡平行；俯斜墙背的坡度不宜大于 1:0.4。

3）基底逆坡坡度。为了增加挡土墙抗滑稳定性，可将基底做成逆坡。基底逆坡过大，可能使墙身连同基底下的三角形土体一起滑动，因此，一般土质地基的基底逆坡坡度不宜大于 0.1:1.0，对于岩石地基坡度不宜大于 0.2:1.0。

4）顶面宽度。重力式挡土墙自身尺寸较大，若无特殊要求，一般块石挡土墙顶宽不应小于 0.5m，混凝土挡土墙最小可为 0.2~0.4m。

5）基底宽度。重力式挡土墙基础的宽度一般取 $B = (1/2 \sim 2/3)H$。

3. 墙后填土的选择

选择填土的原则是主动土压力越小越好。由前述可知，内摩擦角 φ 越大、重度 γ 越小，土压力越小。因此，应选择内摩擦角大、重度小的填料，二者不能同时满足时，应从填土的重度和内摩擦角哪个因素对减小主动土压力更有效为出发点来考虑。一般应遵循以下原则：

1）填土应尽量选择粗粒土，如粗砂、砾砂、碎石等，这类土的内摩擦角大，浸水后内摩角的影响也较小，且透水性较好，易于排水。

2）当填土为黏土、粉质黏土时，其含水率应接近最优含水率，易压实。

3）不能利用软黏土、成块的硬黏土、膨胀土、耕植土和淤泥土等作为填土。填土压实质量是挡土墙施工中的关键问题，填土时应注意分层夯实。

4. 排水措施

挡土墙建成使用期间，如雨水渗入墙后填土中，会使填土的土压力增大，有时还会受到

水的渗流或静水压力的影响，对挡土墙的稳定产生不利的作用。因此，设计挡土墙时必须考虑以下排水措施，如图 6-27 所示。

1）截。山坡处的挡土墙应在坡下设置截水沟，拦截地表水；墙后填土表面宜铺筑夯实的黏土层，防止地表水渗入墙后；墙前回填土应夯实，或做散水及排水沟，避免墙前水渗入地基。

2）疏。对渗入墙后填土中的水，应使其顺利排出，通常在墙体上适当的部位设置泄水孔。泄水孔应沿着横纵两个方向设置，其间距宜取 2~3m，孔眼尺寸不宜小于 100mm，外斜坡度宜为 5%。为了防止泄水孔堵塞，应在其入口处以粗颗粒材料做反滤层和必要的排水盲沟。为防止渗入填土中的地下水渗到墙下地基，应在排水孔下部铺设黏土层并分层夯实。

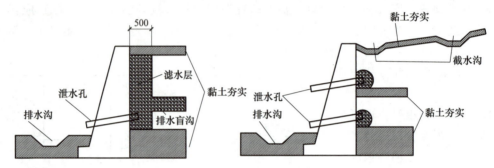

图 6-27　挡土墙排水措施

5. 变形缝的设置

重力式挡土墙应每隔 10~20m 设置一道伸缩缝。当地基土有变化时，宜加设沉降缝。在挡土结构的拐角处，应加强构造措施。

【例 6-5】　某挡土墙高 5.0m，墙背竖直光滑，填土表面水平。采用 MU30 毛石和 M5 混合砂浆砌筑。已知砌体重度 $\gamma_0 = 22kN/m^3$，填土重度 $\gamma = 18kN/m^3$，内摩擦角 $\varphi = 35°$，黏聚力 $c = 0$，地面荷载 $q = 5kN/m^2$，基底摩擦系数 $\mu = 0.55$，试验算挡土墙的稳定性。

【解】　（1）先确定挡土墙的断面尺寸（图 6-28）　按构造要求设墙顶宽为 0.8m >

0.5m，墙底宽 $B = \left(\dfrac{1}{3} \sim \dfrac{1}{2}\right) H = 1.67 \sim 2.5m$，取 $B = 2.2m$。

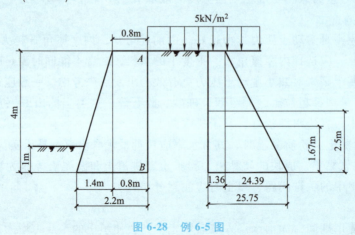

图 6-28　例 6-5 图

（2）取1m墙长为计算单元　计算墙体自重 $G_t = 0$

$$G_{n1} = G_1 = \frac{1}{2} \times 5.0 \times 1.4 \times 22\text{kN/m} = 77.0\text{kN/m}$$

$$G_{n2} = G_2 = 5.0 \times 0.8 \times 22\text{kN/m} = 88.0\text{kN/m}$$

$$G_n = G = G_1 + G_2 = 165.0\text{kN/m}$$

（3）取1m墙长为计算单元　计算主动土压力

$$K_a = \tan^2(45° - \varphi/2) = \tan^2(45° - 35°/2) = 0.271$$

$$\sigma_{aA} = (\gamma z + q)K_a = 5 \times 0.271\text{kPa} = 1.36\text{kPa}$$

$$\sigma_{aB} = (\gamma z + q)K_{a1} = (5 \times 18 + 5) \times 0.271\text{kPa} = 25.75\text{kPa}$$

$$E_{a1} = E_{at1} = E_{ax1} = 1.36 \times 5.0\text{kN/m} = 6.8\text{kN/m}（矩形面积）$$

$$E_{a2} = E_{at2} = E_{ax2} - \frac{1}{2} \times (25.75 - 1.36) \times 5.0\text{kN/m} = 61.0\text{kN/m}（三角形面积）$$

$$E_a = E_{a1} + E_{a2} = 67.8\text{kN/m}$$

$$E_{an} = E_{az} = 0$$

（4）抗滑移稳定性验算

$$K_s = \frac{F_1}{F_2}$$

$$K_s = \frac{F_1}{F_2} = \frac{(E_{an} + G_n)\mu}{E_{at} - G_t} = \frac{(165.0 + 0) \times 0.55}{67.8 - 0} = 1.34 \geq 1.3$$

（5）抗倾覆稳定性验算

$$K_t = \frac{M_1}{M_2} = \frac{Gx_0 + E_{az}x_f}{E_{ax}z_f} = \frac{77.0 \times 1.4 \times \frac{2}{3} + 88 \times 1.8 \times 0}{6.8 \times 2.5 + 61.0 \times 5.0 \times \frac{1}{3}} = 1.94 \geq 1.6$$

因此，墙体稳定性满足要求。

拓展阅读

扫描搜索法求解库仑土压力

库仑土压力理论假定挡土墙是刚性的，墙后填土是无黏性土。当墙背移离或移向填土，墙后土体达到极限平衡状态时，墙后填土是以一个三角形滑动土楔体的形式，沿墙背和填土土体中某一滑裂平面通过墙踵同时向下发生滑动。根据三角形土楔的力系平衡条件，求出挡土墙对滑动土楔的支承反力，从而解出挡土墙墙背所受的总土压力。该理论是解决土压力问题的最简化途径之一，但传统的计算方法公式繁多、工作量大，且不适用于填土面是任意折线或曲线形状的情况。为解决该问题，在相关研究的基础上，基于库仑理论，提出一种假定：已知破裂角，将土压力及坡面路基面以上超载的计算思路统一起来的简化求解库仑主动土压力的新方法——扫描搜索法。

该方法以墙背某一点为起点，以该点到坡面线的连线为破裂面，按照一定间距变化地面上各点扫描墙后土体，得到所有可能的破裂面，利用坐标求取破裂楔体的自重及形心，根据推导的库仑土压力计算通式，计算土压力的大小和作用点的位置，最终搜索出最大土压力。利用该方法结合计算机编程，可快速准确地计算各种复杂坡面荷载及工况下的墙背土压力。

扫描搜索法是基于库仑理论，采用计算机快速试算求取不同破裂面所对应的土压力的一种方法。该方法通过扫描假定的破裂面，根据简单的计算通式，求得每组破裂楔体对应的土压力及其作用点位置，其后经搜索获取最大土压力，得出对挡土墙最不利的破裂面。

该算法可计算各种复杂坡面形式及荷载情况下的土压力，解决了传统库仑公式法计算烦琐、适用坡面及荷载类型单一等问题。经过大量算例验证表明，扫描搜索法方法正确，结果精确。下一步，可将这一方法扩展到折线形墙背以及土体为黏性土的情况。

本 章 小 结

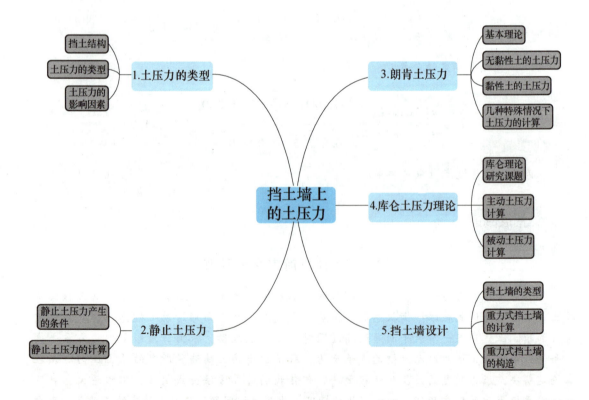

习　题

一、选择题

1. 在相同条件下，三种土压力之间的大小关系是（　　）。

A. $E_a < E_0 < E_p$　　　　B. $E_a < E_p < E_0$　　　　C. $E_0 < E_a < E_p$　　　　D. $E_0 < E_p < E_a$

2. 当挡土墙后的填土处于被动极限平衡状态时，挡土墙（　　）。

A. 在外荷载作用下推挤墙背土体　　　　B. 被土压力推动而偏离墙背土体

C. 被土体限制而处于原来的位置　　　　D. 受外力限制而处于原来的位置

3. 当挡土墙后填土中有地下水时，墙背所受的总压力将（　　）。

A. 增大　　　　　B. 减小　　　　　C. 不变　　　　　D. 无法确定

4. 设计地下室外墙时，土压力一般按（　　）计算。

A. 主动土压力　　　B. 被动土压力　　　C. 静止土压力　　　D. 静水压力

5. 在影响挡土墙土压力的诸多因素中，（　　）是最主要的。

A. 挡土墙的高度　　　　　　　　B. 挡土墙的刚度

C. 挡土墙的位移方向及大小　　　D. 挡土墙填土类型

6. 在进行重力式挡土墙的抗滑移稳定验算时，墙背的压力通常采用（　　）。

A. 主动土压力与静止土压力的合力　　　B. 静止土压力

C. 被动土压力　　　　　　　　　　　　D. 主动土压力

7. 采用库仑土压力理论计算挡土墙压力时，基本假设之一是（　　）。

A. 墙后填土干燥　　　　　　　　B. 填土为无黏性土

C. 墙背直立　　　　　　　　　　D. 墙背光滑

8. 朗肯土压力理论认为，如果使挡土墙后填土的黏聚力增大，则（　　）。

A. 主动土压力减小、被动土压力增大　　　B. 主动土压力增大、被动土压力减小

C. 主动土压力减小、被动土压力减小　　　D. 主动土压力增大、被动土压力增大

9. 朗肯土压力理论的适用条件是（　　）。

A. 墙后填土为无黏性土　　　　　　B. 墙后无地下水

C. 墙后填土为黏性土　　　　　　　D. 墙背直立、光滑、填面水平

10. 按朗肯土压力计算挡土墙主动土压力时，墙背是（　　）。

A. 大主应力作用面　　　　　　　　B. 小主应力作用面

C. 滑动面　　　　　　　　　　　　D. 与大主应力作用面呈 45°角

二、简答题

1. 土压力有哪几种？影响土压力大小的因素有哪些？其中最主要的因素是什么？
2. 试阐述主动、静止、被动土压力的定义及产生的条件，并比较三者数值的大小。
3. 简述朗肯、库仑土压力理论的基本假定、计算原理和适用条件。
4. 怎样进行特殊条件下的土压力计算？
5. 挡土墙的类型有哪些？各有何适用性？
6. 挡土墙的墙后填土有什么要求？
7. 挡土墙设计中需要进行哪些验算？如稳定性验算不满足要求，可采取哪些措施？

三、计算题

1. 某刚性挡土墙高 6m，墙背直立、光滑；填土面水平，地下水位在填土面以下 2m 深处。填土为砂土，$\gamma_{sat} = 19.8 kN/m^3$，$\gamma = 18.5 kN/m^3$，$\varphi' = 34°$，$c' = 0$。试绘出作用在墙背上的主动土压力和水压力分布

图，并求总压力的大小和作用点。

（答案：水位处 $\sigma_a = 10.46\text{kPa}$，墙底处 $\sigma_a = 21.09\text{kPa}$，$\sigma_w = 40\text{kPa}$；土压力 $E_{a1} = 73.5\text{kN/m}$，距底面 2.18m；$E_{a2} = 80\text{kN/m}$，距底面 1.33m；总压力 $E = 153.5\text{kN/m}$，距底面 1.97m。）

2. 某直立式挡土墙高 8m，墙背光滑，填土面水平。墙后填土分两层：上层土厚 5m，$\gamma = 18\text{kN/m}^3$，$\varphi = 18°$，$c = 20\text{kPa}$；下层土厚 3m，$\gamma = 20\text{kN/m}^3$，$\varphi = 34°$，$c = 0$。试绘出主动土压力沿墙高的分布图，并求主动土压力合力及其作用点位置。

（答案：临界深度 $z_0 = 3.06\text{m}$，上下层界面处 $\sigma_a = 18.45\text{kPa}$，$\sigma'_a = 25.44\text{kPa}$，墙底处 $\sigma_a = 42.40\text{kPa}$；$E_a = 119.6\text{kN/m}$，距墙底 1.70m。）

3. 如图 6-29 所示，一挡土墙高 7.0m，墙背与竖直线夹角 $\alpha = 20°$，墙后填土坡角 $\alpha = 20°$，$\gamma = 18.5\text{kN/m}$，$c = 0$，$\varphi = 30°$，墙背与填土的摩擦角 $\delta = 15°$。试求主动土压力及其作用点。

（答案：$E_a = 315.92\text{kN/m}$）

4. 某挡土墙如图 6-30 所示，已实测到挡土墙后的土压力合力值为 64kN/m。试用朗肯土压力公式说明此时墙后土体是否已达到极限平衡状态，为什么？

（答案：未达到极限平衡）

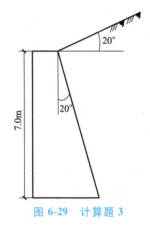

图 6-29　计算题 3

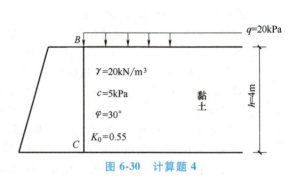

图 6-30　计算题 4

5. 如图 6-31 所示，一挡土墙墙背垂直、光滑，求主动土压力及其合力作用点，并绘出压力分布图。

（答案：$E_a = 55.97\text{kN/m}$）

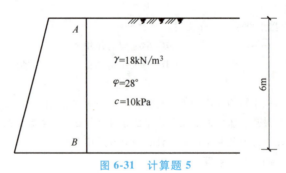

图 6-31　计算题 5

第7章　地基承载力和土坡稳定性

内容提要

本章主要内容有：地基的破坏模式，地基临塑荷载与临界荷载，地基极限承载力，土坡稳定的基本概念，土坡稳定性分析计算及问题。

基本要求

通过本章的学习，要求了解各种地基的破坏模式，掌握地基临塑荷载、临界荷载以及极限承载力的确定和修正方法，熟悉土失稳的原因及影响因素，掌握土坡稳定性分析方法。

导入案例

案例一：三里屯 SOHO 工程（图 7-1、图 7-2）

北京三里屯 SOHO 工程由五栋地上 12~24 层办公楼、四栋 22~28 层公寓楼及各楼间地上为 4~5 层商业楼（裙房）和地下车库组合而成。建筑物的地下室及地下车库为四层，形成大底盘多塔结构体系。

图 7-1　北京三里屯 SOHO 工程

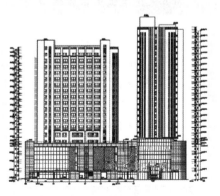

图 7-2　某大底盘多塔结构设计

1）建筑物地基反力和沉降计算结果，经修正后地基承载力满足设计要求，高层建筑与低层裙房间、框架柱间差异沉降和高层部分整体倾斜满足规范要求，因此该工程可以采用天然地基方案。

2）该工程（北区）可不设置沉降后浇带。

3）为解决高层建筑基础底板边缘的墙下地基反力集中问题和偏心问题，建议局部位置基础板外扩，以扩散高层建筑及基础边缘墙下的地基反力。

案例二：陕西子洲山体滑坡（图7-3、图7-4）

2010年3月10日凌晨1时30分许，位于陕西省北部的子洲县双湖峪镇双湖峪村石沟发生山体滑坡地质灾害，十多户住户房屋被压埋，致44人被压埋，其中17人生还，27人死亡。

图7-3　山体滑坡造成房屋被压埋

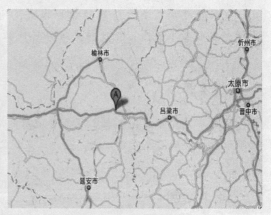

图7-4　陕西子洲地理位置

事故发生后，中国国土资源部与陕西省国土资源厅组成了应急调查工作组，赶赴子洲县实地调研。经过专家的调查论证，初步认定此次山体滑坡事故为自然形成的大型黄土崩塌地质灾害。原因大致有三点：

1）发生滑塌的山体地形高陡，岩性为砂质黄土，孔隙较大，结构疏松。近年来发生过多次小型滑塌事故，山体本身存在滑塌隐患。

2）去冬今春当地降雪较为充沛，累计降水量74.9mm，较往年同期降水均值18.9mm明显升高。雨雪融水渗入山体后结冰发生膨胀，天气回暖冰体消融，使坡体自重增大，土体强度降低，土坡稳定性差，引起山体崩塌。

3）被压埋的民房建筑结构不尽合理，受地形条件限制，过于靠近高陡山体，没有足够的有效缓冲区等。

7.1　地基的破坏模式

通常，研究地基土在受荷载后的变形与破坏特征，主要通过现场荷载试　地基破坏形式验和室内模拟试验得以实现。试验研究表明，在垂直荷载与倾斜荷载作用下，地基土的破坏模式不同。

7.1.1　垂直荷载下地基的破坏模式

地基荷载试验曲线（简称 p-s 曲线）主要反映垂直荷载 p 与沉降量 s 之间的关系特性。如图 7-5 所示，地基的变形可以分为三个阶段。

1. 线性变形阶段（压密阶段）

该阶段对应于 p-s 曲线中的 Oa 段。此时荷载 p 与沉降 s 基本上呈直线关系，地基中任意点的剪应力均小于土的抗剪强度，土体处于弹性状态。地基的变形主要是由于土的孔隙体积减小而产生的压密变形。

2. 塑性变形阶段（剪切阶段）

该阶段对应 p-s 曲线中的 ab 段。此时荷载 p 与沉降 s 不再呈直线关系，沉降的增量与荷载的增量的比值（即 $\Delta s/\Delta p$）随荷载的增大而增加，p-s 之间呈曲线关系。在此阶段，地基土在局部范围内剪应力达到土的抗剪强度而处于极限平衡状态。产生剪切破坏的区域称为塑性区。随着荷载的增加，塑性区逐步扩大，由基础边缘开始逐渐向纵深发展。

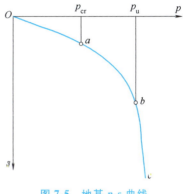

图 7-5　地基 p-s 曲线

3. 破坏阶段

该阶段对应于 p-s 曲线中的 bc 阶段。随着荷载的继续增加，剪切破坏区不断扩大，最终在地基中形成一个连续的滑动面。此时基础急剧下沉，四周的地面隆起，地基发生整体剪切破坏。在垂直荷载作用下，如图 7-6 所示，地基具有三种破坏模式：整体剪切破坏、局部剪切破坏和冲切剪切破坏。

（1）整体剪切破坏　该破坏模式下地基将形成连续剪切滑动面，如图 7-6a 所示。主要破坏特征：当垂直荷载达到一定值后，基础边缘点土体首先发生剪切破坏，随着垂直荷载的增大，剪切破坏区（塑性变形区）逐步扩大，最终形成连续的整体滑动面。此时，基础将急剧下降、倾斜，地面严重隆起，地基失去稳定性。整体破坏具有突发性，事发前不会出现较大的沉降。对于压缩性较低、密实砂土和坚硬黏土中较为常见。

（2）局部剪切破坏　该破坏模式下地基将形成局部剪切破坏区，如图 7-6b 所示。主要破坏特征：垂直荷载作用下，基础边缘下方土体首先发生剪切破坏，随着荷载进一步增大，剪切破坏区逐步扩大，但滑动面不扩展到地面，发生地面轻微隆起，基础无明显倾斜和倒塌。但基础由于过大沉降而丧失继续的承载能力。

（3）冲切剪切破坏　该破坏模式下，地基无明显破坏区和滑动面，但基础沉降较大，如图 7-6c 所示。主要破坏特征：垂直荷载超过一定值后，基础将连续"刺入"地基土，出现较大地基沉降，基础周围部分下陷，p-s 曲线中无明显拐点。这在压缩性较大的松砂、软土和深埋基础中较为常见。

7.1.2　倾斜荷载下地基的破坏模式

建筑物地基有时候会承受倾斜荷载，可将倾斜荷载转化为垂直荷载和水平荷载两个方向的分力。如图 7-7 所示，图中 P_v 和 P_h 分别为垂直荷载与水平荷载，R 为倾斜荷载，δ 为倾

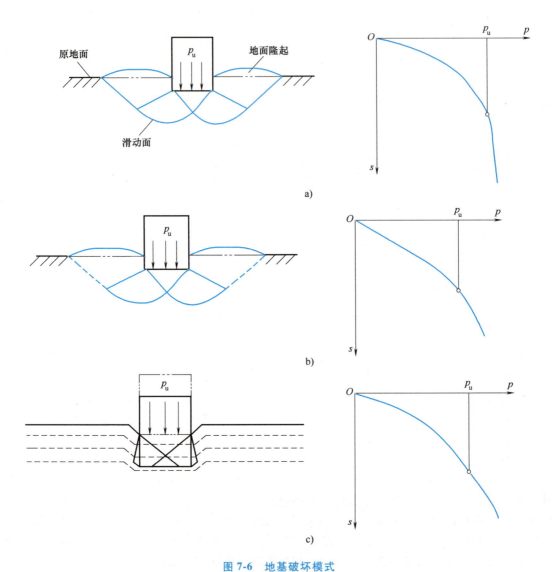

图 7-6 地基破坏模式

a) 整体剪切破坏 b) 局部剪切破坏 c) 冲切剪切破坏

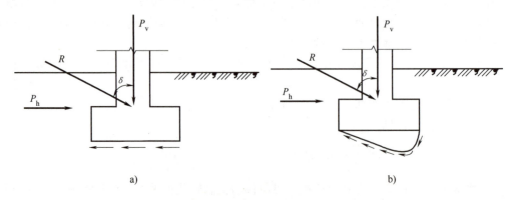

图 7-7 倾斜荷载下地基的破坏模式

斜荷载与垂直荷载的夹角。倾斜荷载下，地基的破坏模式可能有两种情况：①当垂直荷载较小时，地基的应力远未达到破坏状态，此时水平荷载不足以让地基失稳而产生建筑物沿地基表面滑动，如图 7-7a 所示；②当垂直荷载增大到一定程度时，地基中应力将达到极限平衡，在水平荷载的共同作用下，地基将产生连续滑动面，出现深层滑动，如图 7-7b 所示。

7.2　地基的临塑荷载和临界荷载

1. 临塑荷载

地基的临塑荷载是指在外荷载作用下，地基中将要出现但尚未出现塑性变形区时的基底附加压力。其计算公式可根据土中应力计算的弹性理论和土体极限平衡条件导出。

地基临塑荷载力 p_{cr} 的计算公式为

$$p_{cr} = \frac{\pi(\gamma_m d + c\cot\varphi)}{\cot\varphi + \varphi - \dfrac{\pi}{2}} + \gamma_m d = N_d \gamma_m d + N_c c \tag{7-1}$$

式中　p_{cr}——地基临塑荷载；

　　　γ_m——基础底面以上土的加权平均重度，地下水位以下取浮重度；

　　　d——基础埋深；

　　　c——基础底面以下土的黏聚力；

　　　φ——基础底面以下土的内摩擦角；

N_d、N_c——承载力系数，可根据 φ 按式（7-2）、式（7-3）计算

$$N_d = \frac{\cot\varphi + \varphi + \dfrac{\pi}{2}}{\cot\varphi + \varphi - \dfrac{\pi}{2}} \tag{7-2}$$

$$N_c = \frac{\pi\cot\varphi}{\cot\varphi + \varphi - \dfrac{\pi}{2}} \tag{7-3}$$

2. 临界荷载

工程实践表明，采用上述临塑荷载 p_{cr} 作为地基承载力十分安全，但偏于保守。这是因为在临塑荷载作用下，地基处于压密状态的终点，即使地基发生局部剪切破坏，地基中塑性区有所发展，只要塑性区范围不超出某一限度，就不致影响建筑物的安全和正常使用。因此，可以采用临界荷载作为地基承载力。

临界荷载是指地基中已经出现塑性变形区，但尚未达到极限破坏时的基底附加压力。地基塑性区发展的容许深度与建筑物类型、荷载性质以及土的特征等因素有关。

一般认为，在中心垂直荷载下，塑性区的最大发展深度 z 可控制在基础宽度 b 的 1/4，相应临界荷载用 $p_{\frac{1}{4}}$ 表示，地基临界荷载 $p_{\frac{1}{4}}$ 的计算公式为

$$p_{\frac{1}{4}} = \frac{\pi\left(\gamma_m d + \dfrac{1}{4}\gamma b + c\cot\varphi\right)}{\cot\varphi + \varphi - \dfrac{\pi}{2}} + \gamma d$$

$$= N_{\frac{1}{4}}\gamma b + N_d \gamma_m d + N_c c \qquad (7\text{-}4)$$

式中 $p_{\frac{1}{4}}$——塑性区最大发展深度为 $z_{max} = \dfrac{b}{4}$ 时的临界荷载；

$\quad\quad\quad \gamma$——基础底面以上土的加权平均重度，地下水位以下取浮重度；

$\quad\quad\quad b$——基础宽度，矩形基础取短边长，圆形基础取 $b = \sqrt{A}$（A 为圆形基础底面积）；

$\quad\quad\quad N_{\frac{1}{4}}$——承载力系数，按式（7-6）计算。

而对于偏心荷载作用的基础，塑性区的最大发展深度也可取 $z_{max} = \dfrac{b}{3}$，相应的临界荷载用 $p_{\frac{1}{3}}$ 表示，则地基临界荷载 $p_{\frac{1}{3}}$ 的计算公式为

$$p_{\frac{1}{3}} = \frac{\pi\left(\gamma_m d + \dfrac{1}{3}\gamma b + c\cot\varphi\right)}{\cot\varphi + \varphi - \dfrac{\pi}{2}} + \gamma_m d$$

$$= N_{\frac{1}{3}}\gamma b + N_d \gamma_m d + N_c c \qquad (7\text{-}5)$$

式中 $p_{\frac{1}{3}}$——塑性区最大发展深度为 $z_{max} = \dfrac{b}{3}$ 时的临界荷载；

$\quad\quad\quad N_{\frac{1}{3}}$——承载力系数，按式（7-7）计算。

临界荷载承载力系数 $N_{\frac{1}{4}}$、$N_{\frac{1}{3}}$ 为

$$N_{\frac{1}{4}} = \frac{\pi}{4\left(\cot\varphi + \varphi - \dfrac{\pi}{2}\right)} \qquad (7\text{-}6)$$

$$N_{\frac{1}{3}} = \frac{\pi}{3\left(\cot\varphi + \varphi - \dfrac{\pi}{2}\right)} \qquad (7\text{-}7)$$

必须指出的是，上述公式是在条形均布荷载作用下导出的，对于矩形和圆形基础，其结果偏于安全。此外，对于已出现塑性区的临界荷载公式，仍采用了弹性理论，条件不够严密，但当塑性区范围不大时，由此引起的误差在工程上还是允许的。

【例 7-1】 某条形基础受中心荷载。基础宽 2.0m，埋深 $=1.6$m。地基土分为三层：表层为素填土，天然重度 $\gamma_1 = 18.2$kN/m³，层厚 $h_1 = 1.6$m；第二层为粉土，$\gamma_2 = 19.0$kN/m³，黏聚力 $c_2 = 12$kPa，内摩擦角 $\varphi_2 = 20°$，层厚 $h_2 = 6.0$m；第三层为粉质黏土，$\gamma_3 = 19.5$kN/m³，黏聚力 $c_3 = 22$kPa，内摩擦角 $\varphi_3 = 18°$，层厚 $h_3 = 5.0$m。试计算该地基的临塑荷载和临界荷载。

【解】 1）按式（7-1）计算临塑荷载力 p_{cr}。已知基础底面以上土的加权平均重度 $\gamma_m = 18.2$kN/m³，基础埋深 $d = 1.6$m，基础底面以下土的黏聚力、内摩擦角分别取 $c_2 = 12$kPa、$\varphi_2 = 20°$，则

$$p_{cr} = \frac{\pi(\gamma_m d + c\cot\varphi)}{\cot\varphi + \varphi - \frac{\pi}{2}} + \gamma_m d$$

$$= \frac{\pi(18.2 \times 1.6 + 12 \times \cot 20°)}{\cot 20° + \frac{20°}{180°} \times \pi - \frac{\pi}{2}} \text{kPa} + 18.2 \times 1.6 \text{kPa}$$

$$= 156.9 \text{kPa}$$

2）在中心荷载作用下，按式（7-4）计算地基的临界荷载 $p_{\frac{1}{4}}$。已知基础底面以下土的重度 $\gamma = \gamma_2 = 19.0 \text{kN/m}^3$，其他参数取值同上，则

$$p_{\frac{1}{4}} = \frac{\pi\left(\gamma_m d + \frac{1}{4}\gamma b + c\cot\varphi\right)}{\cot\varphi + \varphi - \frac{\pi}{2}} + \gamma_m d$$

$$= \frac{\pi\left(18.2 \times 1.6 + \frac{1}{4} \times 19.0 \times 2.0 + 12 \times \cot 20°\right)}{\cot 20° + \frac{20°}{180°} \times \pi - \frac{\pi}{2}} \text{kPa} + 18.2 \times 1.6 \text{kPa} = 176.1 \text{kPa}$$

7.3 地基的极限承载力

地基极限承载力是指使地基发生剪切破坏失去整体稳定时的基底压力，是地基所能承受的基底压力极限值，以 p_u 表示。

将地基极限承载力除以安全系数 K，即地基承载力的设计值 f，即

$$f = \frac{p_u}{K} \tag{7-8}$$

求解整体剪切破坏模式的地基极限承载力的途径有：一是用严密的数学方法求解土中某点达到极限平衡时的静力平衡方程组，以得出地基极限承载力，此方法运算过程烦琐，未被广泛采用；二是根据模型试验的滑动面形状，通过简化得到假定的滑动面，然后借助该滑动面上的极限平衡条件，求出地基极限承载力，此类方法是半经验性质的，称为假定滑动面法。由于不同研究者采取的假设不同，所得的结果也不同，下面介绍几个常用的公式。

1. 太沙基公式

太沙基（Terzaghi，1943）公式适用于基底粗糙的条形基础。太沙基假定地基中滑动面的形状如图 7-8 所示。滑动土体共分为三区：

Ⅰ区——基础下的楔形压密区。由于土与粗糙基底的摩阻力作用，该区土不进入剪切状态而处于压密状态，形成"弹性核"，弹性核边界与基底夹角为 φ（图 7-8）。

Ⅱ区——过渡区。该区土体滑动面按对数螺旋线变化。b 点处螺旋线的切线垂直地面，c 点处螺旋线的切线与水平线成 $45° - \frac{\varphi}{2}$ 角。

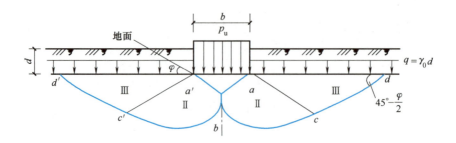

图 7-8　太沙基公式假设的滑动面

Ⅲ区——朗肯被动区，该区土体处于被动极限平衡状态，滑动面是平面，与水平面的夹角为 $45°-\dfrac{\varphi}{2}$。

太沙基公式不考虑基底以上基础两侧土体抗剪强度的影响，以均布超载 $q=\gamma_0 d$ 来代替埋深范围内的土体自重。根据弹性土楔 $aa'b$ 的静力平衡条件，可求得太沙基极限承载力 p_u。计算公式为

$$p_u = cN_c + qN_q + \frac{1}{2}\gamma b N_\gamma \tag{7-9}$$

式中　　q——基底面以上基础两侧超载，$q=\gamma_0 d$；

　　　　b、d——基底宽度和埋置深度；

N_c、N_q、N_γ——承载力系数，与土的内摩擦角 φ 有关，可由图 7-9 中的实线查取。

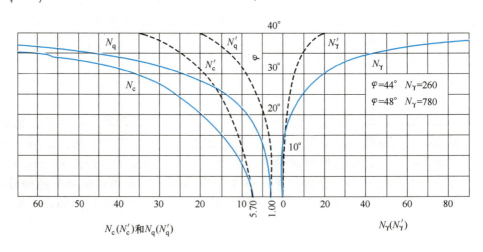

图 7-9　太沙基公式的承载力系数值

式（7-9）适用于条形基础整体剪切破坏的情况，对于局部剪切破坏，太沙基建议将 c 和 $\tan\varphi$ 值均降低 1/3，即

$$c' = \frac{2}{3}c,\ \tan\varphi' = \frac{2}{3}\tan\varphi \tag{7-10}$$

则局部破坏时的地基极限承载力 p_u 为

$$p_{\mathrm{u}} = \frac{2}{3}cN_c' + qN_q' + \frac{1}{2}\gamma bN_\gamma' \tag{7-11}$$

式中　N_c'、N_q'、N_γ'——局部剪切破坏时的承载力系数，由图7-9中虚线查取。

对于方形和圆形均布荷载整体剪切破坏情况，太沙基建议采用经验系数进行修正，修正后的公式为

方形基础　　　　　　　$$p_{\mathrm{u}} = 1.2cN_c + qN_q + 0.4\gamma bN_\gamma \tag{7-12}$$

圆形基础　　　　　　　$$p_{\mathrm{u}} = 1.2cN_c + qN_q + 0.6\gamma b_0 N_\gamma \tag{7-13}$$

式中　b——方形基础宽度；

b_0——圆形基础直径。

由图7-9中曲线可以看出，当$\varphi > 25°$时，N_γ增加很快，说明对砂土地基，基础的宽度对极限承载力影响很大。而当地基为饱和软黏土时，$\varphi_u = 0$，这时$N_\gamma \approx 0$，$N_q \approx 1.0$，$N_c \approx 5.7$，按式（7-9）可得软黏土地基上极限承载力为

$$p_{\mathrm{u}} \approx q + 5.7c \tag{7-14}$$

即软黏土地基的极限承载力与基础宽度无关。

按式（7-8）确定地基承载力的设计值时，安全系数K值一般可取$2.0 \sim 3.0$。

2. 汉森和魏锡克极限承载力公式

实际工程中，荷载多是偏心的甚至是倾斜的，这时情况相对复杂一些，基础可能会整体剪切破坏，也可能水平滑动破坏。汉森（Hansen，1961，1970）在太沙基理论基础上假定基底光滑，并考虑荷载倾斜和偏心，对太沙基极限承载力计算公式进行了修正，提出了考虑荷载倾斜和偏心、基础形状和埋深、地面倾斜、基底倾斜等诸多影响因素的承载力修正公式，即

$$p_{\mathrm{u}} = \frac{1}{2}\gamma bN_\gamma S_\gamma i_\gamma d_\gamma g_\gamma b_\gamma + qN_q S_q i_q d_q g_q b_q + cN_c S_c i_c d_c g_c b_c \tag{7-15}$$

式中　N_c、N_q、N_γ——承载力系数，在汉森公式中取$N_q = e^{\pi\tan\varphi}\tan^2\left(45° + \dfrac{\varphi}{2}\right)$，$N_c = (N_q - 1)\cot\varphi$，$N_\gamma = 1.8N_c\tan^2\varphi$；

S_c、S_q、S_γ——基础形状修正系数，见表7-1；

i_c、i_q、i_γ——荷载倾斜修正系数，见表7-2；

d_c、d_q、d_γ——基础埋深修正系数，见表7-3；

g_c、g_q、g_γ——地面倾斜修正系数，见表7-4；

b_c、b_q、b_γ——基底倾斜修正系数，见表7-5。

汉森、魏锡克（Vesic，1963，1973）对式（7-15）中的修正系数进行了研究，提出了各自的计算公式，见表7-1~表7-5。

表 7-1　基础形状修正系数 S_c、S_q、S_γ

公式来源	S_c	S_q	S_γ
汉森	$1 + 0.2i_c\left(\dfrac{b}{l}\right)$	$1 + i_q\left(\dfrac{b}{l}\right)\sin\varphi$	$1 + 0.4\left(\dfrac{b}{l}\right)$，$i_\gamma \geqslant 0.6$
魏锡克	$1 + \left(\dfrac{b}{l}\right)\left(\dfrac{N_q}{N_c}\right)$	$1 + \left(\dfrac{b}{l}\right)\tan\varphi$	$1 - 0.4\left(\dfrac{b}{l}\right)$

注：b、l分别为基础的宽度和长度。

表 7-2　荷载倾斜修正系数 i_c、i_q、i_γ

公式来源	i_c		i_q	i_γ	
汉森	$\varphi=0°：0.5-\sqrt{1-\dfrac{H}{cA}}$		$\left(1-\dfrac{0.5H}{Q+cA\cot\varphi}\right)^5>0$	水平基底：$\left(1-\dfrac{0.7H}{Q+cA\cot\varphi}\right)^5>0$	
	$\varphi>0°：i_q-\dfrac{1-i_q}{N_q-1}$			倾斜基底：$\left[1-\dfrac{(0.7-\eta/45°)H}{Q+cA\cot\varphi}\right]^5>0$	
魏锡克	$\varphi=0°：1-\dfrac{mH}{cAN_c}$		$\left(1-\dfrac{H}{Q+cA\cot\varphi}\right)^m$	$\left(1-\dfrac{H}{Q+cA\cot\varphi}\right)^{m+1}$	
	$\varphi>0°：i_q-\dfrac{1-i_q}{N_c-\tan\varphi}$				

注：1. 基底面积 $A=bl$，当荷载偏心时，则用有效面积 $A_e=b_e l_e$。

　　2. H 和 Q 分别为倾斜荷载在基底上的水平分力和竖直分力。

　　3. η 为基础底面与水平面的倾斜角，一般采用弧度单位，在表中 i_γ 计算中采用角度单位。

　　4. 当荷载在短边倾斜时，$m=\dfrac{2+(b/l)}{1+(b/l)}$，当荷载在长边倾斜时，$m=\dfrac{2+(l/b)}{1+(l/b)}$，对于条形基础 $m=2$。

　　5. 当进行荷载倾斜修正时，必须满足 $H\leqslant c_a A+Q\tan\delta$ 的条件，c_a 为基底与土之间的黏聚力，可取土的不排水剪切
强度 c_u，δ 为基底与土之间的摩擦角。

表 7-3　基坑埋深修正系数 d_c、d_q、d_γ

公式来源	d_c		d_q	d_γ
汉森	$1+0.4(d/b)$		$1+2\tan\varphi(1-\sin\varphi)^2(d/b)$	1.0
魏锡克	$\varphi=0°$	矩形：$d\leqslant b：1+0.4(d/b)$	$d\leqslant b：1+2\tan\varphi(1-\sin\varphi)^2(d/b)$	1.0
		方形或圆形：$d>b：1+0.4\arctan(d/b)$		
	$\varphi>0°$	$d_q-\dfrac{1-d_q}{N_c\tan\varphi}$	$d>b：1+2\tan\varphi(1-\sin\varphi)^2\arctan(d/b)$	

表 7-4　地面倾斜修正系数 g_c、g_q、g_γ

公式来源	g_c		$g_q=g_\gamma$
汉森	$1-\dfrac{\beta}{147°}$		$(1-0.5\tan\beta)^5$
魏锡克	$\varphi=0°：\dfrac{\beta}{5.14}$		$(1-\tan\beta)^2$
	$\varphi>0°：i_q-\dfrac{1-i_q}{5.14\tan\varphi}$		

注：1. β 为倾斜地面与水平面之间的夹角，一般采用弧度单位，汉森公式 g_c 的计算中采用角度单位。

　　2. 魏锡克公式规定，当基础置于 $\varphi=0°$ 的倾斜地面上时，承载力公式中的 N_γ 项应为负值，其值为 $N_\gamma=-2\sin\beta$，
并且应满足 $\beta<45°$ 和 $\beta<\varphi$ 的条件。

表 7-5　基底倾斜修正系数 b_c、b_q、b_γ

公式来源	b_c		b_q	b_γ
汉森	$1-\dfrac{\eta}{147°}$		$e^{-2\eta\tan\varphi}$	$e^{-2.7\eta\tan\varphi}$
魏锡克	$\varphi=0°：\dfrac{\eta}{5.14}$		$(1-\eta\tan\varphi)^2$	$(1-\eta\tan\varphi)^2$
	$\varphi>0°：1-\dfrac{2\eta}{5.14\tan\varphi}$			

注：η 为倾斜基底与水平面之间的夹角，一般采用弧度单位，在汉森公式 b_c 的计算中采用角度单位，应满足 $\eta<45°$ 的条件。

3. 斯肯普顿公式

斯肯普顿（Skempton）公式是针对饱和软土地基（$\varphi_u = 0$）提出来的，当条形均布荷载作用于地基表面时，滑动面形状如图 7-10 所示。Ⅰ区和Ⅲ区分别为朗肯主动区和朗肯被动区，均为底角等于 45°的等腰直角三角形。Ⅱ区 bc 面为圆弧面。根据脱离体 $obce$ 的静力平衡条件可得

$$p_u = c(2+\pi) = 5.14c \qquad (7\text{-}16)$$

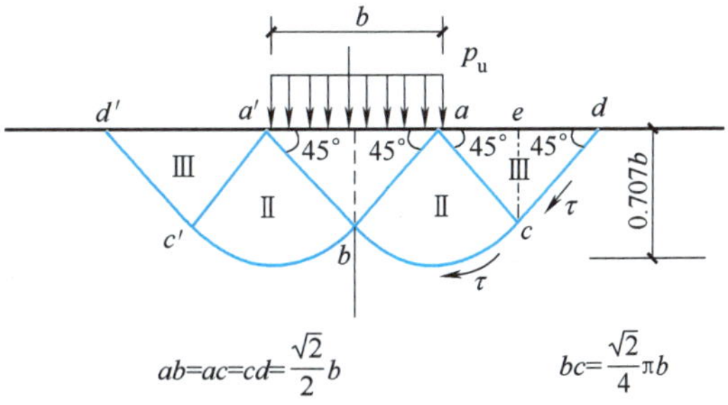

图 7-10　斯肯普顿公式假定的滑动面

对于埋深为 d 的矩形基础，斯肯普顿极限承载力公式为

$$p_u = 5c_u\left(1+0.2\frac{b}{l}\right)\left(1+0.2\frac{d}{b}\right)+\gamma_0 d \qquad (7\text{-}17)$$

式中　b、l——基础的宽度和长度；

$\quad\quad d$——基础的埋深；

$\quad\quad \gamma_0$——埋深范围内的重度；

$\quad\quad c_u$——地基土的不排水强度，取基底以下 $\frac{2}{3}b$ 深度范围内的平均值。

【例 7-2】　某条形基础，基础宽度 $b = 3.0\text{m}$，埋深 $d = 1.5\text{m}$。地基土的重度 $\gamma = 18.6\text{kN/m}^3$，黏聚力 $c = 16\text{kPa}$，内摩擦角 $\varphi = 20°$。试按太沙基公式确定地基的极限承载力。如果安全系数 $K = 2.5$，则地基承载力设计值是多少？

【解】　由式（7-9）

$$p_u = cN_c + qN_q + \frac{1}{2}\gamma b N_\gamma$$

由 $\varphi = 20°$，查图 7-9 得

$$N_c = 17,\ N_q = 6.5,\ N_\gamma = 3.5$$

所以

$$p_u = \left(16\times17 + 18.6\times1.5\times6.5 + \frac{1}{2}\times18.6\times3.0\times3.5\right)\text{kPa} = 551\text{kPa}$$

$$f = \frac{p_u}{K} = \frac{551}{2.5}\text{kPa} = 220.4\text{kPa}$$

【例 7-3】　某矩形基础，宽度 $b = 3\text{m}$，长度 $l = 4\text{m}$，埋置深度 $d = 2\text{m}$。地基土为饱和黏土，重度 $\gamma_0 = 18\text{kN/m}^3$，$c_u = 14\text{kPa}$，$\varphi_u = 0$。试按斯肯普顿公式确定地基极限承载力。

【解】　由式（7-17）

$$p_u = 5c_u\left(1+0.2\frac{b}{l}\right)\left(1+0.2\frac{d}{b}\right)+\gamma_0 d$$

$$= 5\times14\times\left(1+0.2\times\frac{3}{4}\right)\times\left(1+0.2\times\frac{2}{3}\right)\text{kPa}+18\times2\text{kPa} = 127\text{kPa}$$

7.4　土坡稳定分析

7.4.1　土坡稳定分析概述

1. 基本概念

土坡是指具有倾斜坡面的土体。工程实际中的土坡包括天然土坡和人工土坡，天然土坡是指自然形成的山坡和江河岸坡等，人工土坡是指人工开挖基坑、基槽、路堑或填筑路堤、土坝形成的边坡。当土坡的顶面与底面水平并无限延伸，且由均质土组成时称为简单土坡，简单土坡及各部分名称如图 7-11 所示。

由于土坡表面倾斜，土体在自重及外荷载作用下，存在自上而下的滑动趋势，可能发生边坡失稳破坏。通常把土坡中一部分土体相对另一部分土体产生移动以致丧失稳定的现象称为土坡滑动破坏，即滑坡，如图 7-12 所示。滑坡作为一种常见的工程现象，影响道路与桥梁工程中的路堑、路堤及建筑工程基坑边坡等的稳定，严重时可能引发工程事故，因此应对土坡进行稳定性分析与验算，必要时采取适当的工程措施。

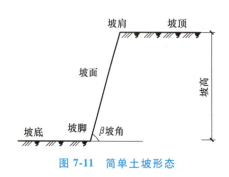

图 7-11　简单土坡形态

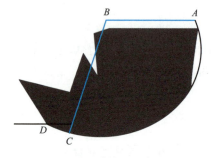

图 7-12　土坡滑动破坏

2. 土坡滑动失稳的原因及影响因素

影响土坡稳定的因素复杂多变，土坡滑动失稳（破坏）常常是在外界不利因素的影响下触发和加剧的，产生的根本原因是土体内部某个滑动面上的剪应力达到了土的抗剪强度，使稳定平衡遭到破坏。因此，导致土坡滑动失稳（破坏）的原因可以归纳为两种：

1）外荷载作用或土坡环境变化等引起土体内部剪应力增大。如路堑或基坑的开挖，是由于土的自重发生了变化，从而改变了土体原来的应力平衡状态；又如路堤的填筑或土坡面上作用有堆料、车辆荷载时，土坡内部的应力状态也将发生改变导致剪应力增大；再如地震力、土中的渗透力或邻近打桩施工等作用，也都会破坏土体原有的应力平衡状态，引起土坡坍塌。

2）由于外界各种因素的影响而导致土的抗剪强度降低，促使土坡失稳破坏。如由于外界气候等自然条件的变化，使土时干时湿、收缩膨胀、冻结、融化等，从而使土变松，强度降低；土坡内因雨水的浸入使土湿化，强度降低；土坡附近因施工引起的振动（如打桩、爆破）及地震力的作用等引起土的液化或触变，使土的强度降低。

3. 土坡稳定分析的基本方法

土坡的稳定分析是评价土坡安全性的主要依据之一，其评价结果将直接影响土坡工程的设计、施工及加固处理方案的确定，因此掌握土坡稳定分析的方法与原理非常必要。土坡稳定分析是一个比较复杂的问题，尚有一些重要的影响因素有待进一步研究，如滑动面形式的确定、土的抗剪强度参数的合理测定与选用、土的非均匀性及土坡内有水渗流时的影响等。

土坡稳定分析方法主要有极限平衡法、极限分析法和有限元法，目前常用极限平衡法。本章主要介绍土坡稳定分析的几种常用的极限平衡法的基本原理，如砂性土坡的稳定分析方法、黏性土坡的整体稳定分析法、条分法及我国独创的不平衡推力法。

7.4.2　简单土坡稳定性分析

1. 砂性土坡稳定分析

砂性土坡即由均质（或非均质）砂性土构成的土坡，由于砂性土土粒间无黏结力，因此砂性土坡失稳常表现为土颗粒沿着坡面向下滑动，破坏时滑动面大多近似于平面，因此在分析砂性土的土坡稳定时，一般均假定滑动面为平面，如图 7-13 所示。稳定分析时认为只要位于坡面上的土颗粒（土单元体）能够保持稳定，土坡就是稳定的。

（1）简单砂性土坡　图 7-13a 所示为简单砂性土坡，完全干燥或完全浸水，即不存在渗流作用。已知土坡坡角为 β，土的重度为 γ，土的内摩擦角为 φ。

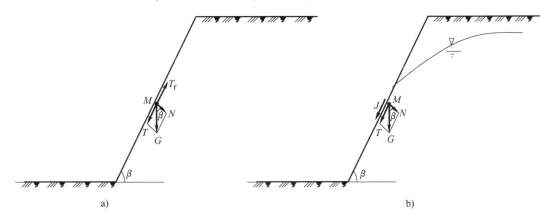

图 7-13　砂性土坡稳定分析

在坡面上任取一土颗粒（土单元体）M，不计土单元体两侧应力对稳定性的影响，设土单元体自重为 G，则促使土单元体下滑的剪切力 T（滑动力）为 G 在顺坡方向的分力，即

$$T = G\sin\beta$$

阻止土单元体下滑的力则为土单元体与其下方土体之间的抗剪力 T_f（抗滑力），T_f 相当于土单元体自重 G 在坡面法线方向的分力 N 引起的摩擦力，即

$$T_f = N\tan\varphi = G\cos\beta\tan\varphi$$

比较土单元体的抗滑力与滑动力，将抗滑力与滑动力的比值定义为稳定安全系数 K，则

$$K = \frac{T_f}{T} = \frac{G\cos\beta\tan\varphi}{G\sin\beta} = \frac{\tan\varphi}{\tan\beta} \tag{7-18}$$

由此可见，对于简单砂性土坡，理论上土坡的稳定性与坡高无关，只要坡角小于土的内

摩擦角（$\beta<\varphi$），稳定安全系数 $K>1$，土坡就是稳定的。当坡角等于土的内摩擦角（$\beta=\varphi$），稳定安全系数 $K=1$，土坡处于极限平衡状态，此时的坡角称为自然休止角。这说明砂性土坡能形成的最大坡角就是砂土的内摩擦角，根据这一原理，工程上可以通过堆砂锥体法确定砂土的内摩擦角。

通常为了保证砂性土坡具有足够的安全储备，工程中一般要求稳定安全系数 $K\geqslant1.3\sim1.5$。

（2）有渗流作用的砂性土坡　当砂性土坡受到渗流作用时，渗流力对土坡稳定性产生不利影响。分析时在坡面上任取一土颗粒（土单元体）M，它既受到自重作用，还受到渗流力 J 的作用，如图 7-13b 所示。若渗流为顺坡出流，则逸出处渗流及渗流方向与坡面平行，此时促使土单元体下滑的剪切力（滑动力）为

$$T+J=G\sin\beta+J$$

阻止土单元体下滑的土单元体与其下方土体之间的抗剪力（抗滑力）为 T_f，则稳定安全系数 K 为

$$K=\frac{T_f}{T+J}=\frac{G\cos\beta\tan\varphi}{G\sin\beta+J}$$

对于土单元体 M 而言，有渗流时自重 G 就是 γ'，当渗流为顺坡出流时，土单元体所受的渗流力 $J=j=\gamma_w i=\gamma_w\sin\beta$，故稳定安全系数 K 变为

$$K=\frac{T_f}{T+J}=\frac{\gamma'\cos\beta\tan\varphi}{(\gamma'+\gamma_w)\sin\beta}=\frac{\gamma'\tan\varphi}{\gamma_{sat}\tan\beta} \tag{7-19}$$

式中　γ_{sat}——土的饱和重度。

式（7-19）与式（7-18）相比相差 γ'/γ_{sat} 倍，此值约为 1/2。因此当砂性土坡坡面有顺坡渗流作用时，土坡的稳定安全系数 K 约降低 1/2，应引起注意。

【例 7-4】　某砂性土坡，已知土的饱和重度 $\gamma_{sat}=19\mathrm{kN\cdot m^3}$，内摩擦角 $\varphi=28°$，坡比为 1:3。

（1）在干燥或完全浸水时，其稳定安全系数 K 为多少？若坡比为 1:4，其稳定安全系数 K 又为多少？

（2）若坡比为 1:3，试求当有顺坡渗流时土坡是否还能保持稳定？

【解】　（1）干燥或完全浸水时，土坡无渗流。

坡比为 1:3 时，$K=\dfrac{\tan\varphi}{\tan\beta}=1.6$

坡比为 1:4 时，$K=\dfrac{\tan\varphi}{\tan\beta}=2.1$

显然，相同条件下坡比越低，即坡角越小，土坡的稳定性越高。

（2）有顺坡渗流时，$K=\dfrac{\gamma'\tan\varphi}{\gamma_{sat}\tan\beta}=0.8<1.0$。

显然，有顺坡渗流作用时，土坡的稳定安全系数 K 约降低 1/2，此时土坡不稳定。

一般土坡的长度较其宽度大，属于平面变形问题，可取 1 延米来分析计算。本节主要介

绍简单土坡的稳定分析。简单土坡指土质均匀，顶面和底面都水平并延伸到无限远处，且坡面不变，没有地下水影响的土坡。

给出任一坡角为 β 的均质无黏性土坡（图7-14），由于无黏性土颗粒之间缺少黏聚力，只要位于坡面上的土单元体能保持稳定，整个土坡就是稳定的。

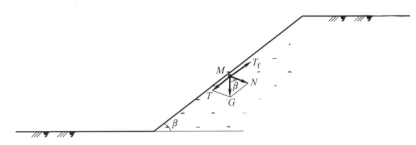

图 7-14 无黏性土坡的稳定性

在坡面上取任一侧面竖直、底面与坡面平行的微单元体 M，不计其两侧应力的影响。设微单元体的自重为 G，土体的内摩擦角为 φ，则

坡面滑动力 $\qquad\qquad\qquad T = G\sin\varphi$

坡面法向分力 $\qquad\qquad\qquad N = G\cos\varphi$

由 N 引起的阻止滑动的力

$$T_f = N\tan\varphi = G\cos\beta\tan\varphi$$

要保持土坡的稳定性，要求阻止滑动的力 T_f 大于等于滑动力 T，即稳定安全系数 K 满足

$$K = \frac{T_f}{T} = \frac{G\cos\beta\tan\varphi}{G\sin\beta} = \frac{\tan\varphi}{\tan\beta} \geq 1 \qquad (7\text{-}20)$$

由上式可知，当 $\beta = \varphi$ 时，$K = 1$，土体处于极限平衡，只要 $\beta \leq \varphi$，土坡即稳定，但是为了保证土坡有足够的安全储备，通常取 $K = 1.1 \sim 1.5$。同时可以看出，对于均质无黏性土坡，理论上土坡的稳定性与坡高无关，只与坡角 β 有关。

2. 黏性土坡稳定分析

黏性土的抗剪强度包括摩擦强度和黏聚强度两部分。由于黏聚力的存在，黏性土坡不会像无黏性土坡一样沿坡面滑动。根据土体极限平衡理论，可以推导出均质黏性土坡的滑动面为对数螺旋线曲线，形状近似于圆柱面，断面即圆弧面。土力学专家观察大量滑坡体的形态，发现滑坡面与圆弧面相似。因此，在工程设计中常假定滑动面为圆弧面。常用的稳定分析方法有整体圆弧滑动法、稳定数法（泰勒图表法）、条分法等。整体圆弧稳定法和稳定数法主要适用于均值简单的土坡；条分法对非均质土坡、土坡外形复杂、土坡部分在水下时均适用，应用最为广泛。

（1）整体圆弧滑动法 对于均质简单土坡，假定土坡失稳破坏时滑动面为一圆柱面，将滑动面以上土体视为刚体，并以其为脱离体，分析在极限平衡条件下其上作用的各种力，分别求得抗滑力矩 M_r 及滑动力矩 M_s，两者的比值即稳定安全系数 F_s，即

$$F_s = \frac{M_r}{M_s} \qquad (7\text{-}21)$$

计算时，需要通过试算找出最危险的滑动面。确定最危险滑动面圆心的位置和半径大小

是稳定分析中最烦琐、工作量最大的工作，需要通过多次计算才能完成。在这方面，费伦纽斯提出了经验方法，对于均质黏性土坡，可以较快地确定最危险滑动面圆心。

土质均匀、坡度不变，无地下水的简单土坡，其最危险滑动面可通过费伦纽斯方法快速找出。

如图 7-15 所示，费伦纽斯法确定最危险滑动面圆心的具体方法如下：

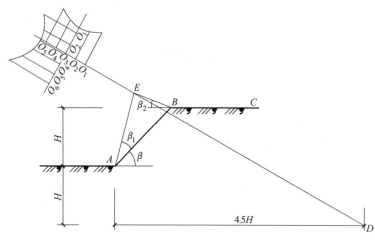

图 7-15　费伦纽斯法确定最危险滑动面的圆心

1）根据土坡坡度或坡角 β，由表 7-6 查出相应的 β_1、β_2 数值。

表 7-6　不同边坡的 β 数据表

坡比	坡角	β_1	β_2	坡比	坡角	β_1	β_2
1 : 0.58	60°	29°	40°	1 : 3	18.43°	25°	35°
1 : 1	45°	28°	37°	1 : 4	14.04°	25°	37°
1 : 1.5	33.79°	26°	35°	1 : 5	11.32°	25°	37°
1 : 2	26.57°	25°	35°				

2）根据 β_1 角由坡角 A 点作 AE 线，使 $\angle EAB = \angle \beta_1$；根据 β_2 角由坡顶 B 点作 BE 线，使之与水平线夹角为 $\angle \beta_2$。

3）AE 与 BE 交于 E 点，即 $\varphi = 0$ 时土坡最危险滑动面的圆心。

4）由坡角 A 点竖直向下取 H 值，然后向土坡方向水平线上取 $4.5H$ 处记为 D 点。作 DE 线向外延长线，该线附近即 $\varphi > 0$ 时的土坡最危险滑动面的圆心位置。

5）在 DE 延长线上选 3~5 个点作为圆心 O_1、O_2、…，计算各自的土坡安全系数 F'_{s1}、F'_{s2}、…。按一定的比例，将 F_s 的数值画在圆心 O 与 DE 线正交的线上，并形成曲线。取曲线下凹处的最低点 O'，过 O' 作 $O'F$ 与 DE 正交。

6）同理，在 $O'F$ 线上，选 3~5 个点作为圆心 O'_1、O'_2、…，计算各自的土坡安全系数 F'_{s1}、F'_{s2}、…。按一定的比例，将 F_s 的数值画在圆心 O' 与 $O'F$ 线正交的线上，并形成曲线。取曲线下凹处的最低点 O''，过 O'' 即所求最危险滑动面的圆心位置。

（2）稳定数法　根据费伦纽斯提出的方法，虽然可以把最危险滑动面的圆心位置缩小到一定范围，但其试算工作量还是很大的。为此，泰勒对此做了进一步的研究，提出了确定均质简单土坡稳定安全系数的图表。

泰勒和其后的研究者为简化危险滑动面的试算工作，认为在土坡稳定分析中共有 5 个计算参数，即土的抗剪强度指标 c、φ，重度 γ，土坡高度 H 及坡角 θ。因此，可根据计算结果绘制成表格，便于应用。通常以土坡坡角 θ 为横坐标，以稳定数 $N = c/(\gamma H)$ 为纵坐标，并以常用 φ 系列曲线，组合成黏性土简单土坡计算图，如图 7-16 所示。应用该图，可以方便地求解下列两类问题。

1）已知黏性土坡坡角 θ 和土的指标 c、φ、γ，求土坡的最大允许高度 H。由图 7-16 横坐标依据 θ 向上与 φ 曲线的交点，水平向左找到纵坐标 N，即可得到高度 H。

2）已知黏性土坡高度 H 和土的指标 c、φ、γ，求土坡的最大坡角 θ。由图 7-16 计算纵坐标稳定系数 N，有水平向右延伸与 φ 相应曲线的交点，再竖直向下与横坐标相交的点，即所求的土坡稳定的坡角 θ。

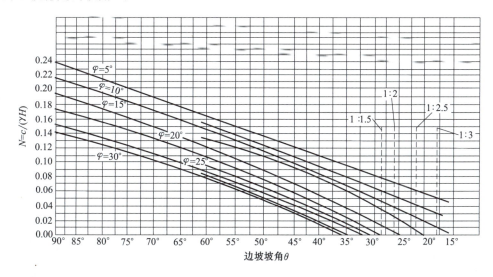

图 7-16　黏性土坡简单计算图

当地基土层性质与填土软弱，或者坝坡不是单一土坡，或者坝坡填土种类不一，强度互异时，最危险滑动面不一定从坡脚滑出，这时寻找最危险滑动面位置就更为烦琐。实际上，对于非均质的，边界条件较为复杂的土坡，用上述经验方法寻找最危险滑动面的位置将是十分困难的，随着计算机技术的发展和普及，目前可以采用最优化方法，通过随机搜索，寻找最危险滑动面的位置。

（3）条分法　条分法就是将滑坡土体竖直分成若干土条，把土条当成刚体，分别求作用于各土条上的力对圆心的滑动力矩和抗滑力矩。

把滑动土体分成若干土条后，土条的两侧面存在着条块间的作用力，如图 7-17 所示。作用在条块 i 上的力，除重力 W_i，条块侧面 ac 和 bd 作用有法向力 P_i、P_{i+1}、切向力 H_i、H_{i+1}，两种力的作用点离圆弧面为 h_i、h_{i+1}。滑弧段 cd 的长度为 l_i，其上作用着法向力 N_i 和切向力 T_i，T_i 中包含黏聚力 $c_i l_i$ 和摩阻力 $N_i \tan \varphi_i$。由于条块的宽度不大，W_i 和 N_i 可以看成作用于弧段 cd 的中点。在这些力中，P_i、H_i 和 h_i 在分析前一土条时已经出现，可视为已知量，因此待定未知量有 P_{i+1}、H_{i+1}、h_{i+1}、N_i 和 T_i 共 5 个。每个土条可建立三个平衡方程，

即 $\sum F_{xi} = 0$，$\sum F_{zi} = 0$，$\sum M_i = 0$ 及一个极限平衡方程 $T_i = \dfrac{N_i \tan\varphi_i + c_i l_i}{F_s}$，其中 F_s 为待求安全系数。

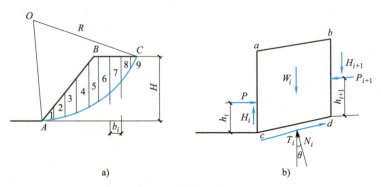

图 7-17　条块间作用力

如果把滑动土体分成 n 个条块，则条块间的分界面有（$n-1$）个。界面上力的未知数为 $3(n-1)$ 个，滑面上力的未知数为 $2n$ 个，加上待求的安全系数 F_s，总计未知数个数为 $(5n-2)$ 个。可以建立的静力平衡方程和极限平衡方程为 $4n$ 个。待求未知数与方程数之差为 $(n-2)$。用条分法计算时，n 在 10 以上，因此这是一个高次的超静定问题。要使问题得解，必须建立新的条件方程。这有两种可能的途径，一种是抛弃刚体平衡的概念，把土当成变形体，通过对土坡进行应力变形分析，计算出滑动面上的应力分布，因而可不必用条分法，这就是通常所讲的有限元法。另一种途径仍以条分法为基础，但对条分法作用力加上一些可以接受的简化假定，以减少未知数数量或增加方程。目前有许多不同的条分法，其差别都在于采用不同的简化假定上。各种简化假定大体上分为三种类型：①不考虑条块间的作用力或仅考虑其中一个，费伦纽斯法和简化毕肖普法属于此类；②假定条块间作用力的方向或规定 P_i 和 H_i 的比值；③假定条块间力作用的位置，即规定 h_i 的大小，如等于侧面高度的 1/2 或 1/3。

1）费伦纽斯法。费伦纽斯假设土条两侧 P_i 和 H_i 的合力与 P_{i+1} 和 H_{i+1} 的合力大小相等，方向相反，且其作用线重合，即不考虑土条间的相互作用力。此时土条 i 仅有作用力 W_i、T_i 及 N_i，如图 7-17 所示，根据平衡条件可得

$$T_i = W_i \sin\theta_i \qquad N_i = W_i \cos\theta_i$$

滑动面 cd 上土的抗剪强度为

$$\tau_{fi} = \sigma_i \tan\varphi_i + c_i = \dfrac{(W_i \cos\theta_i \tan\varphi_i + c_i l_i)}{l_i}$$

式中　θ——土条 i 滑动面的法线与竖直线夹角；

　　　l_i——土条 i 滑动面 cd 的弧长；

　c_i、φ_i——滑动面上土的黏聚力及内摩擦角。

于是土条 i 上作用力对圆心 O 产生的滑动力矩 M_s 及抗滑力矩 M_r 分别为

$$M_s = T_i R = W_i R \sin\theta_i$$

$$M_r = \tau_{fi} R = (W_i \cos\theta_i \tan\varphi_i + c_i l_i) R \qquad (7-22)$$

以圆弧的圆心作为转动中心，由重力产生的滑动力矩和土体强度相应的抗滑力矩相平衡，得到土体稳定安全系数 F_s，即

$$F_s = \frac{M_r}{M_s} = \frac{\sum (W_i \cos\theta_i \tan\varphi_i + c_i l_i)}{\sum W_i \sin\theta_i} \tag{7-23}$$

假定几个其他可能的滑动面，按上式分别计算其相应滑动面的稳定安全系数，这样最小的稳定安全系数对应的滑动面就是危险滑动面，它应不小于规范要求的允许值。由于本方法不考虑土条两侧的作用力，严格地讲，对于某一土条，其力的平衡条件和力矩的平衡条件均不满足，仅满足整个土体的力矩平衡条件。由此产生的误差，一般会使得到的稳定安全系数偏低，其误差为 $10\% \sim 15\%$，但偏于安全。

2）毕肖普条分法。用条分法分析土坡稳定问题时，任一土条的受力情况是一个静不定问题。为了解决这个问题，费伦纽斯的简单条分法假定不考虑土条间的作用力，这样得到的稳定安全系数一般是偏小的。在工程实践中，为了改进条分法的计算精度，许多人都认为应该考虑土条间的作用力，以求得比较合理的结果。目前已有许多解决问题的办法，其中毕肖普提出的简化方法比较合理实用。

毕肖普（A. N. Bishop，1955）假定各土条底部滑动面上的抗滑安全系数均相同，即等于整个滑动面的平均安全系数，取单位长度土体按平面问题计算，提出了一个考虑条块侧面力的土坡稳定分析方法，称为毕肖普法，如图 7-18 所示，设可能滑动面为一圆弧，圆心为 O，半径为 R。将滑动土体分成若干土条，取其中任一条（第 i 条）分析其受力情况。则作用在该条上的力有土条自重 $W_i = \gamma b_i h_i$，滑动面上还有切向力 T_i 和法向力 N_i，条块的侧面分别有法向力 P_i、P_{i+1} 及切向力 H_i、H_{i+1}，若土条处于静力平衡状态，根据竖向力平衡条件应有

$$\sum F_z = 0：W_i + \Delta H = N_i \cos\theta_i + T_i \sin\theta_i \tag{7-24}$$

$$N_i \cos_i = W_i + \Delta H - T_i \sin\theta_i \tag{7-25}$$

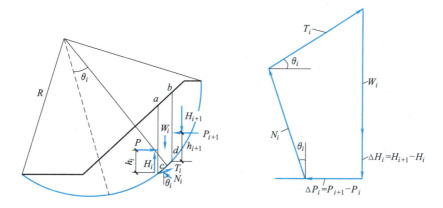

图 7-18　毕肖普法条块作用力分析

根据满足安全系数为 F_s 的极限平衡条件有

$$T_i = (c_i l_i + N_i \tan\varphi_i)/F_s \tag{7-26}$$

将式（7-26）代入式（7-23）、式（7-25），整理后得

$$N_i = \frac{W_i + \Delta H_i - \frac{c_i l_i}{F_s}\sin\theta_i}{\cos\theta_i + \frac{\sin\theta_i \tan\varphi_i}{F_s}} = \frac{1}{m_{\theta_i}}\left(W_i + \Delta H_i - \frac{c_i l_i}{F_s}\sin\theta_i\right) \qquad (7\text{-}27)$$

式中

$$m_{\theta_i} = \cos\theta_i + \sin\theta_i \tan\varphi_i / F_s \qquad (7\text{-}28)$$

考虑整个滑动土体的力矩极限平衡，此时相邻土条之间侧壁作用力的力矩将相互抵消，对圆心不产生力矩。滑面上正压力 N_i 通过圆心，不产生力矩。因此只有重力 W_i 和滑面上的切向力 T_i 对圆心产生力矩且相互平衡，就整个滑动土体对圆心求力矩平衡，而各土条的 N_i' 及 $u_i l_i$ 的作用线均通过圆心，则有

$$\sum W_i d_i = \sum T_i R \qquad (7\text{-}29)$$

将式（7-26）代入式（7-29），可得

$$\sum W_i R\sin\theta_i = \sum \frac{1}{F_s}(c_i l_i + N_i \tan\varphi_i)R \qquad (7\text{-}30)$$

将式（7-27）代入式（7-30），经简化后可得

$$F_s = \frac{\sum \frac{1}{m_{\theta_i}}[c_i l_i + (W_i + \Delta H_i \tan\varphi_i)]}{\sum W_i \sin\theta_i} \qquad (7\text{-}31)$$

上式为毕肖普条分法计算土坡安全系数的普遍公式，式中 ΔH_i 仍然是未知量。如果不引进其他的简化假定，式（7-31）仍不能求解。毕肖普补充假定忽略土条间的切向力 H_i 和 H_{i+1} 的作用，即令各土条的 $\Delta H_i = 0$，毕肖普证明产生的误差仅为 1%，由此可得国内外普遍使用的简化的毕肖普公式

$$F_s = \frac{\sum \frac{1}{m_{\theta_i}}[c_i l_i + W_i \tan\varphi_i]}{\sum W_i \sin\theta_i} \qquad (7\text{-}32)$$

以上简化的毕肖普法计算土坡稳定安全系数公式中的 m_{θ_i} 也包含 F_s 值，因此式（7-32）须用迭代法求解，即先假定一个 F_s 值，按式（7-28）求得 m_{θ_i}，代入式（7-32）求出 F_s 值，若此 F_s 值与假定值不符，则用此 F_s 值重新计算 m_{θ_i}，求得新的 F_s 值，如此反复迭代，直至假定的 F_s 值与求得的 F_s 值相近。通常迭代 3~4 次即可满足工程精度要求。为了便于迭代计算，已编制成 m_θ-θ 关系曲线，如图 7-19 所示。

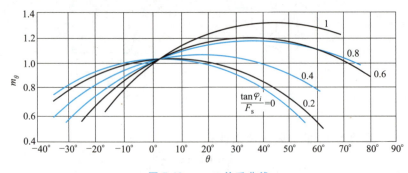

图 7-19　m_θ-θ 关系曲线

尚应注意，当 θ_i 为负时，m_{θ_i} 有可能趋近于零。此时 N_i 将趋近于无限大，这是不合理的，此时简化毕肖普法不能应用。此外，当坡顶土条的 θ_i 很大时，N_i 可能出现负值，此时可取 $N_i = 0$。为了求得最小的安全系数，同样必须假定若干个滑动面，其最危险滑动面圆心位置的确定，仍可采用前述费伦纽斯经验法。简化毕肖普法是在不考虑条块间切向力的前提下，满足力多边形闭合条件的，就是说，隐含着条块间有水平力的作用，虽然在公式中水平作用力并未出现。所以简化毕肖普法的特点如下：

1）满足整体力矩平衡条件。

2）满足各条块力的多边形闭合条件，但不满足条块的力矩平衡条件。

3）假设条块间作用力只有法向力，没有切向力。

4）满足极限平衡条件。

很多工程计算表明，毕肖普法与严格的极限平衡方法（满足全部静力平衡条件的方法）相比，结果很接近。由于计算不是很复杂，精度较高，所以目前是工程中常用的一种方法。

费伦纽斯法、毕肖普法是计算已确定滑动面的稳定安全系数的两种计算方法。这一安全系数并不代表边坡的真正稳定性，因为滑动面是任意取的。假设一个滑动面，就可以计算其相应的安全系数。真正代表边坡稳定的安全系数是安全系数中的最小值。相应于最小的安全系数的滑动面称为最危险滑动面。实际上，对于非均质的、边界条件较为复杂的土坡，用前述经验方法寻找最危险滑动面的位置是十分困难的，随着计算机技术的发展和普及，目前可以采用最优化方法，通过随机搜索寻找最危险滑动面的位置。

【例 7-5】　某简单黏性土坡坡高 $h = 8m$，边坡坡度为 $1:2$，土的内摩擦角 $\varphi = 19°$，黏聚力 $c = 10kN/m^3$，土的重度 $\gamma = 17.2kN/m^3$，坡顶作用线性荷载 $Q = 100kN/m$，试用瑞典条分法计算土坡的稳定安全系数。

【解】　（1）按比例绘出该土坡的剖面图（图 7-20），垂直截面方向取 1m 长进行计算（本图已缩小，实际作图应严格按照比例尺进行）。

（2）由土坡坡度为 $1:2$，按表 7-6 得角 $\beta_1 = 25°$，$\beta_2 = 35°$，作图得到 E 点。现假定 E 点为滑动圆弧的圆心，EA 长作为半径 r，从图上量得 $r = 15.7m$，作假设圆弧滑动面 $\overset{\frown}{AC}$。

（3）取土条宽度 $b = 0.1r = 1.57m$，共分为 15 个土条。取 E 点竖直线通过的土条编号为第 0 条，右边土条编号分别为第 1~9 条，左边土条编号分别为第 $(-1) \sim (-5)$ 条。

（4）计算各土条的重力 G_i。$G_i = bh_i \times 1 \times \gamma$，其中 h_i 为各土条的中间高度，可从图中按比例量出。其中两端土条（编号为 "-5" 和 "9"）的宽度与 b 不同，故要换成同面积及同宽度 b 时的高度。换算时编号为 -5 和 9 的土条可视为三角形，算得其面积分别为 $A_{-5} = 5.08m^2$ 和 $A_9 = 4.4m^2$，得到编号为 -5 和 9 的土条相应的高度分别为 $h_{-5} = \dfrac{A_5}{b} = 3.2m$，

$h_9 = \dfrac{A_9}{b} = 2.8m$。列表计算各土条的 $\sin\alpha_i$、$\cos\alpha_i$、$h_i\sin\alpha_i$、$h_i\cos\alpha_i$、$\sum h_i\sin\alpha_i$ 和 $\sum h_i\cos\alpha_i$，见表 7-7，其中 $\sin\alpha_i = \dfrac{ib}{r} = 0.1r$，$\cos\alpha_i = \sqrt{1 - \sin^2\alpha_i}$。

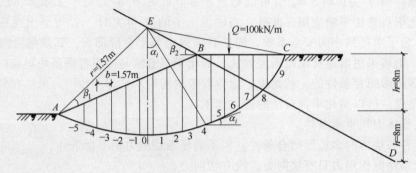

图 7-20　土坡截面条分法

表 7-7　土坡稳定安全系数的计算

土条编号 i	h_i/m	$\sin\alpha_i = 0.1i$	$\cos\alpha_i$	$h_i\sin\alpha_i$	$h_i\cos\alpha_i$
-5	3.2	-0.5	0.866	-1.6	2.77
-4	4.1	-0.4	0.917	-1.64	3.76
-3	5.4	-0.3	0.954	-1.62	5.15
-2	6.5	-0.2	0.98	-1.3	6.37
-1	7.6	-0.1	0.995	-0.76	7.56
0	8.4	0	1	0	8.4
1	9.1	0.1	0.995	0.91	9.05
2	9.6	0.2	0.98	1.92	9.41
3	10	0.3	0.954	3	9.54
4	10	0.4	0.917	4	9.17
5	9.5	0.5	0.866	4.75	8.23
6	8.4	0.6	0.888	5.04	6.72
7	7.1	0.7	0.714	4.97	5.07
8	5.3	0.8	0.6	4.24	3.18
9	2.8	0.9	0.436	2.52	1.22
Σ				24.43	95.6

（5）量出 $\overset{\frown}{AC}=90.5°$，计算 $\overset{\frown}{AC}$ 弧长

$$\overset{\frown}{AC}=\frac{\pi\theta r}{180°}=\frac{3.14\times90.5°\times15.7}{180°}m=24.8m$$

（6）计算稳定安全系数。由于 c、φ、γ 为常量，同时坡顶作用荷载 Q，故可将式 (7-17) 改写成如下形式，并代入各值进行计算

$$F_s=\frac{M_r}{M_s}=\frac{\tan\varphi\sum(W_i+Q_i)\cos\alpha_i+c\sum l_i}{\sum(W_i+Q_i)\sin\alpha_i}$$

$$=\frac{\tan\varphi(\sum W_i\cos\alpha_i+Q\cos\alpha_6)+c\sum l_i}{\sum W_i\sin\alpha_i+Q\sin\alpha_6}$$

$$= \frac{\tan\varphi \ (\gamma b \sum h_i \cos\alpha_i + Q\cos\alpha_6) \ + c\overset{\frown}{AC}}{\gamma b \sum h_i \sin\alpha_i + Q\sin\alpha_6}$$

$$= \frac{\tan 19° \times \ (17.2 \times 1.57 \times 95.6 + 100 \times 0.8) \ + 10 \times 24.8}{17.2 \times 1.57 \times 24.43 + 100 \times 0.6} = 1.62$$

以上是滑动面圆心位于 E 点的计算结果。实际上 E 不一定是最危险的滑动面圆心，$F_s = 1.62$ 也不一定是最小稳定安全系数。故应再假定其他的滑动圆心（一般可按 $0.2h$ 的距离在 DE 的延长线上移动）进行计算，方法与上述相同。

【例7-6】　试用简化毕肖普公式计算【例7-5】土坡稳定安全系数。设 $Q=0$ 并近似取 $b_i = l_i \cos\alpha_i$。

【解】　由【例7-5】计算结果：$\sum h_i \sin\alpha_i = 24.43$。由式（7-32）

$$F_s = \frac{\sum \dfrac{1}{m_{\alpha_i}}(c_i b_i + W_i \tan\varphi_i)}{\sum W_i \sin\alpha_1} = \frac{\sum \dfrac{1}{m_{\alpha_i}}\left(\dfrac{c}{\gamma} + h_i \tan 19°\right)}{\sum h_i \sin\alpha_1}$$

$$= \frac{\sum \dfrac{1}{m_{\alpha_i}}\left(\dfrac{10}{17.2} + 0.344 h_i\right)}{24.43} = \frac{\sum \dfrac{1}{m_{\alpha_i}}(0.581 + 0.344 h_i)}{24.43} = \frac{\sum \dfrac{\eta_i}{m_{\alpha_i}}}{24.43}$$

$$m_{\alpha_i} = \cos\alpha_i + \frac{\sin\alpha_i \tan 19°}{F_s} = \cos\alpha_i + \frac{0.344 \sin\alpha_i}{F_s}$$

第一次试算时，参考【例7-5】的计算结果，取 $F_s = 1.6$，求得 $F_s = \dfrac{49.283}{24.43} = 2.02$

第二次试算时，取 $F_s = 2.02$，求得 $F_s = \dfrac{49.906}{24.43} = 2.04$

计算过程见表7-8。

表7-8　例7-6计算表

h_i/m	$\cos\alpha_i$	$\sin\alpha_i$	η_i	$m_{\alpha_i}(F_s=1.6)$	η_i/m_{α_i}	$m_{\alpha_i}(F_s=2.02)$	η_i/m_{α_i}
3.2	0.866	−0.500	1.682	0.759	2.216	0.781	2.154
4.1	0.917	0.400	1.991	0.831	2.396	0.849	2.345
5.4	0.954	0.300	2.439	0.890	2.740	0.903	2.701
6.5	0.980	−0.200	2.817	0.937	3.006	0.946	2.978
7.6	0.995	−0.100	3.195	0.974	3.280	0.978	3.267
8.4	1.000	0.000	3.471	1.000	3.471	1.000	3.471
9.1	0.995	0.100	3.711	1.017	3.649	1.012	3.667
9.6	0.980	0.200	3.883	1.023	3.796	1.014	3.829
10.0	0.954	0.300	4.021	1.019	3.946	1.005	4.001
10.0	0.917	0.400	4.021	1.003	4.009	0.985	4.082
9.5	0.866	0.500	3.849	0.974	3.978	0.951	4.047

（续）

h_i/m	$\cos\alpha_i$	$\sin\alpha_i$	η_i	$m_{\alpha_i}(F_s=1.6)$	η_i/m_{α_i}	$m_{\alpha_i}(F_s=2.02)$	η_i/m_{α_i}
8.4	0.888	0.600	3.471	0.929	3.736	0.902	3.848
7.1	0.714	0.700	3.023	0.865	3.495	0.833	3.629
5.3	0.600	0.800	2.404	0.772	3.114	0.736	3.266
2.8	0.436	0.900	1.544	0.630	2.451	0.589	2.621
			Σ		49.283		49.906

3. 非圆弧滑动面的简布法

在实际工程中常常会遇到非圆弧滑动面的土坡稳定分析问题，如土坡下面有软弱夹层，或土坡位于倾斜岩层面上，滑动面形状受到夹层或硬层影响而呈非圆弧形状。此时若采用前述圆弧滑动面法分析就不再适用。简布（N. Janbu）提出的非圆弧普遍条分法可解决该问题，称为简布法。

如图 7-21a 所示土坡，滑动面 $ABCD$ 为任意面，将土体划分为许多土条，其中任意土条 i 上的作用力如图 7-21b 所示，其受力情况也是二次超静定问题，简布求解时做了以下两个假定：

1）滑动面上的切向力 T_i 等于滑动面上土发挥的抗剪强度 τ_{fi}，即

$$T_i = \tau_{fi}l_i = (N_i\tan\varphi_i + c_il_i)F_s \tag{7-33}$$

2）土条两侧法向力 P 的作用点位置为已知，即作用于土条底面以上 1/3 高度处。分析表明，条间力作用点的位置对土坡稳定安全系数影响不大。

取任一土条 i 如图 7-21b 所示。需求的未知量有：土条底部法向反力 $N_i(n\text{ 个})$，法向条间力之差 $\Delta P_i(n\text{ 个})$，切向条间力 $\Delta H_i(n\text{ 个})$ 及安全系数 F_s，可通过对每一土条竖向、水平向力和力矩平衡建立 $3n$ 个方程求解。

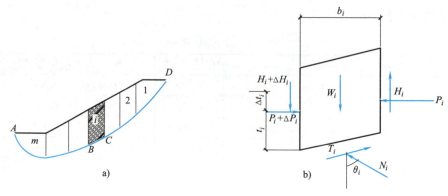

图 7-21 非圆弧滑动面计算

对每一土条取竖向力的平衡方程 $\sum F_y = 0$，则

$$N_i\cos\theta_i - W_i - \Delta H_i + T_i\sin\theta_i = 0 \tag{7-34}$$

再取水平向力的平衡方程 $\sum F_x = 0$，则

$$\Delta P_i - N_i\sin\theta_i + T_i\cos\theta_i = 0$$

$$\Delta P_i - (W_i + \Delta H_i)\tan\theta_i + T_i\sec\theta_i = 0 \tag{7-35}$$

对土条中点取力矩平衡方程 $\sum M_0 = 0$，则

$$H_i b_i + \frac{1}{2}\Delta H_i b_i + P_i \Delta t_i - \Delta P_i t_i = 0$$

略去高阶微量 $\frac{1}{2}\Delta H_i b_i$，可得

$$H_i = P_i\frac{t_i}{b_i} - \Delta H_i\tan\theta_i \tag{7-36}$$

再由整个土坡 $\sum P_i = 0$ 得

$$\sum(W_i + \Delta H_i)\tan\theta_i - \sum T_i\sec\theta_i = 0 \tag{7-37}$$

根据土坡稳定安全系数定义和莫尔-库仑破坏准则有

$$T_i = \frac{\tau_{fi}l_i}{F_s} = \frac{c_i b_i\sec\theta_i + N_i\tan\varphi_i}{F_s} \tag{7-38}$$

联合求解式（7-34）和式（7-38）并代入式（7-37）得

$$F_s = \frac{\sum\dfrac{1}{m_{\theta_i}}\left[c_i b_i + (W_i + \Delta H_i)\tan\varphi_i\right]}{\sum(W_i + \Delta H_i)\sin\theta_i} \tag{7-39}$$

式中

$$m_{\theta_i} = \cos\theta_i\left(1 + \frac{\tan\varphi_i\tan\theta_i}{F_s}\right)$$

上述公式的求解仍需采用迭代法，步骤如下：

1）先设 $\Delta H_i = 0$（相当于简化的毕肖普总应力法），并假定 $F_s = 1$，算出 m_{θ_i}，代入式（7-39）求得 F_s，若计算 F_s 值与假定值相差较大，则由新的 F_s 值再求 m_{θ_i} 和 F_s，反复逼近至满足精度要求，求出 F_s 的第一次近似值。

2）由式（7-38）、式（7-35）及式（7-36）分别求出每一土条的 T_i、ΔP_i 和 ΔH_i，并计算出 ΔH_i。

3）用新求出的 ΔH_i，重复步骤1），求出第二次近似值，并以此值重复上述计算求得每一土条的 T_i、ΔP_i 和 ΔH_i，直到前后计算的 F_s 值达到某一要求的计算精度。

以上计算是在滑动面已确定时进行的，整个土坡稳定分析过程尚需假定几个可能的滑动面，分别按上述步骤进行计算，相应于最小安全系数的滑动面才是最危险的滑动面。简布条分法同样可用于圆弧滑动面的情况。

4. 不平衡推力法

不平衡推力法也称传递系数法或剩余推力法，是我国独创的边坡稳定性分析方法，在国家规范和行业规范中都将其列为推荐方法。由于该法计算简单，并且能够为滑坡治理提供设计推力，在滑坡的分析治理中也得到了广泛应用。

不平衡推力法适用于任何形状的滑裂面。该法建立滑块模型时的简化假定是：土条条间力的合力与上一土条底面平行。

如图7-22所示，假定坡体从上向下滑动，土条 $i-1$ 传给土条 i 的力为 F_{i-1}，该力对土条 i 来说，一方面使土条 i 产生向下的下滑力，该力的大小为 $F_{i-1}\cos(\alpha_{i-1} - \alpha_i)$，另一方面使土

条产生正压力，增加土条 i 的抗滑力，该力的大小为 $F_{i-1}\dfrac{\tan\varphi}{F_s}\sin(\alpha_{i-1}-\alpha_i)$，其中 F_s 为坡体的稳定系数，φ 为滑面的内摩擦角。因此 F_{i-1} 对土条 i 产生的综合下滑力为

$$\Delta T_{F_{i-1}} = F_{i-1}\cos(\alpha_{i-1}-\alpha_i) - F_{i-1}\frac{\tan\varphi}{F_s}\sin(\alpha_{i-1}-\alpha_i)$$

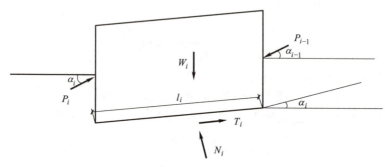

图 7-22　不平衡推力法土条受力分析

7.4.3　土坡稳定分析的几个问题

1. 土体抗剪强度指标和安全系数的选用

对于同一个土坡，不同试验方法测定的土体抗剪强度变化幅度远超过不同静力计算方法之间的差别，尤其是软黏土。在进行黏性土坡的稳定性分析时，分析方法要合理，更重要的是土的抗剪强度指标及规定安全系数的选择要恰当，土体抗剪强度指标选取的正确与否是影响土坡稳定分析成果可靠性的主要因素。在测定土的抗剪强度时，原则上应使试验的模拟条件尽量符合现场土体的实际受力和排水条件，保证试验指标具有一定的代表性。如验算土坡施工结束时的稳定情况，若土坡施工速度较快，填土的渗透性较差，则土中孔隙水压力不易消散，这时宜采用快剪或三轴不排水剪试验指标，用总应力法分析。如验算土坡长期稳定性时，应采用排水剪试验或固结不排水剪试验强度指标，用有效应力法分析。

如何规定土坡稳定安全系数的问题，关系到对设计或评价土坡的安全储备要求的高低，对此不同行业根据自身的工程特点做出了不同的规定。JTJ 017—1996《公路软土地基路堤设计与施工技术规范》规定抗滑稳定安全系数为 1.1~1.4；JTGD 30—2004《公路路基设计规范》规定路堤稳定安全系数宜采用 1.2~1.4，路堑边坡安全系数为 1.05~1.30；GB 50330—2002《建筑边坡工程技术规范》规定 3~1 级边坡的稳定安全系数为 1.20~1.35。

2. 坡顶开裂时的土坡稳定性

在黏性土坡的坡顶附近，可能因土的收缩及张力作用发生裂缝，如图 7-23 所示。雨水或相应的地表水渗入裂缝后，将产生一静水压力为 P_w，它是促使土坡滑动的作用力，故在土坡稳定分析时应该考虑进去。

坡顶裂缝的开展深度 h_0 可近似按挡土墙后为黏性填土时，在墙顶产生的拉力区高度公式计算

$$h_0 = \frac{2c}{\gamma\sqrt{K_a}} \tag{7-40}$$

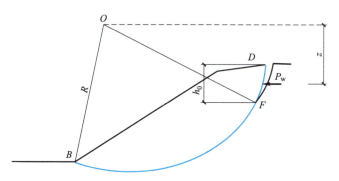

图 7-23 坡顶开裂时土坡稳定计算

式中 K_a——朗肯主动土压力系数。

裂缝内因积水产生的静水压力对最危险滑动面圆心 O 的力臂为 z。在按前述各种方法分析土坡稳定时，应考虑 P_w 引起的滑动力矩，同时土坡滑动面的弧长也将由 BD 减短为 BF。

3. 土中水渗流时的土坡稳定性

当土坡内有地下水渗流作用时，滑动土体中存在渗透压力，必须考虑它对土坡稳定性的影响。如图 7-24 所示，在滑坡土体中任取一土条 i，如果将土和水一起作为脱离体来分析，土条重量 W_i 就等于 $b_i(\gamma h_{1i}+\gamma_{sat}h_{2i})$，其中 γ 为土的湿重度，γ_{sat} 为土的饱和重度，在土条两侧及底部都作用有渗透水压力。在渗透稳定情况下，土体通常均已固结，由附加荷重引起的孔隙应力均已消散，土条底部的孔隙应力 u_i 也就是渗透水压力，可用流网确定，如果经过土条底部中点 M 的等势线与地下水面交于 N，则

$$u_i = \gamma_w h_{wi} \tag{7-41}$$

式中 γ_w——水的重度；

h_{wi}——MN 的垂直距离。

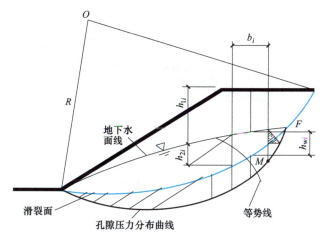

图 7-24 渗流对土坡稳定性的影响

若地下水面与滑裂面接近水平，或土条取得很薄，土条两侧的渗透水压力接近相等，可相互抵消。根据式（7-23），按有效应力分析法，稳定渗流作用下土体稳定安全系数 F_s 可以表示为

$$F_s = \frac{\sum \left[(W_i\cos\theta_i - u_i l_i)\tan\varphi_i' \right]}{\sum W_i\sin\theta_i} h_{wi} \tag{7-42}$$

如果坡体内存在比较高的孔隙应力时，使用式（7-42）可能会产生很大的误差，这是由于在推求法向反力 N_i 时，将包含在竖向总应力中的一个应该各向同样大小的孔隙应力分量也分解到法向方向去了，这样就使得土条底部的法向有效应力偏低。正确的法向有效应力的合力 N_i' 应当是

$$N_i' = \left(\frac{W_i}{b_i} - u_i\right) l_i\cos^2\theta_i = (W_i - u_i b_i)\cos\theta_i \tag{7-43}$$

式（7-42）应改成

$$F_s = \frac{\sum \left[(W_i - u_i b_i)\cos\theta\tan\varphi' + c_i' l_i \right]}{\sum W_i\sin\theta_i} \tag{7-44}$$

4. 复合滑动面稳定分析

当土坡下面存在软弱或疏松夹层时，滑动面可能不完全是圆弧形，其中部分沿着夹层面，如图 7-25 所示。

工程中常用 $ABCD$ 作脱离体分析复合滑动面的稳定性，假设在竖直面 BC 和 AD 上分别作用有主动土压力和被动土压力的合力 P_a 和 P_p，并假设力的作用方向分别平行于坡顶和坡底，沿夹层表面 CD 向下的滑动力为 S，则

$$S = P_a\cos(\beta_B - \alpha) - P_p\cos(\beta_A - \alpha) + W\sin\alpha \tag{7-45}$$

其中，α、β_A 和 β_B 如图 7-25 所示。沿 CD 面提供的抗滑力 T 取决于夹层土的抗剪强度，用有效应力分析

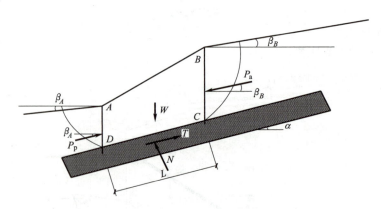

图 7-25　复合滑动面稳定性分析

$$T' = c'L + \left[P_a'\sin(\beta_B + \alpha) - P_p'\sin(\beta_A - \alpha) + W\cos\alpha \right]\tan\varphi' \tag{7-46}$$

式中　L——CD 面长度；

P_a'、P_p'——有效应力强度指标计算的主动和被动土压力的合力。

土坡稳定安全系数为

$$F_s = \frac{T'}{S'} \tag{7-47}$$

其中，S' 按式（7-38）计算，将式中 P_a、P_p 分别用 P_a'、P_p' 代替。

在计算中隐含了这样的假设，BC 和 AD 面同时达到主动和被动极限平衡状态，且 CD 面上

发挥了土的抗剪强度，实际上，三种状态所需的变形是不一致的。因此，复合滑动面的稳定分析只是一种近似计算。此外，和圆弧滑动分析类似，为求得最小安全系数，还需要假设不同的 *BC* 和 *AD* 面位置进行比较，当夹层中存在孔隙水压力时，还应该考虑其对抗滑力的影响。

拓展阅读

边坡稳定性分析方法比较

边坡稳定性分析是边坡工程研究的核心问题。边坡稳定性分析方法在近百年的发展中，对原有的研究也进行了不断完善，同时不断引入新的理论和方法，特别是近代计算机技术和数值分析方法的飞速发展让边坡稳定性研究进入了前所未有的阶段。边坡稳定性分析方法很多，归结起来分为两类：确定性方法（基本方法，包括极限平衡分析法、极限分析法、数值分析法等）和不确定性方法。

极限平衡法是边坡稳定分析的传统方法，通过安全系数定量评价边坡的稳定性，由于安全系数的直观性，被工程界广泛应用。该法基于刚塑性理论，只注重土体破坏瞬间的变形机制，而不关心土体变形过程，只要求满足力和力矩的平衡、莫尔-库仑准则。其分析问题的基本思路：先根据经验和理论预设一个可能形状的滑动面，通过分析在临近破坏情况下，土体外力与内部强度所提供抗力之间的平衡，计算土体在自身荷载作用下的边坡稳定性过程。极限平衡法没有考虑土体本身的应力-应变关系，不能反映边坡变形破坏的过程，但由于其概念简单明了，且在计算方法上形成了大量的计算经验和计算模型，计算结果也已经达到了很高的精度。因此，该法目前仍是边坡稳定性分析最主要的分析方法。在工程实践中，可根据边坡破坏滑动面的形态来选择相应的极限平衡法。目前常用的极限平衡法有瑞典条分法、Bishop法、Janbu法、Spencer法、Sarma法、Morgenstern-Price法和不平衡推力法等。

不平衡推力法主要是针对折线滑面提出的，计算方法简单，计算速度快，且可应用于不同滑坡面形状，在我国滑坡的分析治理中得到了广泛应用。

不平衡推力法根据稳定系数寻求方法和不同静力平衡假设可分为两种：强度储备法和超载法。两种方法的对比见表7-9。

表 7-9　两种不平衡推力法的对比

方法	力的平衡条件	特点
强度储备法（隐式解法）	条块整体静力平衡	各条块的稳定系数和滑坡整体稳定系数都相等，将第 i 条块的剩余下滑推力向 $i+1$ 条块依次投影，不考虑条块间拉力。通过滑动面岩土体参数黏聚力及摩擦系数正弦值除以稳定系数，滑坡将进入极限平衡状态，从而求得滑坡稳定系数
超载法（显示解法）	整体静力平衡	考虑滑坡整体静力平衡，将第 i 条块的下滑力和抗滑力向第 $i+1$ 条块顺次投影。不对滑动面上黏聚力及摩擦系数正弦值进行安全储备，考虑条块间的拉力情况。将滑动力乘以稳定系数，再使坡体处于极限平衡状态，由此求滑坡的稳定系数

本 章 小 结

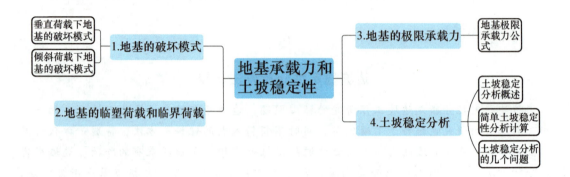

习　　题

一、选择题

1. 地基承载力修正的根据是（　　）。

A. 建筑物的使用功能　　B. 建筑物的高度　　C. 基础的类型　　D. 基础的宽度和深度

2. 在地基承载力好的土层上修建桥梁时，宜采用的基础是（　　）。

A. 刚性基础　　　　　B. 桩基础　　　　　C. 管柱基础　　　　D. 沉井基础

3. 地基承载力是指地基土（　　）上承受荷载的能力。

A. 单位面积　　　　　B. 基底面积　　　　C. 单位体积　　　　D. 基底体积

4. 下列（　　）情况下，地基承载力需进行深度修正及宽度修正。

A. 基础宽度等于3m，埋深等于0.5m时

B. 承载力特征值由深层平板载荷试验确定的人工填土，基础宽度为5m，埋深为4m

C. 埋深为0.5m、宽度为5.0m的淤泥质土地基上的基础

D. 宽度为3.5m、埋深为1.0m的粉土地基上的基础

5. 确定湿陷性黄土地基承载力，符合规范要求的是（　　）。

A. 地基承载力的特征值应在保证地基稳定的条件下，使其湿陷量不超过允许值

B. 各类建筑的地基承载力特征值应按原位测试、公式计算与当地经验取其最小值确定

C. 按查表法经统计回归分析，并经深宽修正后得地基承载力的特征值

D. 对天然含水率小于塑限的土，可按塑限确定地基土的承载力

6. 下列因素中，导致土坡失稳的因素是（　　）。

A. 坡脚挖方　　　　　　　　　　　B. 动水力减小

C. 土的含水率降低　　　　　　　　D. 土体抗剪强度提高

7. 无黏性土坡的稳定性（　　）。

A. 与坡高无关，与坡脚无关　　　　　B. 与坡高无关，与坡脚有关

C. 与坡高有关，与坡脚有关　　　　　D. 与坡高有关，与坡脚无关

8. 下列由（　　）构成的土坡进行稳定分析时需要采用条分法。

A. 细砂土　　　　　B. 粗砂土　　　　　C. 碎石土　　　　　D. 黏性土

9. 分析均质无黏性土坡稳定时，稳定安全系数 K 为（　　）

A. $K=$ 抗滑力/滑动力　　　　　　　　B. $K=$ 滑动力/抗滑力

C. K=抗滑力矩/滑动力矩　　　　　　　　D. K=滑动力矩/抗滑力矩

10. 土坡高度为 8m，土的内摩擦角 $\varphi=10°$（稳定数 $N=9.2$），$c=25$kPa，$\gamma=18$kN/m 的土坡，其稳定安全系数为（　　）。

A. 0.7　　　　　　　　B. 14　　　　　　　　C. 1.5　　　　　　　　D. 1.6

二、简答题

1. 如何确定地基承载力？

2. 地基承载力的影响因素有哪些？有何影响？

3. 地基承载力安全系数的选择应考虑哪些因素？

4. 地基承载力原位测试主要有哪几种方法？

5. 土坡稳定有何实际意义？影响土坡稳定性的因素有哪些？

6. 无黏性土坡和黏性土坡的稳定条件分别是什么？

三、计算题

1. 某拟建建筑物场地地质条件如下：第 1 层为杂填土，层厚 1.0m，$\gamma=18$kN/m³；第 2 层为粉质黏土，层厚 4.2m，$\gamma=18.5$kN/m³，$e=0.90$，$I_L=0.85$，地基承载力特征值 $f_{ak}=110$kPa。按以下基础条件，试分别计算修正后的地基承载力特征值：

（1）当基础底面为 4.0m×2.8m 的矩形独立基础，埋深 $d=1.5$m；

（2）当基础底面为 9.0m×45m 的箱形基础，埋深 $d=2.5$m。

（答案：（1）$f_a=1282$kPa；（2）$f_a=146.6$kPa）

2. 某建筑物承受中心荷载的柱下独立基础底面尺寸为 3.5m×1.8m，埋深 $d=1.8$m；地基土为粉土，土的物理力学性质指标 $\gamma=17.8$kN/m³，$c_k=2.5$kPa，$\varphi_k=25°$。试确定持力层的地基承载力特征值。

（答案：$f_a=177.5$kPa）

3. 某住宅承重墙砖墙，底层厚度 37cm，作用于基础顶面的荷载 $N=172$kN/m，基础埋深 1.6m，地基为淤泥质黏土，$w=38\%$，$\gamma=19$kN/m³。试设计基础尺寸。

（答案：$B=2.0$m，$h=1.5$m）

4. 一简单土坡，$c=20$kPa，$\varphi=20°$，$\gamma=18$kN/m³。

（1）如坡角 $\beta=60°$，安全系数 $K=1.5$，试用稳定系数法确定最大稳定坡高。

（2）如坡高 $h=8.5$m，安全系数仍为 1.5，试确定最大稳定坡角。

（3）如坡高 $h=8$m，坡角 $\beta=70°$，试确定稳定安全系数 K。

（答案：（1）$h=7.48$m；（2）$\beta=55°$；（3）$K=1.11$）

5. 某砂土场地经试验测得砂土的自然休止角 $\varphi=30°$，若取稳定安全系数 $K=1.2$，问开挖基坑时土坡坡角应为多少？若取 $\beta=20°$，则 K 又为多少？

（答案：$\beta=25.7°$，$K=1.59$）

参 考 文 献

[1] 中华人民共和国住房和城乡建设部. 建筑地基基础设计规范：GB 50007—2011 [S]. 北京：中国建筑工业出版社，2012.

[2] 中华人民共和国住房和城乡建设部. 岩土工程勘察规范：GB 50021—2009 [S]. 北京：中国建筑工业出版社，2009.

[3] 中华人民共和国住房和城乡建设部. 建筑地基处理技术规范：JGJ 79—2012 [S]. 北京：中国建筑工业出版社，2012.

[4] 中华人民共和国住房和城乡建设部. 建筑桩基技术规范：JGJ 94—2008 [S]. 北京：中国建筑工业出版社，2008.

[5] 中华人民共和国建设部. 土的工程分类标准：GB/T 50145—2007 [S]. 北京：中国计划出版社，2008.

[6] 中华人民共和国建设部. 土工试验方法标准（2007 年版）：GB/T 50123—1999 [S]. 北京：中国计划出版社，2007.

[7] 中华人民共和国住房和城乡建设部. 建筑抗震设计规范（2016 年版）：GB 50011—2010 [S]. 北京：中国建筑工业出版社，2016.

[8] 中华人民共和国住房和城乡建设部. 建筑基坑支护技术规程：JGJ 120—2012 [S]. 北京：中国建筑工业出版社，2012.

[9] 中华人民共和国住房和城乡建设部. 建筑边坡工程技术规范：GB 50330—2013 [S]. 北京：中国建筑工业出版社，2014.

[10] 中华人民共和国住房和城乡建设部. 建筑基桩检测技术规范：JGJ 106—2014 [S]. 北京：中国建筑工业出版社，2014.

[11] 中华人民共和国住房和城乡建设部. 岩土工程基本术语标准：GB/T 50279—2014 [S]. 北京：中国计划出版社，2015.

[12] 中华人民共和国住房和城乡建设部. 岩溶地区建筑地基基础技术标准：GB/T 51238—2018 [S]. 北京：中国计划出版社，2018.

[13] 中华人民共和国住房和城乡建设部. 混凝土结构通用规范：GB 55008—2021 [S]. 北京：中国建筑工业出版社，2021.

[14] 中华人民共和国住房和城乡建设部. 冻土地区建筑地基基础设计规范：JGJ 118—2011 [S]. 北京：中国建筑工业出版社，2012.

[15] 中华人民共和国建设部. 湿陷性黄土地区建筑规范：GB 50025—2004 [S]. 北京：中国建筑工业出版社，2004.

[16] 中华人民共和国住房和城乡建设部. 膨胀土地区建筑技术规范：GB 50112—2013 [S]. 北京：中国建筑工业出版社，2013.

[17] 中国工程建设标准化协会. 给水排水工程钢筋混凝土沉井结构设计规程：CECS 137—2015 [S]. 北京：中国计划出版社，2015.

[18] 中华人民共和国住房和城乡建设部. 建筑结构荷载规范：GB 50009—2012 [S]. 北京：中国建筑工业出版社，2012.

[19] 工程地质手册编委会. 工程地质手册 [M]. 5 版. 北京：中国建筑工业出版社，2018.

[20] 中交第二公路勘察设计研究院有限公司. 公路挡土墙设计与施工技术细则 [M]. 北京：人民交通出版社，2008.

[21] 陈希哲. 土力学与基础工程 [M]. 4 版. 北京：清华大学出版社，2004.

[22] 高大钊. 土力学与基础工程 [M]. 北京：中国建筑工业出版社，2008.

[23] 孙鸿玲，徐书平. 土力学与基础工程 [M]. 北京：中国水利水电出版社，2012.

[24] 代国忠，史贵才. 土力学与基础工程 [M]. 2 版. 北京：机械工业出版社，2014.

[25] 卢廷浩. 土力学 [M]. 北京：高等教育出版社，2010.

[26] 龚晓南. 地基处理技术及发展展望 [M]. 北京：中国建筑工业出版社，2014.

[27] 东南大学，天津大学，同济大学. 混凝土结构 [M]. 北京：中国建筑工业出版社，2008.

[28] 李飞，王贵君. 土力学与地基基础 [M]. 武汉：武汉理工大学出版社，2012.

［29］ 周景星，李广信，等. 基础工程 ［M］. 2 版. 北京：清华大学出版社，2007.

［30］ 赵明华. 土力学与基础工程 ［M］. 2 版. 武汉：武汉理工大学出版社，2000.

［31］ 关宝树. 地下工程 ［M］. 北京：高等教育出版社，2007.

［32］ 李章政. 土力学与基础工程 ［M］. 2 版. 武汉：武汉大学出版社，2017.

［33］ 赵明华. 土力学与基础工程 ［M］. 3 版. 武汉：武汉理工大学出版社，2011.

［34］ 李章政，马煜. 土力学与基础工程 ［M］. 武汉：武汉大学出版社，2014.

［35］ 钱家欢. 土力学 ［M］. 南京：河海大学出版社，1988.

［36］ 钱家欢，殷宗泽. 土工原理与计算 ［M］. 2 版. 北京：中国水利水电出版社，1996.

［37］ 陈晋中. 土力学与地基基础 ［M］. 北京：机械工业出版社，2008.

［38］ 马宁. 土力学与地基基础 ［M］. 北京：科学出版社，2010.

［39］ 靳晓燕. 土力学与地基基础 ［M］. 北京：人民交通出版社，2009.

［40］ 张忠苗. 桩基工程 ［M］. 北京：中国建筑工业出版社，2007.

［41］ 袁聚云，钱建固，等. 土质学与土力学 ［M］. 4 版. 北京：人民交通出版社，2009.

［42］ 杨平. 土力学 ［M］. 北京：机械工业出版社，2005.

［43］ 陈仲颐，周景星，王洪瑾. 土力学 ［M］. 北京：清华大学出版社，1994.

［44］ 赵成刚，白冰，王运霞. 土力学原理 ［M］. 北京：清华大学出版社，北京交通大学出版社，2004.

［45］ 肖仁成，俞晓. 土力学 ［M］. 北京：北京大学出版社，2006.